淑徳大学総合福祉学部研究叢書 ㉒

戦中・戦後甘藷増産史研究

前田 寿紀 著

学文社

戦中・戦後甘藷増産史研究

目　　次

序　章　本研究の問題意識，対象・内容・方法，使用した史・資料等 ……… 1
　　第1節　本研究の問題意識 …………………………………………………… 1
　　第2節　本研究の対象・内容・方法 ………………………………………… 12
　　第3節　使用した史・資料と引用・参考文献 ……………………………… 15

第1章　政府等の食糧増産・甘藷増産に関する施策 ………………………… 28
　　第1節　戦中前期 ……………………………………………………………… 28
　　第2節　戦中後期（昭和18年頃～） ………………………………………… 76
　　第3節　戦　後 ……………………………………………………………… 102

第2章　河井弥八の生涯と甘藷増産活動 ……………………………………… 113
　　第1節　河井弥八の生涯における甘藷増産活動の前提と展開 …………… 113
　　第2節　戦中・戦後における河井弥八の甘藷増産活動の構造 …………… 180
　　第3節　河井弥八の甘藷増産活動に関する諸問題と河井弥八の評価 …… 207
　　第4節　戦中・戦後における河井弥八の甘藷増産活動の考察 …………… 212

第3章　丸山方作の生涯と甘藷増産活動 ……………………………………… 213
　　第1節　丸山方作の生涯と人生観・農業観 ………………………………… 213
　　第2節　戦中・戦後における丸山方作の甘藷増産活動 …………………… 226
　　第3節　「丸山式」甘藷栽培法への批判と丸山方作の評価 ……………… 245
　　第4節　戦中・戦後における丸山方作の甘藷増産活動の考察 …………… 254

終　章　本研究のまとめと今後の課題 ………………………………………… 256

引用・参考文献 ……………………………………………………… 261
あとがき …………………………………………………………… 268

索　　引 …………………………………………………………… 273

序　章　本研究の問題意識，対象・内容・方法，使用した史・資料等

第1節　本研究の問題意識

　本研究は，戦中・戦後におけるわが国の甘藷増産の実態を明らかにし，甘藷増産の意味を考察しようとするものである。そのことは，同時に，戦中・戦後におけるわが国の甘藷増産から戦争のいわば裏側を映し出し，戦争の意味を考察しようとすることでもある。

　本研究で言う戦中・戦後とは，満州事変勃発（昭和6年9月18日）からポツダム宣言受諾（同20年8月14日）を受けた玉音放送（同月15日）までの戦中と，戦後（玉音放送以降）における食糧危機の時，食糧事情が好転した同24年頃を経て，いも類の統制撤廃（法律第54号）がなされた同25年3月31日に至る時期を指す。甘藷増産の流れに即し，戦中前期では，甘藷増産と関わるガソリン・アルコール混用に関して，政府が本格的に動き出したと思われる昭和11年頃からを中心に扱う。戦中後期は，当時の日本にとって戦況が悪化し，主として内地において食糧自給力の飛躍的増強を図らねばならなくなった同18年頃からとし，そこからを扱う。上記の戦中・戦後以外でも，必要に応じてその時期の前後についても述べる。

　本研究では，甘藷増産に関して，主に，1．政府等の甘藷増産，2．河井弥八（かわいやはち）の甘藷増産活動，3．丸山方作（まるやまほうさく）の甘藷増産活動，の3つを研究の対象とする。2と3の中に，2と3の重なる部分に位置し，組織として行った「大日本報徳社（だいにっぽんほうとくしゃ）」の甘藷増産活動も含める。

　「大日本報徳社」（明治44年11月～。以下，「大社」と略称。前身は，「遠江国報徳社（とおとうみのくにほうとくしゃ）」<明治8年11月～。以下，「遠社」と略称>）とは，二宮尊徳（にのみやそんとく）（天明7＜

1787＞年7月～安政3＜1856＞年10月。以下，尊徳と略称）の報徳の教説を基に作られた報徳社の本社である。河井弥八（以下，河井と略称），丸山方作（以下，旧姓矢野の時期も含め丸山と呼称・略称）が入社していた時は，静岡県掛川市に本社があった。河井は，「大社」副社長（昭和13年2月24日～同20年2月27日）・社長（同20年2月27日～同35年7月21日）以外に，内大臣秘書官長，侍従次長兼皇后宮太夫，貴族院議員，財団法人帝国治山治水協会理事，社団法人全国治山治水砂防協会顧問，「東遠明朗会」（第2・3章参照）会長，食糧対策審議会委員，内閣委員会委員長，参議院議長（昭和28年～）等の多くの経歴をもつ人物である。戦中・戦後は，主に中央にいて甘藷増産を強く訴え，中央の食糧増産関係の重要人物を動かし，「丸山式」による甘藷増産を広域に普及させた人物である。丸山は，「大社」講師（昭和10年12月5日～同27年1月1日）・名誉講師（同27年1月1日～同38年6月16日）となった以外に，上記の時期以前から民間篤農家として甘藷研究をし，「丸山式」と言われる独自の甘藷の多収穫栽培法を開発し，戦中・戦後における甘藷増産に大きな役割を果たした人物である。例えば昭和21年において，数えで河井70歳，丸山80歳のように，戦中・戦後において2人とも高齢であったが，両者は二人三脚で戦中・戦後において甘藷増産活動に邁進した。戦中・戦後においては，時代が甘藷増産や報徳を要求していた側面があるが，甘藷増産を報徳の観点から捉えた研究は皆無に等しい。この意味からも，河井・丸山による甘藷増産活動を取りあげることは意味があると考えられる。

　戦中・戦後における甘藷増産に関する先行研究等としては，主に次のものがある。

　まず，戦後まもなくして，大山謙吉（昭和22年）『指導組織の整備，部落農業団体の活動促進等に依る増産の推進』（田邊勝正編集，農業技術協会），木原芳次郎・谷達雄共著（昭和22年）『科学的に見た最近十年間の食糧の変遷』（田邊勝正編集，農業技術協会），田邊勝正（昭和23年）『現代食糧政策史』（日本週報社）等の研究書が出された。これらは，戦中（研究書によっては戦後しばらく

序章　本研究の問題意識，対象・内容・方法，使用した史・資料等　3

も含む）における甘藷増産の実態を，農林行政資料，農林行政上の統計資料等を中心にして明らかにしたものである。これらに共通した功績は，政府等が行った甘藷増産（の一部）に対して，問題点を含めての事実検証を戦後の早い時期に進めた点であろう。戦中・戦後の食糧増産を体験した執筆者陣による，当時の様子を多少ともわかっている記述であると考えられる。こうした功績はあるものの，甘藷増産の実態は，農林行政資料，農林行政上の統計資料等からでなく，より多角的な視点から捉える必要があるように思われる。

　次に，農林大臣官房総務課編（昭和33年）『農林行政史』第一巻（財団法人農林協会），農林大臣官房総務課編（昭和32年）『農林行政史』第二巻（財団法人農林協会）は，農林省側からみた行政史として，農林省・農商省が国家の資金を使用して行った甘藷に関する研究・事業の流れを記述している。そうした研究・事業は，明確に記述されているものの，この記述だけをみると，農林・農商行政は，多額の資金を使用して，行政としての仕事を問題なく進めたかのような印象を与えかねない。しかし，戦中における甘藷増産は，農林・農商行政側だけではない多くの人々・組織の様々な意識・行動も関わっていたこと等の記述が少ないことは，一面的な歴史の記述となると思われる。

　次に，食糧庁（昭和45年4月）『食糧管理史　各論Ⅱ（昭和20年代　制度編）』は，戦後における政府による甘藷の管理の過程・状況を詳細に記述している。甘藷の性格に対する当時の見解，配給辞退の状況等の記述は，具体的である。

　次に，『農林水産省百年史』刊行会（昭和55年）『農林水産省百年史　中巻　大正・昭和戦前編』（『農林水産省百年史』刊行会），『農林水産省百年史』刊行会（昭和56年）『農林水産省百年史　下巻　昭和戦後編』（『農林水産省百年史』刊行会）は，農林・農商行政だけでなく，社会の世相等も描こうとしている。しかし，甘藷増産に関しては，記述が少ない。

　その後，戦中・戦後における甘藷増産の本格的研究は，長年ほとんど手つかずの状態であった。その大きな理由は，戦中・戦後における甘藷増産の実態は，上記の先行研究等が捉えた以上により広がりがあり，複雑であり，それを明ら

かにすることが容易な作業ではないことによると思われる。また，研究者の関心も米に向かいやすかったこともあろう。

ところで，戦中においては，甘藷から加工できるアルコールを戦闘機用等のガソリンに混入して液体燃料を増量したことから，甘藷はエネルギー政策・燃料政策とも大きく関わった。戦中のわが国のエネルギー政策・燃料政策に関する著書・論稿の中に，直接的に甘藷増産を扱ったものではないが，甘藷増産と関わるものがいくつか見当たる。

まず，田中申一（昭和50年）『日本戦争経済秘史』（日本戦争経済秘史刊行会）は，昭和14年10月～内閣企画院嘱託，同16年5月～内閣企画院調査官，同18年11月～軍需省総動員局動員部軍需官，同20年8月～商工省事務官（物資調整課）の経歴をもつ筆者が，戦中における企画院・軍需省の国策遂行の第一線の生の記録を，物資動員計画関係資料の原本等の多数の1次資料を駆使しつつ明らかにしたものである。本書は，石炭・液体燃料（石油）類の状況や企画院・軍需省におけるそれらの扱いを記述している。

次に，伊藤武夫（平成6年）「ガソリンとアルコール混用政策の開始—戦時液体燃料政策の一齣（ひとこま）」（『立命館産業社会論集』81，立命館大学産業社会学会）は，昭和11年頃から本格的に始められたガソリンとアルコール混用政策の展開を詳述している。

いずれも，戦中における甘藷増産と関わるエネルギー政策・燃料政策をそれまで明らかにされていなかったことまで詳細に記述したものであり，重要である。

また，近年，甘藷そのものを中心としたものではないが，戦中における食糧統制等を扱った研究の中に，甘藷を多少含めて記述するものが出てきた。

まず，清水洋二（平成6年）「食糧生産と農地改革」（大石嘉一郎編『日本帝国主義史3　第二次大戦期』東京大学出版会，pp.331～368）は，戦時と戦後における清水の言う「主要食糧」（米と，「代替食糧」である麦類，諸類・雑穀）の需給の動向を数値で提示し，「代替食糧」としての諸類の位置づけを明確にしている。甘藷に関しては，完全な生産・集荷・配給上の統制が出来なかったと考

えられる（後述）ので，この数値を信頼しきることはできないが，当時のおおよその情勢はわかる。

　次に，加瀬和俊（平成7年）「太平洋戦争期食糧統制策の一側面―食糧生産＝供給者の行動原理と戦時的商品経済―」（原朗編『日本の戦時経済―計画と市場―』東京大学出版会，pp.283～313）は，食糧生産者の生産・消費・販売の選択に影響する諸事情の検討を通じて，太平洋戦争期の戦時食糧統制政策が戦時的特質を帯びた独特の商品経済の論理の下におかれていたことを示している。加瀬は，甘藷を，生鮮品目（青果物・魚介類＝副食）に対照しうる貯蔵性品目（米麦藷＝主食）の中に位置づける。また，諸類の素材的特性により，米のように統制度は高くなく，「目標数値として割当量を定めるが，生産地域周辺での消費者の自家消費，農民の種子・飼料のための販売については自由販売が許容されている」（「藷類配給統制規則」昭和16年8月20日公布，による）というタイプのものとする。そして，甘藷に関して，次の新しい見解を提出している。
ア．太平洋戦争期の米麦藷については，内地における生産が継続的に減少したとは言えず，労働力不足・資財不足による供給減退という理解は妥当しない。
イ．上記タイプの為，ヤミ売買の監視ができずに流通していた，すなわち，商品経済の論理の下にもおかれていた。「中央食糧営団」「地方食糧営団」（第1章参照）では，甘藷・馬鈴薯は腐敗性ありとの理由で原則として取り扱わないとしたことがあったこと，輸送途上で甘藷を大量に腐敗させ議会でも問題になったこと，甘藷は生鮮食糧品としても扱われたこと，等から，加瀬のように，甘藷を単純に貯蔵性品目の中に入れることには疑問が残る。また，甘藷には，米の「代用食」（第1章―第1節参照），米主体の中への「混食」に使うものという考えもあったから，甘藷を太平洋戦争期全てを通して主食と言い切ることにも疑問が残る。こうした疑問があるものの，特にイの見解は，当時の状況をよく捉えていると思われる。

　次に，戦後日本の食料・農業・農村編集委員会編（平成15年）『戦時体制期』（戦後日本の食料・農業・農村　第1巻，財団法人農林統計協会）は，11名の

執筆者により，戦時体制期の食料・農業・農村の実態に，豊富な史・資料を用いて迫っている。甘藷に関わる史実が随所に散見され，甘藷の状況と甘藷を取り巻く状況がわかる。

　ここで，戦中・戦後において生産された甘藷の本当の量と，食糧として消費された甘藷の本当の量はわからない，ということを前提にしなければ甘藷増産研究は進められないということを指摘しておかねばならない。戦中・戦後の甘藷行政の責任者で甘藷行政に精通していたと考えられる坂田英一（第1・2・3章参照）は，甘藷について，「統計に現はれた数量は実際上の生産量よりも遙に低いと見られ」（坂田　昭和20年，p.12）ると述べていたことが，その前提を裏づけている。

　上記の前提の意味をより詳しく説明すると以下のようになる。甘藷は，もとより生産農家以外でも（苗が手に入れば）栽培して自給できるという所に大きな特色をもち，米と違いある程度高い技術や広い土地等を要しない農作物である。統制下でも，行政側は，人々が，自ら作り食べる或いは人からもらって食べる甘藷を制約することはなく，戦争末期や戦後ではむしろどこでも誰でも作ることを奨励した。この大きな特色が，第2・3章でみる河井，丸山，「大社」のある意味で豊かな甘藷増産活動を展開させることができたと言えよう。昭和14年8月5日の「原料甘藷配給統制規則」制定，すなわち甘藷の統制が始まって以降でも，生産農家が出す原料用甘藷が自由販売禁止であっても，自家消費用，種藷用等は比較的自由であった。同16年9月の「藷類配給統制規則」施行以降でも，甘藷は上記の加瀬が指摘するタイプのものであった。同18年の「藷類配給統制規則」の一部改正により，供出完了後の当該市町村外への自由販売が認められた。同19年10月の「藷類配給統制規則」から「食糧管理法」への甘藷統制の切り替え後，すなわち最も強く甘藷の統制が行われた時期でも，農家は，自家消費用，種藷用等をある程度手元に残せた。以上のことや，『河井日記』の記述，筆者の聞き取りの結果等から，統制下であれ，甘藷に関しては次のことが起こったことが十分に考えられる。ア．甘藷生産の目標数量が高

過ぎる（後述表8参照）為，生産農家は高く設定された目標数量（生産農家への供出割当）に実際に達しなくても，甘藷を集める団体等に許容された。イ．生産農家は，供出割当を低くする等の為に，生産量，現金収入額，等を過少申告し，場合によっては余裕をもって手元に残した。ウ．復員軍人が生産農家に戻った時などにその生産農家が不利な条件等を強く主張して供出割当を低くさせる等の，生産農家と生産農家から甘藷を集める団体等との間での様々な駆け引き。エ．供出割当のある生産農家以外の農家の栽培。オ．手元に甘藷，種藷，種藷からの苗，等を持っている人による，親類・近所等への配付，一般への販売，軍によるヤミ的買い付けへの販売，ヤミブローカー・商人・個人への私的販売・横流し（価格違反でも，購入者が申告しなければ，文字通り闇に消えた），等。カ．生産農家によるある程度自家の経済計算をしながらの（商品経済の論理による）甘藷の生産量・自家消費量・販売量の決定。

したがって，いくつかの先行研究中の甘藷の作付面積，生産量，現金収入額，等に関する行政側の数値は，完全な説得力をもつことができないと思われる。本研究では，甘藷の作付面積，生産量，等に関する行政側の数値は多用せず，使用しても参考程度とする。

上記の先行研究の検討を踏まえ，今後も含め，戦中・戦後における甘藷増産の研究を発展させる為には，甘藷増産を捉える視点についての再検討を要するであろう。ここでは，以下の3つの観点から，その視点を検討してみたい。

(1) 研究の対象について

まず，農林・農商行政より大きな背景としてのエネルギー政策・燃料政策を捉えないと甘藷増産史は見えてこない。次に，農林・農商行政の制度・対策を押さえる際に，戦争遂行と関わる制度・対策を捨象すると一面的になる。次に，甘藷増産は，ある意味で豊かに展開したが，豊かに展開させた多くの主体（例えば，先行研究では全く捉えられていない皇室，貴族院議員・衆議院議員，「大社」，行政マンではない技術指導者，等の主体）を対象にする必要がある。次に，最も末端では，生産農家の甘藷の供出の諸相，統制に対する対応，生産

農家以外の甘藷作等の実態までも対象にしなければ、行政側の記述にとどまる。

(2) 研究の内容について

まず、当時のまる秘・極秘文書を使用して、エネルギー政策・燃料政策の具体的内容を明らかにする必要がある。農林・農商行政の制度・対策の内容を考察する際には、その制度・対策を作らせた背景、理由を明らかにすれば、理解しやすくなると思われる。次に、多くの主体の活動を、制度論、技術論、精神ないしは意識論の観点から捉えるという、制度論だけでない多角的な把握が有効と思われる。当時の甘藷栽培法・貯蔵法に対する総括的な技術論的分析、甘藷増産に関わった人々の様々な意識（例．報徳思想をもって活動した人々の意識、甘藷増産に負のイメージを抱いた人々の意識、等）の分析は、ほとんどなされてこなかったが、重要であると考えられる。次に、多くの主体における他の主体とのつながり、他の主体との不一致、等も注視して捉える必要がある。特に、ある主体と他の主体との不一致は、戦争の矛盾等を露呈しているものとしても重要であると思われる。

(3) 研究の方法について

まず、行政（中央、地方の両方）を扱う場合、当時のまる秘・極秘文書を発見して使用したり、戦後に連合国軍最高司令官総司令部（GHQ）の指導等により焼き払われて無くなっていると考えられがちな行政文書類をもう一度探索し、あったら使用し、無かったら別ルートで探索（例．当時甘藷増産の行政に関わった人の日記、手記等で探索）したりして研究を進めるような、多少大がかりな作業が必要になると思われる。次に、行政（中央、地方の両方）だけに片寄らずに、甘藷増産に関わった多くの主体を設定し、制度論、技術論、精神ないしは意識論の多角的な観点から考察することが必要である。次に、甘藷の作付面積、生産量、現金収入額、等に関する行政側の数値に頼りきるのではなく、統制ができた部分、統制ができなかった部分の両者を実証的に明らかにすることを積み重ねていくことが必要である。

なお、戦中・戦後における甘藷増産の実態は、上記の先行研究等が捉えた以

上により広がりがあり，複雑である点を前述した。したがって，戦中・戦後における甘藷増産の研究は，その複雑さを前提にしなければ進まないと思われる。複雑にならざるを得ない理由の1つとして，ここでは戦中における甘藷（甘藷増産ではない）自体が，複雑な意味をもっていた点を指摘してみたい。それには，以下のような様々な意味があった。

　第1に，戦争遂行目的からみた意味としては，次の意味があった。まず，軍事用戦闘機等の燃料用酒精原料としての意味である。政府が，甘藷増産を始めたのは，甘藷が燃料用酒精原料としての需要が高くなったことによる。次に，軍人の戦力の源としての意味である。軍人は，いわゆる「腹が減っては戦ができぬ」であったから，食糧は重大な問題であった。ただし，甘藷は，ア．米粒，麦粒に比べて大きく（戦中に大量生産されたのは，沖縄100号，農林1号，農林2号，等），携帯が不便，イ．切って持ち歩くことも考えられが，米・麦と比較して腐りやすい（摂氏10度以下になると腐敗しやすい），ウ．飯盒の中に入れて携帯しにくい，等から戦地における軍人用食糧としては，適切ではなかった。次に，総力戦・食糧戦を支えるものとしての意味である。軍人，「銃後を護る」多くの人々は，総力をあげて勝利に向かったまたは向かわされた。戦中の日本においては，食糧を絶えなくすることは勝利への重要な要因とされた。しかし，現実には，米不足，米不足の見通しからくる不安があった。甘藷は，それを補いうるものであった。

　第2に，積極的な意味としては，次の意味があった。まず，戦中に戦争遂行に賛成した者しない者，戦争遂行に対して意見・意志をもった者もたなかった者を問わず，全ての人間の生命を維持するものとしての意味である。青木昆陽（あおき こんよう）（元禄11＜1698＞年～明和6＜1769＞年）は，享保の凶荒において民衆が飢饉に苦しむのをみて，救助の為に甘藷を播植すべきことを主唱した。そして，彼が『蕃薯考』（ばんしょこう）1巻を著述したのを機に，大岡忠相（おおおかただすけ）（越前守）（えちぜんのかみ），将軍徳川吉宗（とくがわよしむね）を経由し，「薩摩芋」が普及した。日本では，昆陽の業績は大きく，昆陽の業績と共に飢饉，食糧難等の時に力を発揮する食糧としての甘藷の意味は，戦中・戦後

においても認識されていた。例えば，戦中において丸山は，講演で昆陽を引用した（『丸山日記』）。また，丸山は著書でも昆陽を引用した（丸山 昭和13年，pp. 17～18）。また，戦中における甘藷栽培者として知られる千葉県の穴澤松五郎は，大正２年頃から「第２の青木昆陽，今昆陽」と評判を立てられていた（千葉県海上郡海上町穴澤松五郎翁顕彰事業実行委員会 平成８年）。また，丸山と甘藷増産活動に尽力した愛知県の小沢豊（前田 平成15年，表10参照）は，「昭和の甘藷王」「青木昆陽」と言われた（森田真次 昭和23年，p.３）。次に，配給統制がなされても，生産農家・生産農家以外を問わず見えないところでの自給自足が可能な食糧としての意味である。それは，甘藷が，以下の特色をもつ為であった。ア．簡易性：米，麦等と違い，農家以外でも簡単に作れた。公園，庭園，運動場，荒地，河原，海辺の砂地，道路の脇，家の小さな空き地，等の土地を利用して作れた。調理方法も，焼・蒸・煮，等簡単であった。イ．保存性：腐敗する条件を除去すれば，ある程度の長期保存が可能。ウ．安全性：木の皮，拾いもの，等に比較して安全。次に，食糧危機が極まれば，主食にもなりうるものとしての意味である。すなわち，甘藷には，３大栄養素であるたんぱく質・炭水化物・脂肪のうちのたんぱく質・脂肪は少ないものの，栄養価がある。次に，主穀の配給量を調節するものとしての意味である。甘藷は，穀物に混ぜて炊いていも飯にすること（「混食」）ができた。また，牡丹餅のあんこ用，そば粉と混ぜてのクイック・ランチ用，きんとんの衣用，等にもなった。また，多少手数を加えて水飴にすれば，育児の母乳代替にもなった。次に，甘藷以外の食糧を充実させ，栄養バランスを保つ為のものとしての意味である。すなわち，甘藷は，畜産動物の飼料等となった。次に，食糧危機の時の栄養源となる家庭飼育動物の餌としての意味である。次に，焼酎，澱粉，飴，醤油，等の不足する物資の製造原料としての意味である。次に，空腹感を解消してくれるものとしての意味である。空腹感は，希望を失わせることにもなったと考えられるが，甘藷は，それをとりあえず解消してくれた。次に，犯罪を抑制する意味である。戦後であるが，食糧危機の時に，犯罪（例．盗難）も激増した

（例．清水市史編さん委員会編　昭和61年，p.533）との記録がある。甘藷が，空腹感をとりあえず解消してくれれば，犯罪を抑制する効果もあったと思われる。

さらに，戦中・戦後における甘藷の用途を図示すれば，その様々な意味がより鮮明になると思われる（図1参照）。

図1　甘藷の用途

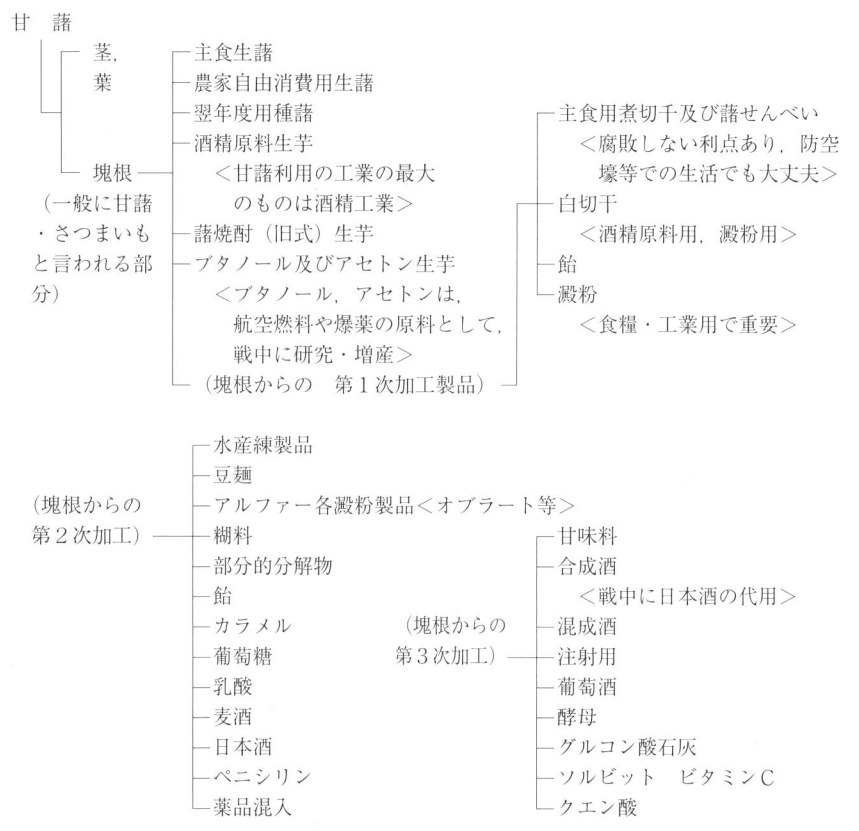

```
甘　藷
├─ 茎，葉
└─ 塊根 ──┬─ 主食生藷
(一般に甘藷 ├─ 農家自由消費用生藷
・さつまいも ├─ 翌年度用種藷
と言われる部 ├─ 酒精原料生芋
分)         │    ＜甘藷利用の工業の最大
            │     のものは酒精工業＞
            ├─ 諸焼酎（旧式）生芋
            ├─ ブタノール及びアセトン生芋
            │    ＜ブタノール，アセトンは，
            │     航空燃料や爆薬の原料として，
            │     戦中に研究・増産＞
            └─ (塊根からの　第1次加工製品) ─┬─ 主食用煮切干及び藷せんべい
                                              │    ＜腐敗しない利点あり，防空
                                              │     壕等での生活でも大丈夫＞
                                              ├─ 白切干
                                              │    ＜酒精原料用，澱粉用＞
                                              ├─ 飴
                                              └─ 澱粉
                                                   ＜食糧・工業用で重要＞

(塊根からの ─┬─ 水産練製品
第2次加工)  ├─ 豆麺
            ├─ アルファー各澱粉製品＜オブラート等＞
            ├─ 糊料
            ├─ 部分的分解物
            ├─ 飴
            ├─ カラメル       (塊根からの ─┬─ 甘味料
            ├─ 葡萄糖          第3次加工)  ├─ 合成酒
            ├─ 乳酸                         │    ＜戦中に日本酒の代用＞
            ├─ 麦酒                         ├─ 混成酒
            ├─ 日本酒                       ├─ 注射用
            ├─ ペニシリン                   ├─ 葡萄酒
            └─ 薬品混入                     ├─ 酵母
                                            ├─ グルコン酸石灰
                                            ├─ ソルビット　ビタミンC
                                            └─ クエン酸
```

〔典拠〕近畿化学工業会（昭和24年）『甘藷の利用方策（第一報）』p.22．より作成。
〔備考〕＜　＞内は，引用者。

第2節　本研究の対象・内容・方法

本研究では，上記の甘藷増産を捉える視点についての再検討を基に，次の表1を設定し，セルの中の把握に努めて，対象・内容に近づくことにした。

表1　戦中・戦後における甘藷増産の実態を把握する視点―日本国内―

主体＼視点	制度・対策・状況	技術・研究	精神・意識	制度・対策を作らせた背景，理由	他の主体とのつながり	他の主体との不一致
エネルギー政策・燃料政策	※※	※		※※	※※	
農林省・農商省等行政	※※		※	※	※	※
農事試験場	※	※				※
都道府県					※	※
郡市町村					※	
公的機関・施設	※					※
行政マンの研究者・技術指導者		※		−	※	※※
「農会」「農業会」の技術員	※					
河井弥八	※※		※※	−	※※	※※
「大日本報徳社」	※※		※※		※	※
行政マンではない技術指導者				−		
丸山方作と周辺	※※	※※	※※	−	※※	※※
生産農家	※			−		※
生産農家以外	※			−	※	
配給をした側	※	−		−		
配給をされた側	※	−		−		※
ヤミに関わった人々	※	−		−		

〔備考〕※は，本研究で，言及した箇所。※※は，本研究で，ある程度詳しく言及した箇所。

なお，この表1の他にさらに，朝鮮（この言葉を始め，本研究中にある現在使用されなくなった言葉は，第1次史・資料等の表現をそのまま使用したもので，筆者の意図によるものではない），台湾，満州等でも同様な表を作成し，セルの中が，ある程度詳しく明らかにされる必要があると思われる。しかし，本研究では扱わなかった。

　表1に，多少の補足説明を加えると，次のようになる。まず，各都道府県，各市町村が，甘藷増産に対して制度をつくるなり，対策を立てるなりして行った内容は，甘藷が全国一様の栽培法をもたないこと，甘藷栽培には歴史性・社会性があり地域により異なること，等の理由により，それぞれある程度の個性をもっていたと考えられる。したがって，都道府県別，できれば各郡市別の実証研究が必要となる。都道府県等の様子は，河井，丸山執筆の文書から，多少垣間見えるものはある。次に，精神・意識に関して，現在においても，戦中・戦後における甘藷に対しては，例えば以下のような負のイメージと関わらせてそれを捉える人々が多い（筆者の聞き取り等より）。〔生産農家等〕・強制的に作らされた。・重労働。・折角作ったものを，供出にほとんど持っていかれた。・利益が少なかった。・農作業が危険。・当時は，戦争に勝つ為と思って必死に働いたが，今考えれば戦争はよくない。・作っている最中等に戦火等で身近な者が命を落とした。〔配給をされた側〕・配給した人が，冷たかった。・配給をした人が，うそをついて予定通り配給しなかった。・配給した人がうそをつくので，その顔が嫌いな甘藷・馬鈴薯と似て見えた。・配給量が少なくて，辛かった。・どこまでひもじい生活をすればいいのか。・買い出しが大変だった。・ただ腹を膨らませるだけの不味くて大きい甘藷を食べさせられた。・米が食べたい。・戦時中の貧しい食生活の甘藷と，戦争の忌まわしい体験とが重なっていやだ。・何故，あんなに戦争が長引いたのか。・戦後の焼け野原で，ひもじい思いで藷すら食えずに「いもづる」を食った。以上の負のイメージを政府等に向けて，政府等だけが悪い式の一面的捉え方をすることは，当時の甘藷増産を客観的に捉えることを遠ざけるので，注意が必要であろう。

本研究では，次のようにして，実態把握とその意味の考察に努めた。まず，農林省・農商省等行政の制度・対策・状況に関して，先行研究で扱われておらず，かつ重要な意味をもつと思われる部分に関して，新しい史・資料，例えば扱われていない閣議決定，新聞記事，個人が記述した文書，等を使用する。次に，戦中における農林省・農商省等行政の制度・対策・状況に関して，甘藷による液体燃料確保対策を取らせた背景，理由に関して，先行研究で扱われていないまる秘文書・極秘文書，等を使用する。次に，農林省・農商省等行政の制度・対策と，他の主体との不一致が伺える史・資料を使用する。次に，都道府県の制度・対策と，他の主体との不一致が伺える史・資料を使用する。次に，都道府県，郡市町村に，行政マンではない技術指導者の丸山が関わった史・資料を使用する。次に，行政マンの研究者・技術指導者の技術・研究に関して，彼らの甘藷に関する書物，研究論文も使用する。次に，個人のもてる力を発揮しつつ甘藷増産活動を進め，中央の食糧増産関係の重要人物を動かし，農林省・農商省等行政の制度・対策にまでくいこんでいった部分に関して，河井の『日記』等を使用する。河井の活動をさせしめた彼の精神・意識面にも注意する。「大社」が行った甘藷増産活動に関して，河井，丸山の『日記』等を使用する。「大社」の甘藷増産活動をさせしめた「大社」の精神・意識面にも注意する。次に，行政マンではない技術指導者として，存在の大きかった丸山を取りあげ，丸山の『日記』等を使用する。単純な技術でなく，報徳精神に裏打ちされた技術という観点から技術を捉える。次に，生産農家，生産農家以外，配給をした側，配給をされた側，の実態が少しでもわかる史・資料を収集し使用する。

　なお，甘藷栽培技術に関しては，当時行われていた全国の甘藷栽培法・貯蔵法（農林省・農商省等行政側のもの，都道府県指導のもの，民間のもの，等）を取りあげ，総括的な技術論的分析を行ったものは少ない。しかし，筆者はこのあたりには立ち入らない。

第3節 使用した史・資料と引用・参考文献

　本稿で使用した史・資料は，表2〜表8（表2〜表6の引用では，Ⅰ〜Ⅴで表記。A群とする）である。引用・参考文献（B群とする）は，巻末掲載のものである。

　A群，B群は，以下の基準で作成した。(1)原則として，出版され一般に出回ったと考えられる度合の高いもので，引用または参考にしたものは，B群，それ以外は，A群。(2)出版され一般に出回ったと考えられても，次のものは，A群。法律，閣議決定，新聞記事，等の内容を示すもの。機関誌。日記。意見書。講演記録。座談会記録。実験記録。史・資料紹介。故人に対する回顧録，葬儀の記録，経歴一覧。名簿。(3)出版されても一般に出回ったと考えられる度合の低いもの（例えば，まる秘・極秘文書）は，A群。(4)戦中・戦後に，手書き・ガリ版刷りで作成され，一般に出回ったと考えられる度合の低いものは，A群。(5)筆者による聞き取りの結果に関するものは，A群。(6) A群，B群の両方に入るものは，両方に記載。例えば，「貴族院議員　河井弥八氏甘藷増産に関する懇談会速記録　附，丸山方作氏著『甘藷良苗育成法大要』『甘藷の貯蔵法』」（大阪商工会議所，昭和18年2月），戸苅義次（昭和22年10月）『甘藷栽培の諸問題』（農林技術協会），等。

　本稿で使用した史・資料を簡単に説明すると，表2は，「政府，農商務省・農林省・農商省，農事試験場，食糧統制機関，GHQ，等関係」史・資料である。「アルコール専売法（S12.3.31）前後の国策関係」は，農林水産省農林水産政策研究所の「和田文庫」に冊子として綴じられた『昭和十一年　国策』中の史・資料で，アルコール専売法（S12.3.31）前後の国策が伺える貴重なものである。「アルコール専売法（S12.3.31）前後の燃料用酒精原料関係」の，〔『燃料問題資料』中のもの〕と〔『アルコールニ関スル資料　和田』〕は，それぞれ農林水産省農林水産政策研究所の「和田文庫」に冊子として綴じられた『燃料問題資料』と『アルコールニ関スル資料　和田』中の史・資料で，どち

らも，戦中における液体燃料政策が詳細にわかるまる秘・極秘文書を含んだ貴重なものである。本研究では，これらを多用した。表2中6～10，12等は，戦中における農林省・農商省等の施策がわかる史・資料である。なお，表2以外にも，農林水産省農林水産政策研究所には，多数の甘藷増産関係の史・資料がある。

　表3は，「河井弥八関係」史・資料である。「日記」,「手帳」,「甘藷（・麦）増産関係書類」中『河井メモ』,『河井綴り』は，河井の活動等を詳細に示す重要な史・資料で，第2章で中心的に用いた史・資料である。これらのうち河井の自筆のものは，万年筆中心に使用されて，右肩あがりの行書体混じりの楷書体で書かれている。『河井手帳』では，万年筆，鉛筆，赤鉛筆が使用されている。『河井日記』『河井手帳』『河井メモ』『河井綴り』の中には，万年筆のにじみ箇所，鉛筆部分の消えかけ，等がある。また，保存状態のよくないものもある。「日記」の自筆のものは，掛川市が所蔵しており，本研究では，『河井日記』と呼称，ただし，第2章内においては，『日記』とも呼称する。「河井弥八の経歴等」は，河井の経歴のおおよそがわかる。息子河井重友が父の人物・活動を記述した㉓等は，身近な者しか知りえない内容となっており，貴重である。「関屋貞三郎関係」には，天皇が，戦争終結の大詔を出した昭和20年8月14日付で，河井が書き，同月26日付で友人関屋貞三郎に届けた，河井の本心と思われる書簡がある。「名簿」は，河井が，所属した貴族院，緑風会，全国治水砂防協会のものである。「河井弥八に対する著述」のうち，㊴は，河井への評価がわかる史・資料である。

　表4は，「丸山方作関係」史・資料である。「日記」は，丸山の活動等を詳細に示す重要な史・資料で，第3章で中心的に用いた史・資料である。これらは，筆または万年筆が使用されて，行書体中心で書かれている。全巻にわたって，保存状態は良い。新城図書館が所蔵しており，本研究では，『丸山日記』と呼称，ただし，第3章内においては，『日記』とも呼称する。「丸山方作に対する著述」の㊶と，引用・参考文献中にある丸山著には，丸山の人生観・農業観が

表われている。

なお，本研究使用以外の「河井弥八関係」「丸山方作関係」史・資料については，＜前田　平成15年＞を参照されたい。

表5は,「報徳会関係」史・資料, 表6は,「報徳社関係」史・資料である。

表7は，主な聞き取りの対象者である。丸山の孫丸山幸子氏，河井の孫河井修氏を始め，元農林省農事試験場研究官竹股知久氏，川越市「さつまいも資料館」館長井上浩氏，他多数からの聞き取りをした。

表2　本稿使用の史・資料（Ⅰ）―政府，農商務省・農林省・
　　　農商省，農事試験場，食糧統制機関，GHQ，等関係―

史　・　資　料	出 版 社 等	年．月．日	所蔵	備　　　考	
1．雑誌					
・農林省編『農林時報』第1巻第12号～第23号	農林省総務局総務課	S16	農	『時報』と略称	①
・農林省編『農林時報』第2巻第1号～第12号	農林省総務局総務課	S17	農		②
・農林省編『農林時報』第3巻第1号～第2号，第6号～第14号，第16号～第20号	農林省総務局総務課	S18	農	農で，第3号～第5号と第15号欠	③
・農林省編『農林時報』第5巻	農林省総務局総務課	S21	農	農で，第4巻（S19～S20か）欠	④
・農林省編『農林時報』第6巻	農林省総務局弘報課	S22	農		⑤
・農林省編『農林時報』第7巻	農林省総務局弘報課	S23	農		⑥
・農林省編『農林時報』第8巻	日本農村調査会	S24	農		⑦
・農林省編『農林時報』第9巻	日本農村調査会	S25	農	農で，第10巻（S26か）欠	⑧
2．アルコール専売法（S12.3.31）以前の出版物等					
・農林省農務局編纂『昭和十二年三月　雑穀豆類甘藷馬鈴薯耕種要綱』	大日本農会	S12.3.31	農研		⑨
3．戦中・戦後の調査・統計					
・社団法人農村更生協会編『昭和十年十月　農村中堅人物養成施設に関する調査　其の一　修錬農場・漁村修錬場』	社団法人農村更生協会	S10.10.20	農研		⑩
・帝国農会編輯『昭和十二年度　甘藷，馬鈴薯生産費に関する調査』	帝国農会経済部	S13.10.15	農研		⑪
4．アルコール専売法（S12.3.31）前後の国策関係					

史・資料	出版社等	年.月.日	所蔵	備考	
〔『昭和十一年 国策』中のもの。綴り順〕			農研	農研「和田文庫」	
・「液体燃料対策要綱」		S11. 5.13	農研	極秘。農研「和田文庫」	⑫
・「国防国家観ニ立脚スル国策要綱」	（内閣の名前の入った用紙に記載）		農研	まる秘。農研「和田文庫」	⑬
・「対支経済国策要綱立案基調」	（内閣の名前の入った用紙に記載）	S11. 7.14	農研	まる秘。農研「和田文庫」	⑭
・「別紙　ガソリン，燃料酒精混用問題ニ関スル各省協議会ノ経過概要」			農研	農研「和田文庫」	⑮
5．アルコール専売法（S12. 3.31）前後の燃料用酒精原料関係					
〔『燃料問題資料』中のもの。綴り順〕			農研	農研「和田文庫」	
＜「燃料問題関係資料」中のもの＞			農研	農研「和田文庫」	
・「主要各国の燃料政策概要」			農研	農研「和田文庫」	⑯
・「我国燃料政策の経過並現況」			農研	農研「和田文庫」	⑰
・「アルコール生産状況」			農研	農研「和田文庫」	⑱
＜「燃料問題関係資料」以外のもの＞			農研	農研「和田文庫」	
・「昭和十一年五月　燃料問題審議経過概要」	商工省鉱山局	S11. 5	農研	農研「和田文庫」	⑲
・「液体燃料対策要綱」		S11. 5.13	農研	極秘。農研「和田文庫」。⑫と違いあり	⑳
・理化学研究所　鈴木梅太郎研究室　吉村信三「昭和十一年八月廿五日　シヨウラー法ニ依ル無水酒精製造ニ就テ」		S11. 8.25	農研	農研「和田文庫」	㉑
・「ドイツの代用液体燃料と自動車の改造　ハインリヒ・シュルツ（ミュンヘンにて）一九三五年二月二十九日『プラウダ』所載			農研	農研「和田文庫」	㉒
・「揮発油の補助燃料としての酒精の価値」	内閣調査局		農研	農研「和田文庫」。「某化学者の執筆に成るものにして参考の為め配布す。」と記載あり	㉓
・「燃料酒精問題ニ関シ各省ニ調査ヲ委嘱スベキ事項」	（内閣の名前の入った用紙に記載）		農研	農研「和田文庫」	㉔
・「一　仏国ニ於ケル石油酒精混合強制法……二，独乙ニ於ケル石油酒精混合強制法」			農研	農研「和田文庫」	㉕
・「動力燃料トシテ『アルコール』ノ用途　一九三五年十一月七日緊急勅令第一九六五号　一九三五年十一月廿三日伊国官報第二七三号掲載」	（内閣の名前の入った用紙に記載）		農研	農研「和田文庫」	㉖

序章　本研究の問題意識，対象・内容・方法，使用した史・資料等　19

史　・　資　料	出　版　社　等	年．月．日	所蔵	備　　　考	
・「昭和十一年五月　液体燃料ニ関スル施設概要」	商工省鉱山局	S11. 5	農研	農研「和田文庫」	㉗
・「ドイツに於ける各種自動車の発達　ハインリヒ・シュルツ（ミュンヘンより）『プラウダ』紙一九三六年．四月三日附」			農研	農研「和田文庫」	㉘
〔『アルコールニ関スル資料　和田』中のもの。綴り順。綴ってある史・資料中，重複資料は，最初の史・資料のみ掲載〕			農研	農研「和田文庫」	
・『会員外秘　酒精ニ関スル調査（昭和拾年拾月現在)』	全国新式焼酎聯盟会		農研	農研「和田文庫」	㉙
・花田戈蔵『燃料用酒精対策　昭和十年十一月稿』[非売品]					㉚
・「昭和十一年六月　アルコールニ関スル協議会（第一回）議事録」	内閣調査局	S11. 6	農研	まる秘。農研「和田文庫」	㉛
・「液体燃料対策要綱」		S11. 5. 13	農研	農研「和田文庫」	㉜
・「アルコール専売法案」		S12. 3. 3	農研	農研「和田文庫」。「アルコール専売法案理由書」あり	㉝
・「アルコール専売制度要綱」		S12. 3. 3	農研	農研「和田文庫」	㉞
・「酒精混合燃料試験成績」	陸軍省動員課	S11. 6. 30	農研	農研「和田文庫」	㉟
・(CFR試験機ニ依ル各種燃料ノ比較試験成績曲線図，他)			農研	農研「和田文庫」	㊱
・「昭和十一年六月　木材ヲ原料トスルアルコール製造ニ就テ」	農林省山林局林政課	S11. 6	農研	農研「和田文庫」	㊲
・「昭和十一年六月　無水酒精ニ関スル資料」	農林省農務局	S11. 6	農研	農研「和田文庫」	㊳
・独逸ミユンヘン市　ドクトル・エンヂニアー・ハインリッヒ・ショウラー講演『繊維素より砂糖又は酒精を製出する方法並に欧州に於ける最近の無水酒精工業に就て』			農研	農研「和田文庫」	㊴
・「アルコールニ関スル協議会（第二回）提出資料目録」		S11. 7. 23	農研	まる秘。農研「和田文庫」	㊵
・「アルコールノ揮発油混用ニ関スル海軍省意見」	海軍省			まる秘。農研「和田文庫」	㊶
・「酒精混合燃料試験成績」	陸軍省動員課			まる秘。農研「和田文庫」	㊷
・「揮発油推定需要量及混用酒精所要量調（内外地共）」				極秘。農研「和田文庫」	㊸
・「酒精一石当生産費調」	大蔵省主税局			まる秘。農研「和田文庫」	㊹
・「燃料酒精混用制度要綱」	商工省鉱山局			極秘。農研「和田文庫」	㊺

史・資料	出版社等	年．月．日	所蔵	備考	
・商工省工務局平野技師私案「燃料用脱水アルコール生産計画案（内地分）」	商工省か			まる秘。農研「和田文庫」	㊻
・「昭和十一年七月　揮発油ニ無水酒精混入強制ニ関スル件（台湾総督府殖産局試案）」	拓務省か			まる秘。農研「和田文庫」	㊼
・「昭和十一年七月　燃料酒精ニ関スル資料」	農林省農務局			まる秘。農研「和田文庫」	㊽
・『昭和十二年十二月　酒精原料甘藷及馬鈴薯に関する調査』	農林省農務局農産課				㊾
・「『アルコール』原料甘藷馬鈴薯増産計画ニ関スル分」	特殊農産課			農研「和田文庫」	㊿
6．「重要農林水産物増産助成規則」（S14．4前後）					
・『昭和十五年四月　重要農林水産物増産計画概要』	農林省			農研「和田文庫」	(51)
7．生産―栽培技術―					
・農林技術協会，中央農業会『昭和十九年十一月　甘藷馬鈴薯試験成績要録』	農林技術協会，中央農業会	S19. 11			(52)
・戸苅義次『甘藷栽培の諸問題』	農林技術協会	S22. 10. 5	農研		(53)
・社団法人日本園芸中央会編，農林省監修『甘藷馬鈴薯増産技術の基礎』	社団法人日本園芸中央会	S25．1．5	農研		(54)
8．生産―病虫害―					
・中島汀編輯『甘藷馬鈴薯の病蟲害』	日本甘藷馬鈴薯株式会社	S22．1．30	農研		(55)
9．生産―貯蔵―					
・山下克典『最も簡易で絶対腐らぬ甘藷貯蔵法』	目黒書店	S20．9．10	農研	農研「日本農業研究所文庫」	(56)
・清水彌吉『甘藷倉庫貯蔵の要点とキュアリング方法』	富山県生産農業協同組合連合会	S24．9．25	農研	農研「日本農業研究所文庫」	(57)
10．集荷・配給					
・全国農業会編集『農村闇価格に関する調査　昭和18年7月―昭和22年12月』	全国農業会	S23．7．30	農研	農研「和田文庫」	(58)
11．民間の甘藷増産法					
・伊藤喜一郎編輯『甘藷栽培の達人甘藷増産体験談記録』	大日本農会	S16. 10. 20	農研		(59)
12．閣議決定，第1次の「食糧増産応急対策要綱」（S18．6．4）前後以降					
・増田作太郎編輯『甘藷の葉及葉柄の食用化＝戦時食糧対策の一環＝』	社団法人農村工業協会	S18．7．25	農研	農研「日本農業研究所文庫」	(60)
・『昭和十九年二月　甘藷馬鈴薯耕種改善規準』	長野県		農研	農研「日本農業研究所文庫」	(61)

序章　本研究の問題意識，対象・内容・方法，使用した史・資料等　21

史・資料	出版社等	年.月.日	所蔵	備考	
・『昭和十九年度　水陸稲及甘藷耕種改善規準』	鹿児島県		農研	農研「日本農業研究所文庫」	⑫
・「昭和十九年十一月　昭和二十年甘藷増産計画」	農政局特産課	S19.11	農研	農研「農地制度文庫」	⑬
・「昭和十九年十二月　昭和二十年甘藷，馬鈴薯増産計画概要」	農商省農政局	S19.12	農研	農研「農地制度文庫」	⑭
13．戦後の状況					
・「昭和二十一年三月　関東地方各縣の種甘藷確保状況」	全国農業会情報宣伝部	S21.3	農研	農研「農地制度文庫」	⑮
・「最近に於ける農機具需給関係資料」	農政局資材課	S21.11.5	農研		⑯
・『甘藷の利用方策（第一報）』	近畿化学工業会	S24.8	農研		⑰
・「財団法人いも類懇話会設立趣意書案」	衆議院議員坂田英一参議院議員河井弥八	S25.8.29	農研		⑱
14．その他資料					
・「いも類の生産流通に関する資料」	農林水産省農産園芸局畑作振興課	H12.12	作		⑲
・「国立国会図書館　議会官庁資料室」	国立国会図書館ホームページ	H16.8.27更新			⑳
・「神戸大学附属図書館デジタルアーカイブ」	神戸大学附属図書館ホームページ				㉑

〔備考〕農は，農林水産省図書館。農研は，農林水産省農林水産政策研究所。作は，独立行政法人農業技術研究機構作物研究所。農研「和田文庫」とは，昭和21年5月21日～同22年1月30日に農林大臣を務めた和田博雄が持っていた文書で，戦中に本人が農林省調査官だった頃に手元に保存していたまる秘・極秘文書も数多く含む。

表3　本稿使用の史・資料（Ⅱ）―河井弥八関係―

史・資料	出版社等	年.月.日	所蔵	備考	
1．日記					
・『昭和十年　當用日記』	博文館	S9.10	掛	『河井日記』S10と呼称	①
・『昭和十三年　當用日記』	博文館	S12.10	掛	『河井日記』S13と呼称	②
・『昭和十四年　當用日記』	博文館	S13.10	掛	『河井日記』S14と呼称	③
・『昭和十五年　當用日記』	博文館	S14.10	掛	『河井日記』S15と呼称	④
・『昭和十六年　當用日記』	博文館	S15.10	掛	『河井日記』S16と呼称	⑤
・『昭和十七年　當用日記』	博文館	S16.10	掛	『河井日記』S17と呼称	⑥
・『昭和十八年　當用日記』	博文館	S17.10	掛	『河井日記』S18と呼称	⑦
・『昭和十九年　當用日記』	博文館	S17.10	掛	S17発行をS19用として使用	⑧
・（無題）				『河井日記』S19と呼称『河井日記』S21と呼称	⑨
2．手帳					
・（手帳　大正7年）			掛	『河井手帳』T7と呼称	⑩

史・資料	出版社等	年.月.日	所蔵	備考	
・『昭和十三年』（宮内官の手帳）			掛	『河井手帳』S13と呼称	⑪
・『昭和十五年』（宮内官の手帳）			掛	『河井手帳』S15と呼称	⑫
・『昭和十六年』（宮内官の手帳）			掛	『河井手帳』S16と呼称	⑬
・『昭和二十年』（宮内官の手帳）			掛	『河井手帳』宮S20と呼称	⑭
・『昭和二十年』（貴族院の手帳）	貴族院	S19.12	掛	『河井手帳』貴S20と呼称	⑮
・『昭和二十二年』（貴族院の手帳）	貴族院	S21.12	掛	『河井手帳』S22と呼称	⑯
3．河井家に関する記述					
・河井弥八の祖父河井弥八郎に関する文		S39.1.30	河	石間たみの字か	⑰
4．河井重蔵関係					
・故河井重蔵「食糧問題に対する卑見」		T15.1.26	河	T13.10.15，河井重蔵執筆。重蔵没後に，河井弥八が印刷したもの	⑱
5．河井弥八の経歴等					
・「戦時食糧増産推進中央本部参与」の委嘱状（農商省）		S19.6.12	掛		⑲
・「表彰状」（大日本報徳社）		S30.8.25	掛		⑳
・『報徳』1960．9．10月合併号（河井弥八先生追悼誌）	大日本報徳社	S35.10.20	掛,河	後述	㉑
・河井重友「故河井弥八の浪人中の活動状況について」		（不明）	河		㉒
・河井重友「嗣子としての小生が見た亡父弥八の人物像」		（不明）	河		㉓
6．関屋貞三郎関係					
・「関屋貞三郎関係文書」			掛	S20頃か	㉔
7．甘藷（・麦）増産関係書類					
・メモ帳			掛	甘藷に関する記述多数『河井メモ』①と呼称	㉕
・「一七.一.一〇　丸山講師／丸山式特徴」で始まる綴り		S17.1.10	掛	『河井綴り』①と呼称	㉖
・「計算資料　袴田八々老」で始まる綴り			袴	農事講師の旅費計算資料等，『袴田綴り』①と呼称	㉗
・「貴族院議員　河井弥八氏　甘藷増産に関する懇談会速記録　附，丸山方作氏著『甘藷良苗育成法大要』『甘藷の貯蔵法』」	大阪商工会議所	S18.2	河	懇談会は，S18.1.18	㉘
・「第八十一回帝国議会に於ける食糧問題に関する議事速記録」	大阪商工会議所	S18.4.8	河	第81回帝国議会におけるS18.2中の河井との質疑応答	㉙
・「適期遅期植付成績収量比較（段当換算）昭和十八年」で始まる綴り			掛	『河井綴り』②と呼称	㉚
・「北支ニ於ケル甘藷増産ニ関スル私案」		（不明）	掛	河井弥八，丸山方作の字ではない	㉛

序章　本研究の問題意識，対象・内容・方法，使用した史・資料等　23

史　・　資　料	出 版 社 等	年．月．日	所蔵	備　　　考	
・「食糧増口推進班ニ対スル要望事項（大分宮崎班）」で始まる綴り			掛	『河井綴り』③と呼称	㉜
・『いも建白書』		S26．1．19	掛	河井弥八他10名による内閣総理大臣吉田茂他4名宛	㉝
8．報徳関係書類					
・「学校教師の多数ハ報徳に反対」で始まる綴り		（不明）	掛		㉞
9．名簿					
・『貴族院議員氏名表』			掛	M38.12.24調査による	㉟
・『緑風会々員名簿（三二．五．一五現在）』		S32．5．15	掛		㊱
・『役員名簿　昭和三二．八．一／社団法人　全国治水砂防協会』		S32．8．1	掛		㊲
10．河井弥八に対する著述					
・「河井弥八翁逝く　31日　報徳社，掛川市民合同葬」，『郷土新聞』	郷土新聞社	S35．8．3	掛		㊳
・『報徳』1960．9．10月合併号（河井弥八先生追悼誌）	大日本報徳社	S35.10.20	掛，河	前述	㊴
・袴田銀蔵による河井重友宛書簡「河井先生一周忌の思ひ出」		S—．7.22	掛	S36か	㊵

〔備考〕掛は，掛川市。河は，河井修家。袴は，袴田征一家。『河井日記』『河井手帳』『河井メモ』『河井綴り』の引用にあたっては，(1)地名・人名・書名等は，筆者が補足した箇所あり，(2)敬称は，省略。(3)句読点・中黒は，適宜挿入・削除。(4)片仮名は，「　」で引用した箇所以外は，平仮名にした。(5)漢数字の1部は，英数字にした。

表4　本稿使用の史・資料（Ⅲ）—丸山（旧姓　矢野）方作関係—

史　・　資　料	出 版 社 等	年．月．日	所蔵	備　　　考	
1．日記					
・『明治三十五年　當用日記』	博文館か		新	『丸山日記』M35と呼称	①
・『明治四十四年　當用日記』	博文館		新	『丸山日記』M44と呼称	②
・『明治四十五年　當用日記』	博文館	M44.10.10	新	『丸山日記』M45と呼称	③
・『大正二年　當用日記』	博文館	T元.11.3	新	『丸山日記』T2と呼称	④
・『大正三年　當用日記』	博文館	T 2.10.8	新	『丸山日記』T3と呼称	⑤
・『大正四年　當用日記』	博文館	T 3.10.8	新	『丸山日記』T4と呼称	⑥
・『大正六年　當用日記』	博文館	T 5.10.5	新	『丸山日記』T6と呼称	⑦
・『大正七年　當用日記』	博文館	T 6.10.4	新	『丸山日記』T7と呼称	⑧
・『大正八年　當用日記』	博文館	T 7.10.15	新	『丸山日記』T8と呼称	⑨
・『大正九年　當用日記』	博文館	T 8.10.4	新	『丸山日記』T9と呼称	⑩
・『大正十年　當用日記』	博文館	T 9.10.4	新	『丸山日記』T10と呼称	⑪
・『大正十一年　當用日記』	博文館		薪	『丸山日記』T11と呼称	⑫

史・資料	出版社等	年.月.日	所蔵	備考	
・『紀元二五八三　當用日記』（T12の日記）	博文館	T11.10	新	『丸山日記』T12と呼称	⑬
・『紀元二五八四　當用日記』（T13の日記）	博文館	T12.10	新	『丸山日記』T13と呼称	⑭
・『紀元二五八五　當用日記』（T14の日記）	博文館	T13.10	新	『丸山日記』T14と呼称	⑮
・『紀元二五八六　當用日記』（T15・S元の日記）	博文館	T14.10	新	『丸山日記』T15・S元と呼称	⑯
・『紀元二五八七　當用日記』（S2の日記）	博文館	T15.10	新	『丸山日記』S2と呼称	⑰
・『昭和四年　當用日記』	博文館	S3.10	新	『丸山日記』S4と呼称	⑱
・『昭和五年　當用日記』	博文館	S4.10	薪	『丸山日記』S5と呼称	⑲
・『昭和六年　當用日記』	博文館	S5.10	新	『丸山日記』S6と呼称	⑳
・『昭和七年　當用日記』	博文館	S6.10	新	『丸山日記』S7と呼称	㉑
・『昭和八年　當用日記』	博文館	S7.10	新	『丸山日記』S8と呼称	㉒
・『昭和九年　當用日記』	博文館	S8.10	新	『丸山日記』S9と呼称	㉓
・『昭和十年　當用日記』	博文館	S9.10	新	『丸山日記』S10と呼称	㉔
・『昭和十一年　當用日記』	博文館	S10.10.5	新	『丸山日記』S11と呼称	㉕
・『昭和十二年　當用日記』	博文館	S11.10.5	新	『丸山日記』S12と呼称	㉖
・『昭和十三年　當用日記』	博文館	S12.10.5	新	『丸山日記』S13と呼称	㉗
・『昭和十四年　當用日記』	博文館	S13.10.5	新	『丸山日記』S14と呼称	㉘
・『昭和十五年　當用日記』	博文館	S14.10.5	新	『丸山日記』S15と呼称	㉙
・『昭和十六年　當用日記』	博文館	S15.10.5	新	『丸山日記』S16と呼称	㉚
・『昭和十七年　當用日記』	博文館	S16.10.5	新	『丸山日記』S17と呼称	㉛
・『自由日記』（S18の日記）	博文館	S17.10.5	新	『丸山日記』S18と呼称	㉜
・『昭和二十一，二十二年日誌　戦後重要記録』			新	『丸山日記』S21・22と呼称	㉝
・『自由日記　昭和二十三年』			新	『丸山日記』S23と呼称　S24.1〜S24.2の記述あり	㉞
・『自由日記』（S24の日記）			新	『丸山日記』S24と呼称	㉟
・『二年連用　農業日記　昭和二十五年　昭和二十六年』	東洋館	S24.11	新	『丸山日記』S25・26と呼称	㊱
・『當用日記　昭和二十六年』	積善館	S25.10		『丸山日記』S26と呼称	㊲
・『昭和廿七年　當用日記』	博文館新社	S26.10	新	『丸山日記』S27と呼称	㊳
・『昭和廿八年　當用日記』	博文館新社	S27.10	新	『丸山日記』S28と呼称	㊴
・『昭和廿九年　當用日記』	博文館新社	S28.10	新	『丸山日記』S29と呼称	㊵
・『昭和三十年　當用日記』	博文館新社	S29.10	薪	『丸山日記』S30と呼称	㊶
・『昭和卅一年　當用日記』	博文館新社	S30.10	新	『丸山日記』S31と呼称	㊷
・『昭和卅二年　當用日記』	博文館新社	S31.10	新	『丸山日記』S32と呼称	㊸
・『昭和卅三年　當用日記』	博文館新社	S32.10	新	『丸山日記』S33と呼称	㊹
・『昭和卅四年　當用日記』	博文館新社	S33.10	新	『丸山日記』S34と呼称	㊺
・『昭和卅五年　當用日記』	博文館新社	S34.10	新	『丸山日記』S35と呼称	㊻
・『昭和卅六年　當用日記』	博文館新社	S35.10	新	『丸山日記』S36と呼称	㊼
・『昭和卅七年　當用日記』	博文館新社	S36.10	新	『丸山日記』S37と呼称	㊽

序章　本研究の問題意識，対象・内容・方法，使用した史・資料等　25

史・資料	出版社等	年．月．日	所蔵	備考	
・『昭和丗八年　當用日記』	博文館新社	S37．10	新	『丸山日記』S38と呼称	㊾
２．矢野・丸山方作の経歴等					
・「履歴書　昭和二三年始め　戸籍謄本等」				56中のものを使用	㊿
・『心の写真　第三編』		M25．1．8		同上	㊼
・「履歴書」（国立資料館所蔵・愛知県文書『勧業補助一件』に収録の八名郡長から県知事宛の進達書類「八名郡農事改良の義に付き御届」所収の自筆文）		M28．8．6		同上	㊽
３．[丸山式]甘藷栽培法に関する丸山方作の記述					
・『座右銘　明朗晩年の記録（保存用）子孫に伝えて参考とすべし』		（不明）	丸	自筆ノート	㊾
４．甘藷増産関係					
・『甘藷栽培の達人　甘藷増産体験談記録』	大日本農会	S16．10．20	新		㊿
５．丸山方作に対する著述					
・「丸山翁銅像」（昭和35年6月21日水野欣之郎作，同年11月吉祥日建立）の聖農丸山翁顕彰会々長森口淳三による撰文（昭和35年10月17日）		S35		現在，愛知県新城市「桜淵公園」内。静岡県引佐郡細江町内より移動したもの	㊾
・伴野泰弘「東三河の老農・丸山方作について」，『三河地域史研究』第7号	三河地域史研究会	S64			㊾

〔備考〕新は，新城図書館。丸は，丸山勝利・幸子家。『丸山日記』の引用にあたっては，(1)地名・人名・書名等は，筆者が補足した箇所あり，(2)敬称は，省略。

表5　本稿使用の史・資料（Ⅳ）―報徳会関係―

史・資料	出版社等	年．月．日	所蔵	備考	
・『斯民』第1編第1号～『斯民』第40編第5号（第472号）	「（中央）報徳会」	M39．4．23～S21．12．1	淑	『斯民』編号／年月／頁と表記	①

〔備考〕淑は，淑徳大学図書館。

表6　本稿使用の史・資料（Ⅴ）―報徳会関係―

史・資料	出版社等	年．月．日	所蔵	備　考	
・『大日本報徳』第284号～『大日本報徳』第47巻第1号	大日本報徳社	T15.1～S23.1		『大日本報徳』巻号／年月／頁と表記	①
・『報徳』第47巻第2号～	大日本報徳社	S23.2～	大	『報徳』巻号／年月／頁と表記	②
・『報徳社事業年鑑　第二十一』			大		③
・『報徳社事業年鑑　第二十六』昭和16年度	公益社団法人大日本報徳社		大		④
・（その他，「大日本報徳社」文書，多数）					

〔備考〕大は，「大日本報徳社」。

表7　本稿使用の史・資料（Ⅵ）―聞き取りの結果―

主な聞き取りの対象者（敬称略）	年．月．日	備　考	
・丸山幸子（愛知県新城市）	H14.2.2～	丸山方作の孫	①
・河井　修（東京都府中市）	H14.4.7～	河井弥八の孫	②
・小林芳春（新城市教育長，愛知県新城市）	H14.2.1		③
・山本幸位（新城図書館職員，愛知県新城市）	H14.2.1		④
・小野了司（「大日本報徳社」理事・事務局長，静岡県掛川市）	H14.1～	小野仁輔の息子，電話調査	⑤
・堀内　良（「大日本報徳社」常任参事，静岡県掛川市）	H14.1～	電話調査等	⑥
・杉本周造（「掛川信用金庫」会長，静岡県掛川市日坂）	H14.1.31	杉本良の息子	⑦
・平野一郎（「南郷報徳社」理事，静岡県掛川市上張）	H14.4.12～		⑧
・小澤豊久（掛川市役所総務部，静岡県掛川市長谷）	H14.4.12～		⑨
・袴田征一（静岡県掛川市下俣南）	H14.9.15～	袴田銀蔵の子孫	⑩
・「千葉県立大利根博物館」（千葉県佐原市佐原）	H14.9.29		⑪
・竹股知久（元農林省農事試験場研究官，千葉県船橋市）	H14.9.12	「丸山式」甘藷栽培法研究	⑫
・竹内　勲（農林水産省図書館）	H14.10.16		⑬
・後藤　寿（農林水産省生産局特産振興課）	H14.10.16		⑭
・井上　浩（「さつまいも資料館」館長，埼玉県川越市）	H14.11.8～		⑮
・植田知明（農林水産省農林水産政策研究所）	H16.8.5～		⑯

主な聞き取りの対象者（敬称略）	年．月．日	備　　　考	
・瀧田雪江（農林水産省農林水産政策研究所企画連絡室図書課）	H16. 8. 5〜		⑰
・坂田武彦（東京都目黒区）	H16. 8. 7〜	坂田英一の息子	⑱

〔備考〕（　）内の職名等は，聞き取り開始時点での職名等。

第1章　政府等の食糧増産・甘藷増産に関する施策

第1節　戦中前期

1．燃料用酒精原料確保としての甘藷増産政策

　戦中における政府の大がかりな甘藷増産は，人々の食糧の為の意味からよりも，軍事用液体燃料（戦闘機，戦艦，戦車，輸送用トラック，等用液体燃料）を大きく含むところの液体燃料確保の一環としての意味から出発した側面が強かった。液体燃料には，ガソリン，軽油，原油，重油，人造石油，灯油，燃料用変性アルコール，ベンジン，がある。戦中においては，ガソリン（当時，揮発油と言った）不足から，ガソリンに，甘藷から作られるアルコール（当時，酒精とも言った）を混入したので，甘藷は，ガソリンを使用する戦闘機，戦艦，輸送用トラック，等の軍事用液体燃料に大きく関わった。すなわち，甘藷は，軍事用途が大きいところの燃料用酒精原料であった。甘藷から作られるアルコールのうち，無水アルコール（無水酒精）はガソリン混入用に，含水アルコール（含水酒精）は火薬用等軍需用にもなった。また，人造石油は，日本が持つ石油資源の絶対的不足を解消するものとして，石炭等から人工的に石油と同機能をもつものが作られると期待され続けたものである。ガソリン・アルコール混用政策と，人造石油製造政策とは，軍事用のエネルギー政策・燃料政策の観点から，不可分の関係にあった。

　したがって，戦中における政府の大がかりな甘藷増産は，江戸時代における人々の飢えを救うという意味だけの甘藷増産と違い，その意味プラス総力戦・食糧戦を支えるという意味プラス軍事用液体燃料を大きく含むところの液体燃料確保としての意味という3重の複雑な意味があったことになる。

　なお，戦中において軍事用資源として使用された農林資源・農作物・動物か

第1章　政府等の食糧増産・甘藷増産に関する施策　29

ら加工されたものには，以下のもの他多数あった。甘藷・馬鈴薯・トウモロコシ・砂糖からのアルコール・ブタノール原料。松根(しょうこん)からの液体燃料の一部（後述）。松ヤニからの液体燃料の一部。木炭からの石油代替エネルギー。木材からの航空機材，兵器材，造艦材，軍需用材，坑木，鉄道枕木，車両船舶材，等（木炭，木材使用により，森林伐採が進んだ）。高級生糸からのパラシュート材料。コンニャク（糊）・コウゾ（和紙）からのいわゆる風船爆弾（アメリカ・オレゴン州等に少数落ちたとされる）。茶の実の茶油からの航空機用の高級潤滑油（静岡の茶業農家からの筆者の聞き取り等より）。茶のカフェインからの兵士等の医療品。大麦からの軍馬の農耕飼料。縄・莚・カマス等の藁製品から軍用包装資材。農耕馬からの軍馬。畜産動物からの軍用の肉・毛皮。牛乳から木製飛行機接着剤用ガゼイン。蜂蜜からの兵士等の活力を得る甘味資源。蜜蝋(みつろう)からの軍用潤滑油。兎からの航空兵・北方戦用の防寒具・航空機の内面保温材，携帯用干肉。獣血の乾燥血粉からの包装用の特殊原料（陸軍等が着目）。獣血からの可塑製品（海軍が着目）。

　図2は，戦中における人造石油，アルコールと甘藷増産の状況を示したものである。この流れをみながら，政府の人造石油製造政策，ガソリン・アルコール混用政策，大がかりな甘藷増産政策の状況を明らかにし，考察してみよう。

　戦中以前に溯れば，わが国では多くのエネルギーに関する模索があった。以下に，大きな動きを年代順に並べる（Ⅰ—⑰⑲，より）。①明治33年，臨時油田調査の為，農商務省に「油田調査所」を設け，内地油田調査を開始。②同38年，「台湾総督府」は，油田調査及び試掘補助を実施。③大正9年，農商務省は，「燃料研究所」を新設。④同10年，農商務省内に，関係各省の次官・局長による問題協議会を設置。⑤同12年，樺太庁油田調査を開始。⑥同15年7月，燃料に関する国策を調査する為，商工大臣の下に「燃料調査委員会」を置くことが閣議決定され，これに基づき商工省内に「燃料調査委員会」が設置された。大正15年〜昭和4年5月まで12回の会議を開催し，商工大臣に「石油及石油代用燃料ニ関スル方策」を答申した。この中に，「三，海外石油資源ノ確

図2 戦中における人造石油, ア

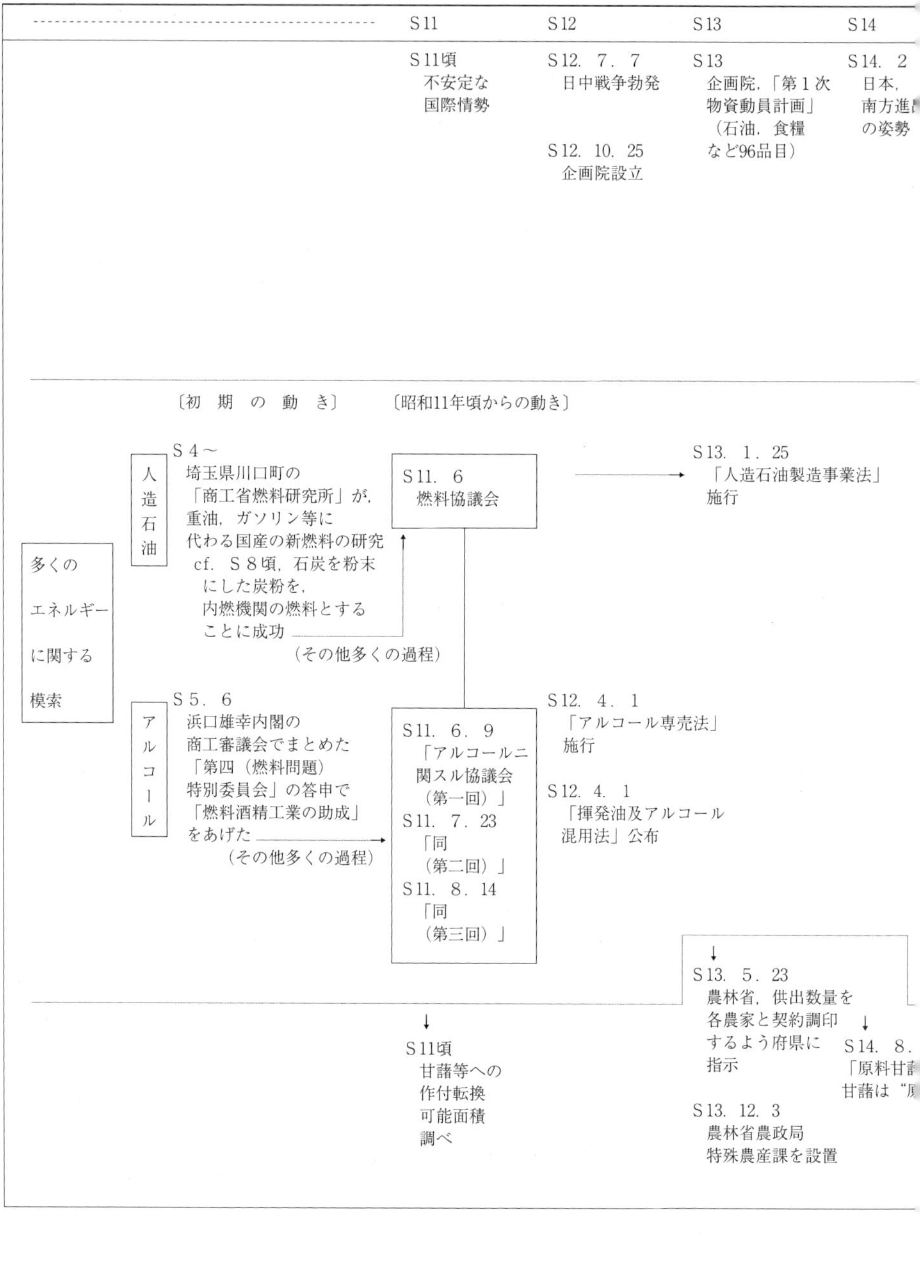

	S11	S12	S13	S14
	S11頃 不安定な 国際情勢	S12. 7. 7 日中戦争勃発 S12. 10. 25 企画院設立	S13 企画院.「第1次 物資動員計画」 (石油, 食糧 など96品目)	S14. 2 日本, 南方進 の姿勢

〔初期の動き〕　　〔昭和11年頃からの動き〕

多くの
エネルギー
に関する
模索

人造石油
S4～
埼玉県川口町の
「商工省燃料研究所」が,
重油, ガソリン等に
代わる国産の新燃料の研究
cf. S8頃, 石炭を粉末
にした炭粉を,
内燃機関の燃料とする
ことに成功
(その他多くの過程)

S11. 6
燃料協議会

S13. 1. 25
「人造石油製造事業法」
施行

アルコール
S5. 6
浜口雄幸内閣の
商工審議会でまとめた
「第四(燃料問題)
特別委員会」の答申で
「燃料酒精工業の助成」
をあげた
(その他多くの過程)

S11. 6. 9
「アルコールニ
関スル協議会
(第一回)」
S11. 7. 23
「同
(第二回)」
S11. 8. 14
「同
(第三回)」

S12. 4. 1
「アルコール専売法」
施行
S12. 4. 1
「揮発油及アルコール
混用法」公布

↓
S11頃
甘藷等への
作付転換
可能面積
調べ

S13. 5. 23
農林省, 供出数量を
各農家と契約調印
するよう府県に
指示

S13. 12. 3
農林省農政局
特殊農産課を設置

S14. 8.
「原料甘藷
甘藷は"

第1章　政府等の食糧増産・甘藷増産に関する施策　31

ールと甘藷増産の状況（筆者作成）

S15	S16	S17	S18	S19	S20
S15. 1. 26 日米通商条約 失効	S16. 8. 1 米, 日本に対する 石油輸出禁止 S16. 10. 18〜 東條英機内閣 （白紙還元によ る物的国力判断） S16. 11. 1 第1案,臥薪嘗胆 第2案,直ちに開戦 第3案,作戦準備、外交 S16. 11. 5 御前会議 S16. 12. 8 太平洋戦争に突入	S17. 6 ミッドウェー海戦 に敗れた日本の 石油輸送船、 アメリカの 太平洋艦隊により 航行不能	S18 石油輸送船の 航行困難 S18. 11. 1 軍需省, 運輸通信省, 農商省設置	S19の第2四半期 日本向け石油輸送 S18の同期の半減 S19. 7. 11 大本営政府連絡会議 「燃料確保対策 ニ関スル件」	S20 石油輸入 ほとんどゼロ
			〔戦　中　後　期〕		
（人造石油は無理なまま引きずる）	→	→	S18 製造された 合成石油, 目標の8% というありさま	（人造石油は無理なまま引きずる）	→
	S16. 1 ガソリン全てに アルコール混用 S16 ガソリン自体の 絶対的な不足 S16. 9 ガソリンへの アルコール混入率 20%（当初の目標） S16. 9. 11 「日本甘藷馬鈴薯株式会社」 業務開始		（人造石油に比べれば進んだ）	→ 戦闘機の飛行用の ガソリン不足 ↓ S19. 5. 23 「戦時食糧増産 推進中央本部」 S19. 10. 23 農商省 「松根油緊急 増産対策措置 要綱」	↓ S20. 2 農商省 「藷類増産 運動要綱」 S20. 3. 16 「松根油等 拡充増産対策 措置要綱」
	↓ S16. 8. 20 「藷類配給統制規則」公布 甘藷は"主食としての統制"へ		↓ S18頃〜 生産農家以外の 多くの人々への 本格的農業労働 政策	S19. 10 甘藷は,「藷類配 給統制規則」下か ら「食糧管理法」 下へ 甘藷の"主要食糧 としての統制"強化	S20. 6. 26 「重要物資 等ノ緊急 疎開ニ 関スル件」

保及開発」や「四，石油代用燃料工業ノ助成及之ニ関スル研究ノ奨励」中に既に「(三) 燃料酒精ニ関スル研究実施」「(四) 石炭液化法ニ関スル研究実施」があった。⑦ 昭和4年5月，商工大臣は，⑥の答申に基づきさらに商工審議会に「燃料ニ関スル具体的国策ニ付意見ヲ求ム」と諮問した。これに基づき，商工審議会は，「燃料問題特別委員会」を設置し，同4年6月まで5回の会議を開いた。⑧ 同年7月，内閣更迭（浜口雄幸内閣成立）があり，商工大臣俵孫一（後述表11参照—引用者注）は，⑦の諮問を撤回し，新たに商工審議会に「石炭石油及其ノ代用燃料ニ関スル具体的国策如何」と諮問した。これに対し，商工審議会は「第四（燃料問題）特別委員会」を設け，同年10月〜同5年3月まで21回の審議を重ね，同5年6月，商工大臣に「石炭及石油代用燃料ニ関スル具体的国策」を答申した。この中に，「燃料酒精工業ノ助成」があった。⑨ 同8年6月，資源局，外務省，大蔵省，陸軍省，海軍省，拓務省，商工省の関係部長の間に協議会を設け，審議を重ね，特別委員会を作り調査研究を重ねた結果，同年9月に実施要綱を作成した。この中に，「燃料アルコールノ経済的生産」の研究と具体化，「石炭液化」の「工業ノ企業化」に関する具体案の樹立があった。

　いつ頃からかは確定しにくいが，わが国では，石油から作るガソリンに，甘藷等から作られる無水アルコールを混入しても，ガソリンの役割は変わらないという考えが定着してきたようである。この混用には，次のような利点が指摘されていた。ア．ガソリン消費量の節約，イ．ノッキング（異常爆発）の防止（アルコールのアンチノック剤としての役割），ウ．ガソリン単独より，液体燃料としての性能を向上させる，エ．出力増進，オ．内燃機関の損傷を防止し，機関の生命を長くする。既に戦中よりも前から，ヨーロッパ諸国では，ガソリン・アルコール混用は始まっていた。例えば，ドイツでは，昭和5年6月にアルコール強制使用法令が制定され，昭和7年度〜同8年度には，ガソリン全消費量の10％に相当するアルコールを自動車用燃料としてガソリンに混合使用していた（Ⅰ—⑱）。

(1) 初期の動き

　人造石油に関しては，昭和4年以来，埼玉県川口町の「商工省燃料研究所」が，重油，ガソリン等に代わる国産の新燃料の研究をした。また，石炭液化に関しては，早い時期から新聞でも報道していた（例．『東京朝日新聞』昭和7年10月25日付，等）。同8年頃か，埼玉県川口町の「商工省燃料研究所」は，石炭を粉末にした炭粉を，ディーゼル・エンジンや発動機等の内燃機関の燃料とすることに成功した。『東京朝日新聞』昭和8年1月13日付は，これを「世界で最初の成功」「石炭は最近の商工省調査によれば内地のみで埋蔵量百六十五億万トンと推定され，今後少くも三四百年間は需要を満すに十分であるといふから一旦緩急の際諸外国から経済封鎖を食つて石油類の輸入が途絶しても何等恐るゝに足らぬことが力強くも始めて証明された」（振り仮名は，省略）と報じた。

　昭和9年6月，「帝国酒精（株）流山工場」（現，千葉県流山市）が，共沸脱水法による無水アルコールの製造に初めて成功し，その企業化研究に弾みをつけた。また，同10年春，「昭和酒造（株）川崎工場」（現，神奈川県川崎市）が，味の素の副産物である生澱粉を原料とする無水アルコール製造工場を開始した。

　昭和10年10月には，「全国新式焼酎聯盟会」が，会員に対して酒精に関する調査を行い，同年11月には，『会員外秘　酒精ニ関スル調査（昭和拾年拾月現在）』（I－㉙）を出版した。これによると，本調査は，「各会社ノ設備及之レヲ基礎トシテ多少ノ修理ヲ加フル事ニヨリ生産シ得ル酒精ノ生産高ヲ示セルモノニシテ刻下ノ時事問題タル燃料国策ニ対スル酒精ノ地位ヲ考察スルノ資料ニ供セントスルモノ」であった。調査を会員外に秘密にしているところやこの文章より，政府関係から「全国新式焼酎聯盟会」に，国策として液体燃料確保がどれくらいできるかを調べる要請があったと推察される。

(2) 昭和11年頃からの動き

　人造石油，ガソリン・アルコール混用に関して，政府が本格的に動き出したのは，昭和11年頃と思われる。これより後の戦中における政府のガソリン・アルコール混用政策，大がかりな甘藷増産政策については，農林省農林水産政策

研究所の「和田文庫」（Ⅰ参照。特に、まる秘文書・極秘文書）と、前掲＜伊藤武夫　平成6年＞により、状況が詳細にわかる。また、戦中における人造石油製造政策については、前掲＜田中　昭和50年＞と、＜三輪　平成16年＞により、状況が詳細にわかる。

　何故、昭和11年頃からだったかについて、「和田文庫」中の史・資料から探れることをみつけてみよう。

　「和田文庫」中『燃料問題資料』には、ア．昭和10年2月に出版されたシュルツの発表を「ドイツの代用液体燃料と自動車の改造　ハインリヒ・シュルツ（ミュンヘンにて）　一九三五年（昭和10年―引用者注）二月二十九日『プラウダ』所載」として翻訳したもの（翻訳年月不明、Ⅰ―㉒）、イ．「某化学者の執筆に成るものにして参考の為め配布す」と記載し、化学者の氏名を伏せて参考資料とした「揮発油の補助燃料としての酒精の価値」（年月不明、Ⅰ―㉓）、「和田文庫」中『アルコール二関スル資料　和田』には、ウ．花田戈蔵『燃料用酒精対策　昭和十年十一月稿〔非売品〕』（Ⅰ―㉚）、がある。昭和11年に関する研究者のものとしては、「和田文庫」中『燃料問題資料』に、エ．理化学研究所　鈴木梅太郎（前田　平成16年、表2；第2章参照―引用者注）研究室　吉村信三「昭和十一年八月廿五日　ショウラー法二依ル無水酒精製造二就テ」（Ⅰ―㉑）、オ．「ドイツに於ける各種自動車の発達　ハインリヒ・シュルツ（ミュンヘンより）『プラウダ』紙一九三六年、四月三日附」（翻訳年月不明、Ⅰ―㉘）、がある。これらは和田が所有していたことから、これらを当時の燃料政策に関わる官僚筋が共有していた可能性もある。ウでは、陸軍航空本廠技術部の遠藤博士が、アンチノック剤としてのアルコールについて有益な研究をし、その研究が燃料協会雑誌第43号に掲載されたことを紹介している。さらに、政府の「ガソリンに対する強制混和法」発動を促し（p.39）、「陸海軍当局は勿論大蔵商工農林等の関係各省は須ラク速かに協力してその実施方策に対する協力研究機関の構成」（同）をすることを要求している。

　こうした一連の「和田文庫」中の史・資料をみると、昭和10年、11年頃に、

政府が研究者の研究に着目したか，または研究者が政府（関係者）を促したかの様子が伺える。

　また，昭和11年5月頃のものと思われるが，内閣の名前の入った用紙に，「国防国家観ニ立脚スル国策要綱」（Ⅰ—⑬）が書かれてある。これによると，「皇国ハ今ヤ国防国家ヘノ新組織ニ邁進スヘキ転機ニア」る。「国防国家ノ新組織」とは，「国政上ニ於ケル一切ノ思索，立案，実践及之ニ伴フ国民各部，各人ノ活動ヲシテ国防完璧ノ一点ニ集中セシムルコト」である。「国家ノ力点ヲ注クヲ要スルモノ」は，「液体燃料工業並ニ之ニ関聯スル諸問題ノ解決」等5項である。これより，この頃の不安定な国際情勢の中，「国防国家」の観点から，液体燃料の必要性が高まった様子が伺える。

　また，昭和11年7月14日付で，内閣の名前の入った用紙に書かれた「対支経済国策要綱立案基調」（Ⅰ—⑭）に，この頃考えられていたエネルギーが絡む国策が，以下のように書かれてある。

「一．帝国現下ノ国際環境ハ頗ル不良ナリ而カモ此種不良現象ハ大和民族ノ本質ヲ確保シツツ人口増加ニ則応スル対外発展策ノ貫遂上必然的所産ナリトス

　二．帝国国際環境不良ノ外的実力根基ハ蘇国（ソ連—引用者注）ノ東方政策特ニ其対日満脅威軍備ト英国（イギリス—引用者注）ノ世界経済政策ナリトス

　三．帝国外交機能ノ活動意ノ如クナラサルニ於テハ武力戦ニ進展スルノ危険性極メテ大ナリ而シテ該武力戦ハ恐ラク日蘇又ハ日支（支那，中国のこと—引用者注）間ノ衝突ヲ以テ開始セラルルナラン　／　（四省略）

　五．支那ノ反満抗日現象ハ帝国ノ既定国策ヲ遂行シツツ国際環境ヲ調整シ特ニ蘇国ノ対日満脅威軍備ヲ解消セサル限リ之ヲ清掃スルコト不可能ナリ　／　（六，七省略）」

これによると，日中戦争勃発（昭和12年7月7日）の約1年前に，既に国策を考えた主体は，わが国の人口増加に則応する対外発展策の貫遂上，わが国とソ

連または中国との間に武力戦が起こることを予想し，それもソ連またはイギリスに問題があるとしていたことがわかる。早いうちからの武力戦を見越しての燃料確保対策であったことも考えられる。

なお，いつのものかは不明であるが，内閣の名前の入った用紙に，「燃料酒精問題ニ関シ各省ニ調査ヲ委嘱スベキ事項」（Ⅰ—㉔）が書かれてある。政府が，各省を挙げて燃料酒精問題に取り組み始めた様子が伺える。

(3) 昭和11年の重要な動き

昭和11年の重要な動きとしては，下の①「燃料協議会」（昭和11年6月）からの動き，②「アルコールニ関スル協議会（第一回）」（昭和11年6月9日）からの動き，があった。それらの前には，既に次の動きがあった。

昭和11年5月13日，「液体燃料対策要綱」（Ⅰ—⑫）が出された。「一，方針」は，「我国液体燃料国策ハ平時ニ於ケル該燃料ノ生産ト消費ノ調和ヲ図リツツ戦時ニ於テ甚シク民間ノ需要ヲ圧迫スルコトナク軍事上ノ需要ヲ完全ニ充足スルコトヲ以テ之カ根本方針トス。／之カ為メ内地油田開発ノ強化ハ固ヨリ海外油田ノ獲得，開発，石炭液化工業並ニ代用燃料工業ノ進展等各種対策ノ綜合的確立実施ヲ為スモノトス。」であった。既に戦時を見越して，民間を圧迫することなく，内地油田開発，海外油田獲得，代用燃料工業の進展等を実施することにしていた。「二，対策」として，「一，鉱油関税の引上」「二，海外油田調査会社ノ創設」「三，燃料局ノ設置」「四，石油販売統制ノ強化」「五，代用燃料，液化工業ノ助長」を示していた。

昭和11年5月29日，「石炭液化事業ニ関スル件」が閣議決定され，政府が，満鉄会社に石炭液化事業をさせることにした。

① 「燃料協議会」（昭和11年6月）からの動き（①は，伊藤武夫　平成6年，参照）

昭和11年6月，「燃料協議会」が開かれた。参加省局は，内閣資源局，外務省，大蔵省，陸軍省，海軍省，農林省，商工省，拓務省であった。

昭和11年9月，「燃料協議会」は，国防，産業の発展及び国際収支の均衡を

図る為，その後の7年ないし9年の中期を見通した「液体燃料政策実施要綱」を決定した。この骨子は，石油精製業の確立，内外石油資源の開発確保，代用燃料工業の振興，統一的な燃料行政機関としての燃料局の設置，であった。このうち3つ目は，石油需要を大幅に拡充する為，人造石油製造を軸とする代用燃料工業の振興を，昭和12年度を起点に具体化しようとしたものであった。その振興策の第1は，「人造石油製造事業振興七カ年計画」であった。人造石油工業は，オイル・シェール工業の他，石炭低温乾留法，水素添加法，石油合成法（いわゆるフィッシャー法）等により，石炭・ガス等から石油製品を製造する事業であった。昭和12年度から同18年度までの7か年をかけ，内地・外地・満州国を通じて事業を振興し，昭和18年には，ガソリンと重油を各年産 100万kℓの供給能力を確保しようとした。これが達成されると，昭和18年度には，本邦の予定需給量に対しガソリン約62%，重油約45%が自給できるとしていた。

② 「アルコールニ関スル協議会（第一回）」（昭和11年6月9日）からの動き

ア．「アルコールニ関スル協議会（第一回）」（昭和11年6月9日）

昭和11年6月9日には，「アルコールニ関スル協議会（第一回）」が開かれた。参加省局は，資源局，大蔵省，陸軍省，海軍省，農林省，商工省，拓務省であった。「昭和十一年六月　アルコールニ関スル協議会（第一回）議事録」（内閣調査局）（Ⅰ—㉛）によると，協議会の詳細は，以下であった。昭和11年6月9日（火）午後1時45分～午後4時，内閣調査局会議室で，吉田長官と石渡調査官以下8名の調査官，久保資源局事務官（施設課長），植松資源局事務官，藤澤資源局技師，岡田資源局技師，松隈大蔵書記官（国税課長），松尾専売局副参事，中西砲兵少佐，浅野（剛）航空兵少佐，遠藤海軍少佐，間部農林技師（農産課長）他3名の農林技師，藤岡林業試験場技師（林業試験場長），川村林業試験場技師，酒井商工書記官（燃料課長），伴燃料研究所技師（燃料研究所長），江口拓務書記官（商工課長），他多数出席のもと，「アルコールニ関スル協議会（第一回）」が開かれた。配付文書は，ア．「内地石油消費高調」，イ．「一，仏国ニ於ケル石油酒精混合強制法」，ウ．「二，独乙ニ於ケル石油酒精混

合強制法」，エ．「三，伊国ニ於ケル石油酒精混合強制法」，オ．「ドイツノ代用液体燃料ト自動車ノ改造」，カ．「ドイツニ於ケル各種自動車ノ発達」，キ．商工省提出「本邦石油需給表」，ク．同「液体燃料ニ関スル施設概要」，ケ．同「燃料問題審議経過概要」，コ．農林省提出「無水酒精ニ関スル資料」，であった。

Ⅰ—㉛ 中の「議事経過」と，「ガソリン，アルコール混和問題ニ関スル各省協議会ニ於ケル石渡調査官挨拶要旨」（昭和十一年六月九日）によると，本協議会（第一回）において話されたと思われることは，以下等であった。(1)「国防上貿易上極メテ重要ナル問題トシテ予テ各方面ニ於テ研究セラレ議論セラレテ参ツタ」うえで，「今日ノ我国情」から考え，「急速ニ解決スル必要」から協議会開催に至った（石渡調査官）。(2) ガソリンが必要量に至らない。石油資源の開発をする必要がある。(3) ガソリンにアルコールを混和する必要がある。(4) アルコール製造に甘藷・馬鈴薯がよい。甘藷の値段，運賃，等を考える。(5) 台湾に，甘藷を作らせる。

本協議会（第一回）の配付文書をみてみよう。配付文書中，文書イ～カのヨーロッパ諸国に関する諸文書は，Ⅰ—㉒㉕等のものと思われる。その他，「和田文庫」中にはⅠ—⑯㉖，Ⅰ—㉞（「公開せざる性質」の印刷物とある），Ⅰ—㊴があり，この頃ヨーロッパ諸国のガソリン・アルコール混用の情報を仕入れていた様子が伺える。文書クは，Ⅰ—㉗と思われる。文書ケは，Ⅰ—⑲と思われる。これには，大正12年6月以降の燃料問題審議の概要が書かれている。文書コは，Ⅰ—㊳と思われる。これは，農林省農務局が，「現在ノ単価ニ基ク酒精収得原価推算表」「内地ニ於ケル畑ノ分布及其ノ拡張餘地並ニ甘藷馬鈴薯ノ現在作付面積」を示したものである。前者では，1ガロン当たりの甘藷からの無水酒精は 0.9円，馬鈴薯からの無水酒精は北海道産0.98円，その他産1.40円になるとみていた（ガソリンの市価は，昭和8年頃で1ガロン当たり50銭—引用者注）。後者では，甘藷作付面積（昭和10年）は，277,887 町（1位鹿児島県37,731町，2位沖縄県29,616町，3位長崎県21,368町，4位千葉県21,056町，

5位熊本県16,297町）で，畑拡張余地（昭和10年）は，1,035,764 町（1位北海道414,511 町，2位栃木県54,430町，3位秋田県51,320町，4位千葉県46,000町，5位岩手県40,600町）とみていた。

　Ⅰ—⑮によると，本協議会の経過概要は，以下等であった。⑴液体燃料政策の一部門として，ガソリン，燃料酒精強制混用制度を急速に樹立する必要については，各省一致した。⑵各省より，本問題に関し調査研究中に係る事項の概略について説明後，質疑応答を重ねた。主として問題となったのは，原料の種類，燃料酒精生産費，本問題と農村振興との関係，燃料酒精製造技術，工場の経済単位，燃料酒精の価格政策，台湾に於ける燃料酒精増産方策等であった。⑶拓務省より，台湾に於ては米作との関係上必ずしも甘藷の安価な供給が期待し難い旨の説明があった。参加各省は，適当な方法を講じて米作との調整を図り，安価な酒精の供給方策が樹立されることを希望した。

　これより，当初は，燃料酒精に甘藷では金がかかるとされていたことがわかる。

イ．「アルコールニ関スル協議会（第二回）」（昭和11年7月23日）

　昭和11年7月23日には，「アルコールニ関スル協議会（第二回）」が開催された。参加省局は，資源局，大蔵省，陸軍省，海軍省，農林省，商工省，拓務省であった。この日付「アルコールニ関スル協議会（第二回）提出資料目録」（Ⅰ—㊵。鉛筆による書き込みも含む）によると，提出資料は，ａ．大蔵省提出「酒精一石当生産費調」，ｂ．陸軍省提出「酒精混合燃料試験成績」「CFR試験機ニ依ル各種燃料比較試験成績曲線図」其ノ他別表，ｃ．海軍省提出「アルコールノ揮発油混用ニ関スル海軍省意見」，ｄ．農林省提出「木材ヲ原料トスルアルコール製造ニ就テ」「燃料酒精ニ関スル資料」，ｅ．商工省提出「燃料酒精混用制度要綱」「燃料用脱水アルコール生産計画案（内地分）」，ｆ．拓務省提出「揮発油ニ無水酒精混入強制ニ関スル件」，であった。Ⅰ—⑮によると，提出資料は，ａ～ｆの他に，ｇ．商工省提出「混用酒精所要量調」，であった。

　本協議会（第二回）の提出資料をみてみよう。資料ａは，Ⅰ—㊹と思われ

る。資料bの1つ目は，Ⅰ—㉟と思われる。これは，以下の「陸軍ニ於テ数年間ニ亘リ試験研究セル無水酒精ノ実用価値」を示したものであった。(1)「自動車用燃料トシテノ無水酒精ノ価値」として，① 無水酒精を10％ないし20％を混用しても，実用上「燃料消費量」「発生馬力」「操縦法及始動」等の点において，揮発油単体の場合と殆ど差異がない点，②「混合用無水酒精」の純度は，99％以上の必要がある点。(2)「航空機用燃料トシテノ無水酒精ノ価値」として，① 無水酒精は，航空機用揮発油に20％程度まで混用できる点（「制爆性及耐寒性共ニ充分」「特ニ制爆性トシテ有利」），②「混合用無水酒精」の純度は，99.6％以上の必要がある点，等。資料bの2つ目は，Ⅰ—㊱と思われる。これは，(昭和11年か—引用者注) 6月22日を第1日として，6月26日の第5日まで，シボレー，フォードの車を使用し，揮発油に酒精をいくらかの％ずつ加え（青石油を加えた場合もあり）て，「運行時間」「運行距離」「平均速度」「燃料消費量」の測定をする実験を行った結果を示している。地名をみると，「自校」（所在地不明—引用者注），厚木，小田原，湯本，芦ノ湯，古奈，三島，箱根峠，静浦，清水，静岡，等の土地が使われている。この実験は，上記「酒精混合燃料試験成績」を出す為の実験であったと思われる。資料cは，Ⅰ—㊶と思われる。これ及びこれへの鉛筆書き込みによると，海軍は，昭和4年～同8年頃に実験し，自動車，内火艇の燃料として，揮発油にアルコールを20％迄混用することを適当とするという見解をもっていたことがわかる。資料b，cから，当時，陸軍省・海軍省としては，おおかたガソリンにアルコールを20％位までは混用できると考えていたことがわかる。資料dの1つ目は，Ⅰ—㊲と思われる。これは，木材を原料とするアルコール製造が具体的にできる見通しを示したものであった。資料dの2つ目は，Ⅰ—㊽と思われる。これによると，農林省は，甘藷，馬鈴薯，玉蜀黍，甘藷澱粉粕，等を，酒精原料に供し得るものとした「原料生産計画」として，次の趣旨の計画を立てていた。(1) 酒精所要額は，一応内地産原料をもって，内地で製造するものとする。その内，5割は甘藷，4割は馬鈴薯，約1割は玉蜀黍を原料とする。(2) 原料の生産増

加には，まず反当収量の増進に対する指導奨励に努め，さらに開畑等による栽培面積の拡張を図る。(3)甘藷は，現在管外より移入超過にある道府県を除き，主として，茨城，栃木，埼玉，千葉，神奈川，静岡，愛知，岐阜，三重，広島，山口，四国，九州の各県において生産供給する。馬鈴薯は，北海道，東北6県，玉蜀黍は，北海道において生産供給する。(4)甘藷は，一部を切干に製造し，（酒精の—引用者注）原料にする。(5)玉蜀黍は，馬鈴薯を原料とする工場の補助原料にする。(6)甘藷，馬鈴薯，玉蜀黍の生産年次計画表（甘藷による「酒精生産額」と原料甘藷所要額は，同12年で50,000石・17,000千貫，同14年で222,000石・76,000千貫，同16年で556,000石・190,000千貫，同18年で835,000石・287,000千貫，等。反当収量は，昭和11年7月で400貫とし，同12年で420貫，同14年で450貫，同16年で470貫，同18年で500貫，等）を示す。資料eの1つ目は，Ⅰ—㊺と思われる。これによると，商工省は，「混用率」として，ガソリンにアルコールを混用する率の目標を20%とした。また，「生産計画」として，無水酒精製造業は特許事業とし，工場建設及び事業の遂行に付監督を加えること，「政府ハ毎年所要燃料酒精量ヲ推算シ之ヲ各燃料酒精製造業者ニ割当テ之ニ基キ生産計画ヲ樹テシムルコト」等を示した。また，燃料混用は，自動車，飛行機等発動機用揮発油について行うことを原則とした。資料eの2つ目は，Ⅰ—㊻と思われる。資料fは，Ⅰ—㊼と思われる。資料e，f等からは，ガソリン・アルコール混用を具体化していく様子が伺える。資料gは，Ⅰ—㊸またはその一部と思われる。

Ⅰ—⑮によると，本協議会の経過概要は，以下等であった。(1)以下の1，2点を除いては，大体に於いて原案を適当とすることに意見は一致した。(2)燃料酒精配給方法に関する商工省原案は，価格政策上，民営製造事業に対して損失補償制度を採ろうとするのに対して，調査局側は，買上専売制度を適当とすべしとの意見を提出し，大蔵省技術官は，官営で製造しては如何と述べた。(3)商工省原案は，石炭系揮発油には混用を免除するとしたが，その必要はないとする意見が多いので，商工省側は，再考を約した。

ウ．「アルコールニ関スル協議会（第三回）」（昭和11年8月14日）

　昭和11年8月14日には，「アルコールニ関スル協議会（第三回）」が開催された。参加省局は，資源局，大蔵省，陸軍省，海軍省，農林省，商工省，拓務省であった。Ⅰ―⑮によると，提出資料は，ア．商工省提出「燃料酒精強制混用制度要綱」「揮発油推定量及混用酒精所要量調」，イ．農林省提出「農村工業無水酒精生産計画」，ウ．大蔵省提出「燃料用酒精ノ製造及販売ヲ政府ノ専売トスル意見」，であった。

　本協議会（第三回）の提出資料をみてみよう。資料アの1つ目は，協議会（第二回）の提出資料eの1つ目と同じと思われる。資料アの2つ目は，Ⅰ―㊸と思われる。これによると，商工省は，揮発油の「総需要量」を昭和11年で135万kℓと推定し，毎年16万kℓ増加するものと推定した。「発動機消費量」（ここの発動機とは，自動車，飛行機等―引用者注）は，「揮発油全需要高」の95％とした。「無水酒精所要量」は，昭和12年で1万8千kℓで昭和18年まで毎年増加し，昭和15年で15万kℓ，昭和18年～同21年までは毎年30万kℓと推定した。配合率は，昭和12年で2.5％，同14年で5.0％，同16年で12.0％，同18年で19.0％，同20年で20.0％（同21年も20.0％）とした。資料ウは，大蔵省が強く主張した燃料用酒精の製造・販売を政府の専売とすることの資料と思われる。

　Ⅰ―⑮によると，本協議会の経過概要は，以下等であった。(1)商工省側が，燃料酒精配給方法に買上専売を採ること，石炭系揮発油にも一定期間経過後は混用させること，揮発油消費推定量に変更を加えたこと等を説明した。(2)農林省側が，燃料酒精製造事業を一部農村工業として発達させ，産業組合にも経営を認めたい旨の希望開陳があった。協議の結果，関係各省に於いて更に十分打ち合わせをすることとなった。(3)大蔵省側は，商工省が定める燃料政策に従い，又農村工業の方面を考慮しつつ，大蔵省主管で燃料酒精の製造及び販売を政府の専売とするを適当とすると述べた。これに対し，商工省・調査局側は，買上専売制度を適当とすべしとし，意見の一致をみなかった。(4)調査局が，関係省間の懇談の機会を作る等の方法を講ずることとした。

エ．「燃料酒精製造事業形態ニ関スル関係各省懇談会」（昭和11年8月26日）

　昭和11年8月26日には，「燃料酒精製造事業形態ニ関スル関係各省懇談会」が開催された。I―⑮によると，参加省は，大蔵省，陸軍省，海軍省，農林省，商工省，拓務省であった。ここで，燃料酒精製造事業形態について，各省間の調整がなされたが，意見の一致をみないものもあった。燃料酒精製造につき，官営とするか民営を認めるかの点については，今後更に商工，大蔵両省間で，慎重協議のうえ適切な解決を図ることとした。

(4)　日中戦争勃発（昭和12年7月7日）

　昭和12年7月7日，日中戦争が勃発した。これは，日本経済を軍需生産を優先する体制に変えた。

(5)　法の整備

① 人造石油関係

　昭和13年1月25日，「人造石油製造事業法」が，内地，朝鮮，台湾，樺太で同時施行された。

　「帝国燃料興業株式会社法」（昭和12年8月10日公布）により，昭和13年1月，「帝国燃料興業株式会社」が，資本金1億円の半官半民会社として設立された。

② アルコール関係

　昭和12年3月31日，「アルコール専売法」が制定（同年4月1日施行）された。「アルコール専売法案」中の「アルコール専売法案理由書」（I―㉝）によると，本法案提出理由は，「燃料国策ニ応ジ揮発油混入用アルコールノ供給ヲ確実豊富ナラシムル為政府ニ於テ其ノ製造販売ヲ為スト共ニ工業用等ノアルコールニ付テモ之ヲ専売ト為スノ必要アリ」であった。「アルコール専売法」により，「アルコールノ製造ハ政府ニ専属ス」（第1条）ることとなった。

　大蔵省専売局が管轄する事業として，アルコール専売事業が開始された。事業を統轄する中央機関の本局と，全国17の地方専売局が活動した。甘藷・馬鈴薯生産者の甘藷・馬鈴薯が，国営酒精工場，民営製造特許工場，民営製造委託工場を通して製造され，大蔵省専売局・地方専売局が専売するしくみとなって

いた。

　商工省は，一貫して主張してきたガソリンへのアルコール混用強制の早期実現の為，揮発油及アルコール混用法案をまとめ，昭和12年3月19日に衆議院本会議に上程した。同法案は，衆議院通過後，同月24日，「アルコール専売法」と共に可決された。そして，同年4月1日，「揮発油及アルコール混用法」（同年3月31日制定）が公布された。

　この法律により，政府が揮発油にアルコールを混入すべき割合を定める混用強制となった。自動車用のガソリン全体の4分の1に5％のアルコールを混用することから始まった。なお，『神戸新聞』は，昭和10年12月2日の時点で「ガソリン代用に無水酒精の製造　甘藷馬鈴薯の新規利用策　農村工業にも有望」という見出しで，「強制混入の法律制定」もにらみ，法律制定前の状況を報じていた。

(6)　農林省関係の動き

　農林省は，上記のガソリン・アルコール混用の動きにほぼ全面的に協力したと思われる。昭和12年に，農林省が甘藷に関して行ったことは，以下であった。

・酒精原料配給斡旋費の交付開始（11県）。
・甘藷截断機並びに簡易火力乾燥装置利用試験の実施（長崎県）。
・農林省指定の甘藷育種試験地を沖縄（交配），岩手，千葉，鹿児島に設置。
・国庫補助による甘藷・馬鈴薯の地方試験を開始（24県）。

　甘藷截断機，簡易火力乾燥装置は，甘藷を腐敗させずに，効率よくアルコールにする為の意味が大きかったと思われる。

　昭和12年12月，農林省農務局農産課は，『昭和十二年十二月　酒精原料甘藷及馬鈴薯に関する調査』（Ⅰ—㊾）を発行した。第二編，第四編，第五編，附録，により，当時の農林省農務局農産課の研究・調査，方針等がわかる。「第二編　甘藷」は，「一　内地に於ける甘藷」「二　内地に於ける干甘藷」「三　台湾に於ける甘藷」「四　台湾に於ける干甘藷」「五　朝鮮に於ける甘藷」，「第四編　燃料酒精の製造」は，「一　酒精製造概説」「二　醪の製造」「三　蒸

溜」「四　無水酒精の製造」,「第五編　各国に於ける燃料酒精事情」,「附録」は,「一　アルコール専売法」「二　アルコール専売法施行細則」「三　揮発油及アルコール混用法」である。

昭和13年5月,「酒精原料甘藷の増産並びに供出確保対策」(各都道府県宛示達)により,初めて甘藷の供出措置がなされた。これは,昭和13年の企画院の「第1次物資動員計画」(後述)の流れと無関係ではないと思われる。同13年5月23日,農林省は,燃料供出25府県の農産主任技官及び同配給あっせん事業を担当する関係団体の職員を集め,府県が甘藷増産計画をたて市町村及び農家にいたるまでの供出数量を決定すること,各農家との契約調印,干し甘藷製造の技術指導などを軸とする原料甘藷の供出確保を指示した。

昭和13年10月15日,「帝国農会経済部」は,『昭和十二年度　甘藷,馬鈴薯生産費に関する調査』(Ⅰ—⑪)を出版した。これは,「無水酒精用原料として重要視されて来た甘藷及び馬鈴薯の生産費に関する各府県農会の報告を,農業経営の改善資料として,編纂収録」したものである。

昭和13年12月3日,農林省は,農林省農務局特殊農産課を設置(初代課長坂田英一＜第2・3章参照＞。同16年1月21日,農林省農政局設置となると,これを農林省農政局特産課と改称＜初代課長坂田英一＞)し,諸類専任職員を設置した。特殊農産課設置には,当初,人々の食糧増産・食糧確保というより,燃料用酒精原料確保対策の側面が強かった。

昭和14年4月,「重要農林水産物増産助成規則」が公布(農林省令第19号)され,甘藷も「重要農林水産物」となった。昭和14年度から作成され始めた「重要農林水産物増産計画概要」の初年度(昭和14年度)の計画概要では,甘藷は,酒精原料としての増産が意図され,食糧としての位置づけはまだ高くなかった。

昭和14年4月,農林省農務局特殊農産課は,「『アルコール』原料甘藷馬鈴薯増産計画ニ関スル分」(Ⅰ—㊾)により,昭和14年度の甘藷馬鈴薯増産計画を示した。

昭和14年,いも類統制機関として,「全国酒精原料株式会社」「日本澱粉工業

組合連合会」を指定した。

　昭和14年8月5日,「原料甘藷配給統制規則」（農林省令第38号）が制定された。これは,「輸出入品等臨時措置法」によるものであった。この規則により,原料甘藷の集荷・配給の系統組織を明確にした。原料甘藷は自由販売禁止となった。

(7)　石油をめぐる状況,企画院の動きと太平洋戦争突入

　昭和12年10月25日,企画院が設立された。企画院は,主要原材料物資の陸海軍,民間への配分を定める物資動員計画の策定を開始した。

　昭和12年11月下旬から,企画院内に,企画院を始め,陸軍,海軍,商工,農林等の関係官庁の委員からなる「物資動員協議会」を置き,総合的物資需給対策の立案を開始した。約2か月の審議を経て,昭和13年,企画院は,「第1次物資動員計画」（石油,食糧など96品目。本来の呼称は,「重要物資需給対照補塡対策」）を作成した。ここで,考えられた増産計画・配給統制・消費統制は,広く物資の統制方法になったとも言われる。

　昭和14年2月,日本は南方進出の姿勢をとった。同15年1月26日,日米通商条約が失効した（ただし,石油とくず鉄は,民間レベルでは輸入されていた）。そして,アメリカは,日本の軍需産業に影響が出るように,品目を指定して輸出を禁止したり,輸出量を制限したりした。これに伴い,一般消費者にも大きな影響が出て,同年11月に,全国6大都市で砂糖とマッチが切符による配給制,同16年4月に,米が通帳による配給制,同年5月に,木炭が通帳による配給制,酒が切符による配給制となった。さらに,同年7月,日本は,仏印（南部インドシナ。現,ベトナム）へ軍艦を進駐させた為,アメリカは国家非常事態を宣言し,日本資産を凍結した。しかし,日本は,仏印への進駐を続行した為,同年8月1日,アメリカは,日本に対する石油輸出を禁止した。ここに,日米関係は,断絶した。日本政府は,一般乗用車のガソリン使用を禁止した。また,アメリカ等への報復措置として,アメリカ大使館・イギリス大使館向けの暖房用石油を供給停止した。

第1章　政府等の食糧増産・甘藷増産に関する施策　47

　昭和16年9月26日，日本政府があわてて緊急対策の一部として作った「緊急食糧対策ノ件」を閣議決定した。ここでは，食糧の範囲を，米・麦中心から，甘藷・馬鈴薯等の「代用食」に及ぶこと等が考えられた。

　昭和16年10月18日，東條英機内閣が成立した。東條内閣は，国策を白紙に還元し，あらためて国策を再検討する姿勢を示した。物的国力判断もこうした姿勢から行った。

　昭和16年12月，軍事政権は，開戦して3年間において，1年目の国内生産の石油20万kℓ，人造石油30万kℓ，占領地からの石油30万kℓ，2年目の国内生産の石油20万kℓ，人造石油70万kℓ，占領地からの石油 244万kℓ，3年目の国内生産の石油20万kℓ，人造石油 150万kℓ，占領地からの石油 277万kℓとした。3年後でも，備蓄石油は，100万kℓ残るとしていた（以上，新名　昭和51年）。こうしたあまい見通しもあった。

　昭和16年10月23日，新内閣と大本営との最初の連絡会議で，鈴木貞一企画院総裁は，次のように報告した（以下報告は，田中　昭和50年，p.80。田中の研究で使用した鈴木報告は，岡田菊三郎手記による）。人造石油工業を，年間520万トン増設するのに，設置の為に，鋼材225万トン，石炭3,000万トン，資金38億円，石炭労務者38万人，等を必要とし，所有資材を獲得し得た場合，工場設置の為，合成工場に約2か月半，水素添加工場に約2か年必要とし，全工場完成までに3か年以上が必要である。以上の条件と完成に必要な工作力，特に高圧反応筒，管等の製造能力を検討すると，短期間に人造石油だけによって液体燃料の自給方策を確立することは殆ど不可能に近く，強権を発動しても7年を要す。その期間，国防上の欠陥が生じ，危険である。すなわち，国防上の欠陥をこの時点で指摘していた。

　昭和16年11月1日，東條内閣が，国策遂行上の結論を求めるようになったのが，次の3案であった。（第1案）戦争をせず，臥薪嘗胆する。（第2案）直ちに開戦を決意し，作戦準備を進め，外交を従とする。（第3案）戦争決意の下に，作戦準備を進めるが，外交交渉は最小限度進める。

昭和16年11月2日，臥薪嘗胆にした場合の企画が企画院に下命された。企画院は，人造石油の急激な大増産，鉄鋼を中心とする重工業及び軽金属工業の急激な設備の増設，を根幹とした作業をした。これに対し，多田海軍整備局長は，人造石油増産をやられると，海軍の軍備増強計画が半分も遅れるとして強く反対した。東郷茂徳（後述表9参照 — 引用者注）外相，賀屋興宣蔵相も，強く臥薪嘗胆案を否定した（田中　昭和50年，p.178）。昭和16年11月5日，御前会議の席で，鈴木貞一企画院総裁は，臥薪嘗胆した場合と，「対英米蘭戦争ニ進ミマシタ場合」についての重要物資の見通しを説明した（参謀本部　昭和42年，pp.422～427）。そこで，「人造石油ノミニヨリ液体燃料ノ自給自足」は「殆ンド不可能ニ近ク」，「臥薪嘗胆」することは状況が許さない，開戦の方が，「座シテ相手ノ圧迫ヲ」受けるよりは「国力ノ保持増強上有利」であるという趣旨のことを述べた。ここでの報告書は，「企画院をして軍部に開戦決意を固めさせたといわれる問題の報告書」（田中　昭和50年，p.185）とも言われる。

　昭和16年12月1日，御前会議で，太平洋戦争開戦が決定された。

　昭和16年12月2日，「液体燃料緊急対策要綱」が閣議決定された。「方針」は，「液体燃料需給ノ現状ニ鑑ミ万難ヲ排シ国内燃料資源ヲ総動員シテ其ノ生産又ハ供給ヲ確保スルト共ニ消費ノ規制，廃油ノ回収，代用燃料使用ノ徹底化等総合的緊急燃料対策ヲ確立シ以テ生産力ノ維持最低国民生活ノ確保其ノ他絶対不可欠ナル民需ノ充実ニ資スルコトヲ主眼トシ併セテ軍需一部ノ補塡ニ充ツルモノトス」であった。

　昭和16年12月8日，軍事政権は，真珠湾のアメリカ軍事基地を奇襲攻撃し，これにより太平洋戦争に突入した。これには，アメリカの太平洋艦隊の戦闘能力を奪い，ボルネオ島の石油精製所と油田を奪取する意味もあった。

　当初は，国を挙げて戦果に酔った。昭和16年12月頃からは，南方からの石油供給量が漸増し始めた。企画院は，石油飢饉に苦しむ業界に対し，物動配当枠を越えて，昭和16年12月，同17年1月，2月を限り，石油の特配を行ったりもした（田中　昭和50年，p.200）。

(8) 法の整備以後の人造石油とガソリン・アルコール混用
① 人造石油関係
　人造石油は無理なまま引きずられた。昭和16年12月2日閣議決定の「液化燃料緊急対策要綱」の「人造石油事業ニ付テハ昭和十五年十二月二十七日閣議決定ニ基キ整備拡充ヲ図リツツアルモ現下ノ緊急事態ニ鑑ミ資材，技術及建設状況等ヲ勘案シ確実早期ニ成果ヲ期待シ得ベキ工場ノ急速整備ヲ目標トシ之ガ遂行ニ関シ方針ヲ確立スルモノトス」という文面からわかるように，この時点でも，わが国の技術が大量合成・生産をするまでに至らず，まだ期待をしたり努力目標を立てたりするので精一杯であった。
　昭和18年，製造された合成石油は，目標の8％というありさまだった。
② ガソリン・アルコール混用関係
　昭和16年1月，ガソリン全てにアルコール混用となった。この年，ガソリン自体の絶対的不足となった。同年9月，ガソリンへのアルコール混入率は，20％（当初の目標）となった。同月11日，「日本甘藷馬鈴薯株式会社」（後述）が業務を開始した。

2．戦時農政と，機構改革を中心とした農林省等の対応

　昭和恐慌（昭和4年頃～同12年頃）から立ち直った日本農業の大半は，また日中戦争（昭和12年7月7日～）後に戦時経済に不可避的に組み込まれた。
　戦時においては，平時よりも，食糧増産・食糧確保の社会的要請は高くなる。しかし，同時に食糧生産が減少するという矛盾した状況を招かざるを得ない。農林省・農商省は，総力戦・食糧戦を戦い抜く為にも協力し，大きな機構改革や，その場凌ぎも含めた戦時農政に懸命に取り組んだ。
　比較的早い時期の戦時農政に関わる動きとしては，次のことがあった。昭和13年1月，「満蒙開拓青少年義勇隊員」の募集開始。同年11月，肥料割当制を実施。同年12月，臨時農村対策部を置き，生産の維持増進に関する総合計画の樹立や，生産資材の配給，労力の調整を所管。同年12月3日，農林省農務局特

殊農産課を設置し，諸類専任職員を設置。

　昭和14，15年と，米の統制が進むにつれ，農林省（それまで，米の生産・集荷や生産者価格の決定を担当）と，商工省（それまで，米穀商の指導・監督や消費者価格の決定を担当）の両省間の事務調節が必要となった。昭和15年7月，両省間が事務調節を行い，農林畜水産物及び飲食料品の生産・流通・消費，農林畜水産業専用物資の流通・消費に関する事項は，農林省が所管し，貿易に関する事項は，商工省が所管すること，農林省所管物資の貿易と生産との調整をはかる為，両省間で適宜連絡をはかること，化学肥料の生産は商工省，その生産数量・販売価格は農林省の所管とすること，等を合意した。

　昭和15年12月24日，農林省は本省に「食糧増産指導中央本部」（後日，「食糧増産技術中央本部」と称される）を設置した（後述）。

　昭和16年1月21日，上記両省間の事務調節に基づいて，農林省官制の改正を行った。農林省は，大臣官房及び内局として，総務・農政・山林・水産・蚕糸・食品の6局，外局として，食糧管理・馬政の2局を構成した。臨時に資材部を置いた。甘藷増産等に，牛の畜力を活用する際には，馬政局が関係した。

3．政府の統制

　政府が，食糧に限らず多くのモノの流れに直接介入し，重点部門の需要を優先的に確保し，他の需要を極力抑える配給統制・消費規制をすることは，戦時には必然的であった。

　昭和17年2月21日，「食糧管理法」が公布（同年7月1日施行）された。目的は，「国民食糧ノ確保及国民経営ノ安定ヲ図ル為食糧ヲ管理シ其ノ需給及価格ノ調整並ニ配給ヲ行フコト」（第1条）であった。昭和17年1月6日に閣議決定した「食糧管理法案要旨」によると，この法は，米麦を全面管理し，必要に応じて政府が小麦粉，乾麺，食用澱粉，甘藷，馬鈴薯等の主要食糧の買い入れ，売り渡しをすること，公共的な食糧公社を設立して，食糧の総合配給制度を確立すること，非常時用食糧の貯蔵を行うこと，を重要な点としていた。この法

により，それまで「輸出入品等臨時措置法」または「国家総動員法」に基づいて制定されていた主要食糧に関する臨時的，個別的な統制諸法令が一本化され，総合的な国家管理制度を完成させた。「食糧管理法」に基づき，昭和17年9月1日，特殊法人「中央食糧営団」が設立された。同年10月中に7大府県の「地方食糧営団」も設立された。「地方食糧営団」は，国家管理によって集められた主要食糧の配給を受け持ったので，国民になじみの深いものとなった。

　甘藷に限って配給統制の流れ（戦中後期，戦後も含む）を概観してみると，次のようになる。(1)昭和14年から，「輸出入品等臨時措置法」による「原料甘藷配給統制規則」に基づいて，甘藷は"原料（用）として重視"という形の統制を受けた。(2)同15年10月より，6大都市並びに北海道向けの甘藷，6大都市並びに関門地方向けの馬鈴薯という食用いも類については，「青果物配給統制規則」（昭和15年7月10日，農林省令第56号）に基づき，青果物として統制された。(3)同16年8月に至り，緊迫した食糧事情に対処し，各種重要原料としての需給を調整する為，原料甘藷のみでなく，藷類一般の自由販売を禁止した。(4)同年8月20日，「国家総動員法」に基づく「生活必需物資統制令」による「藷類配給統制規則」を公布（農林省令第67号）し，これに根拠を置いて，甘藷は"主食としての統制"に入った。「原料甘藷配給統制規則」は廃止された。生産者は，同一市町村内に居住する者が自家用に供するものの販売および地方長官の指定する特別の場合を除いては，原則として統制機関以外に販売禁止という内容であった。(5)同18年8月，「藷類配給統制規則」の一部改正により，統制品目の追加，統制方式の計画化を図るとともに，供出完了後の当該市町村外への自由販売が認められた。(6)同19年4月以降は，米麦と同様に，甘藷は"食糧営団を通じての配給制"に入った。(7)同年10月には，「藷類配給統制規則」から「食糧管理法」へと切り替えられて，甘藷の"主要食糧としての統制"が強化され，米麦と同様の最強度の統制対象の地位をもたされた。そして，戦後の混乱した食糧難の時まで，主要食糧としての地位を保った。

　食糧営団開業以降の，主要食糧の配給機構は，おおよそ次のようであった。

まず，米穀・内地米については，「食糧管理法」により，政府が，農家に自家消費用を除く全てを供出させ買い上げた。外米については，政府が「中央食糧営団」に依託して，輸・移入を行った。集めた米穀を，「地方食糧営団」に払い下げ，そこが，直営配給所を通して配給を行った。次に，麦類（大麦，小麦，裸麦）については，政府が農家から自家消費用を除く全てを買い上げ，「中央食糧営団」に売却した。「中央食糧営団」では，これを業者に依託して精麦或いは乾麺，乾パン，小麦粉等に加工し，これらの一部を「地方食糧営団」に払い下げた。「地方食糧営団」は，一般消費者に米の代替品として配給を行った。次に，甘藷・馬鈴薯については，まず「日本甘藷馬鈴薯株式会社」が農家から自家消費用等を除く全てを買いあげた。このうち，指定原材料の1つとしてのアルコールになっていった甘藷も多かった。また，買いあげたもののうち副食物用は，青果会社に売り渡し，主食物として「総合配給」に加える必要がある場合は，これを「地方食糧営団」に売り渡し，「地方食糧営団」が一般消費者に配給を行った。

　なお，農村現場からみて政府の食糧統制が必ずしも円滑に機能していなかったことについては，＜加瀬　平成15年＞＜野田　平成15年「戦時体制と増産政策」＞を参照されたい。

4．食糧増産・食糧確保の為の数々の対策

　日中戦争勃発（昭和12年7月7日）により戦時体制に入った昭和12年段階では，まだ農産物の過剰感があり，この時期の農業上の政策としては，前述の酒精原料作物の増産と，国際収支改善（外貨獲得）の為の輸出農産物の増産の推進が主なものであった。

　しかし，農業労働力を始めとする生産上の諸要素の困難が現われ，前述の物資動員計画の動きに対応する必要も出てきた。まず，昭和13年に，「臨時農村対策部」が置かれた。次に，昭和13年から府県は甘藷増産計画を作成した。次に，同14年4月には，「重要農林水産物増産助成規則」が公布（農林省令第19

第1章　政府等の食糧増産・甘藷増産に関する施策　53

号）された。次に，この規則に基づき，甘藷については，昭和14年度「重要農林水産物増産計画」を最初とし，昭和19年度まで，毎年度の「重要農林水産物増産計画」（昭和16年度以降は，「重要農林水産物生産計画」）が立てられた。また，それら計画の概要（例．Ⅰ—㉛）が出された。すなわち，農林省が，食糧増産の為に生産政策をとったのは，昭和14年頃からとみられる。

　昭和14年度「重要農林水産物増産計画」は，増産対象作物として，米穀・小麦・大麦・カンショ・バレイショ・麻類（苧麻・大麻・亜麻）・蚕糸類（繭）・林産物（木炭）・畜産物（牛・豚・緬羊・家兎・鶏）を挙げた。この時点で，甘藷・馬鈴薯は，増産すべき「重要農林水産物」となったが，専ら酒精原料としての増産が意図されていた。まず，米と小麦について，増産計画を樹立し，道府県，市町村，集落を通じ個々の農家に割り当てた。昭和17年度「重要農林水産物生産計画」は，甘藷・馬鈴薯の食糧資源としての役割を重視した。昭和19年度「重要農林水産物生産計画」は，増産対象品目を大きく増やし，コンニャク芋，馬，木炭・木材，松ヤニ，等の軍事用資源（前述）も挙げた。生産目標は，達成不能である場合がほとんどであった。

　なお，戦時における食糧増産・食糧確保の際には，食糧増産・食糧確保そのもの及びその周辺には多くの難しい問題・課題がついてまわった。農林省等が直面したと考えられるもの等から具体的にいくつか指摘すると，次のものが考えられる。

(1)　主に制度的・対策的な問題・課題

　農林省の立場からの戦争協力。農林水産物生産用の土地の拡張・確保。甘藷栽培用の土地の確保。農家が効率よく生産できる，農家内の諸条件の整備。栄養価，必要なカロリーをにらんだ，農林水産物の選択・生産・確保。農産物の収穫が天候に左右されることの克服。米の生産の維持・増加・安定等。米の生産・流通の不安定さの他の食糧での補足。「重要農林水産物」の生産の維持・増加・安定等。米に代わる食糧の増産。戦局が悪化した場合のどこでも誰でも行う甘藷生産。甘藷の用途（液体燃料用，食糧用，諸々の製品用，等）別所要

量の決定。肥料，資材不足の克服。農家等の労力，士気，生産力，供出の確保。内地，朝鮮，台湾，満州，等での食糧の生産と，それらの間での食糧の流れの確保。戦局との関係での輸・移入品の種類・量，輸・移入の手段・時間（このことに関して，大きな問題を言えば，太平洋戦争開戦と共に，陸海軍の徴用するいわゆる「船腹」は増加した。特に，昭和17年8月7日のガダルカナル島争奪戦以後は，船舶の喪失が激増し，新造船が追いつかなかった。したがって，民需物資輸送用の「船腹」は著しく不足したばかりか，奪取した日本の占領地域の重要資源や食糧の運搬が厳しくなった）。特に，米・麦等の輸・移入の確保。配給品の種類・量の確保。食糧集荷・配給の効率。甘藷を腐敗させない集荷・配給。米の消費の規制。アルコールの消費の規制。「代用食」の開発。やむを得ない場合の配給減の程度。ヤミ行為，農家等の横流し行為の防止。生産農家，統制機関，卸売業者，小売業者との関わりを見越しての甘藷最高販売価格の設定（この価格には，地域性，ヤミ価格も影響したと思われる）。

(2) 主に技術的・研究的な問題・課題（甘藷に限る）

甘藷栽培技術の短期間の完成とその食糧増産への反映。効率よく甘藷を多産させる栽培法の開発・普及。栽培以外の諸問題（良苗の生産・確保，病虫害，貯蔵＜運搬時の貯蔵も含む＞等の問題）の克服。甘藷の加工技術の開発。甘藷を腐敗させない集荷・配給の方法・技術の開発。気候，土地柄，風土，等に応じた適切な品種の改良。寒い地方での苗作りの工夫。旧習にとらわれた甘藷栽培法の克服。

(3) 主に精神的・意識的な問題・課題

農家の生産の士気，供出しようとする考えの確保。組織，あらゆる国民，等の食糧増産への協力の確保。"主食は米"の概念の払拭。米に代わる「代用食」，米等との「混食」の実践意欲の確保。配給減の納得。ヤミ行為，農家等の横流し行為の停止。戦中・戦後の悪条件の生活への我慢の維持。

これら多くの難しい問題・課題を克服しようとする過程が，戦中・戦後における農林省・農商省等の食糧増産・食糧確保の為の数々の対策の軌跡であった

とも考えられる。

以下に，戦中前期においてたどった数々の対策の軌跡を簡単にみてみよう。

昭和13年，「臨時農村対策部」が置かれた（前述）。

昭和13年11月，戦時農山漁村対策確立の為，「帝国農会」，「全国山林会連合会」，「帝国水産会」など8団体により農林大臣有馬頼寧（後述表11参照。近衛文麿＜後述表9参照＞の側近）を会長として，「農業報国聯盟」が結成された（第2章—第1節参照）。これと，農林省（後，農商省）とは，様々な場面で協力し合った。

昭和13年12月3日，農林省農務局特殊農産課を設置（初代課長坂田英一）し，諸類専任職員を設置し，一課で研究奨励・普及を一元的に推進した。

昭和14年3月16日，農林省米穀局は，『欧米に於ける戦時食糧政策』をまとめた。この頃，わが国は，欧米の戦時食糧政策を参考にしようとした意図が伺える。

昭和14年4月，「重要農林水産物増産助成規則」が公布（農林省令第19号）され，甘藷も「重要農林水産物」となった。この規則に基づき，甘藷については，昭和14年度「重要農林水産物増産計画」を最初とし，昭和19年度まで，毎年度の「重要農林水産物増産計画」（昭和16年度以降は，「重要農林水産物生産計画」）が立てられた（前述）。

昭和15年12月24日，農林省は，本省に「食糧増産指導中央本部」（後日，「食糧増産技術中央本部」と呼称）を設置し，「全国ヲ数区ニ分ケ班ヲ定メテ各区責任分担ノ方法ニヨリ技術指導ノ万全ヲ期」すよう計画した。また，地方においても，「増産指導組織要綱」に則り，道府県から「郡市町村部落」に至るまで，一貫した「米穀増産指導組織ヲ整備」することにした。

昭和16年2月7日，農林省は，「食糧増産技術中央本部規程」を制定した。第1条によると，「主要食糧農産物ノ増産ニ関スル技術的指導ノ徹底ヲ期スル為」であった。専任地域は，「第一班」（北海道，青森県，岩手県，宮城県，秋田県，山形県，福島県）から，「第九班」（福岡県，佐賀県，長崎県，熊本県，

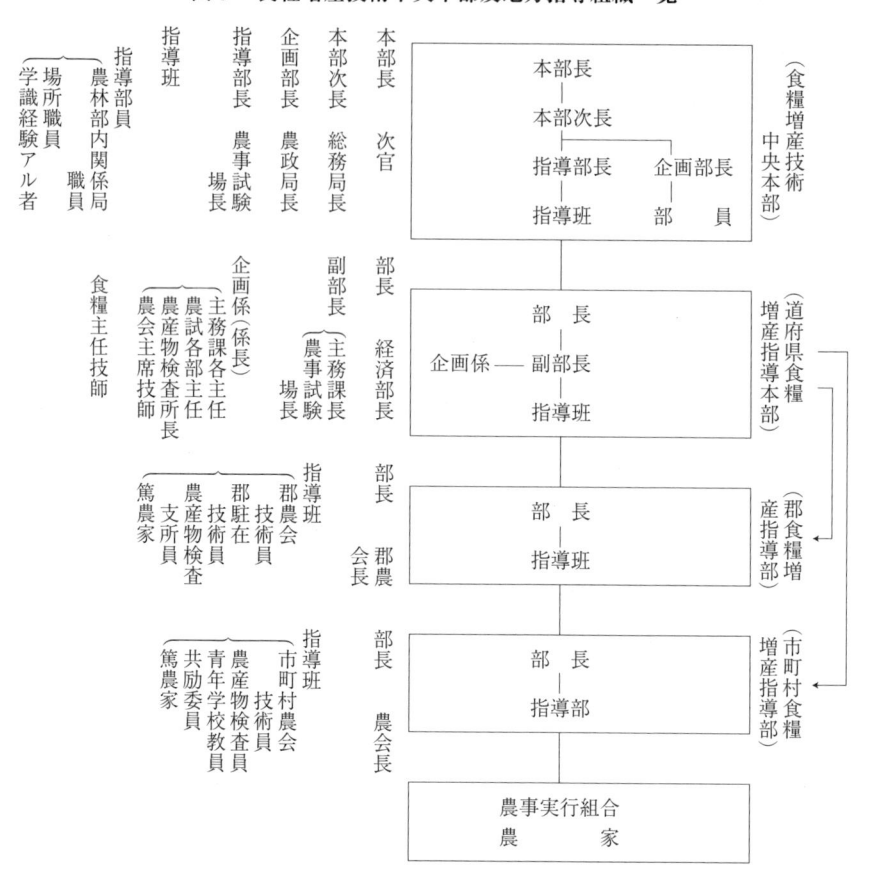

図3　食糧増産技術中央本部及地方指導組織一覧

```
(食糧増産技術中央本部)
  本部長
    │
  本部次長
    │
  ┌─────┴─────┐
  指導部長    企画部長
  指導班      部　員

(道府県食糧増産指導本部)
  部　長（経済部長）
    │
  副部長
    │
  企画係 ─── 副部長
            指導班

(郡食糧増産指導部)
  部　長（郡農会長）
    │
  指導班

(市町村食糧増産指導部)
  部　長（農会長）
    │
  指導部

  農事実行組合
  農　家
```

中央本部:
- 本部長：次官
- 本部次長：総務局長
- 企画部長：農政局長
- 指導部長：農事試験場長
- 指導班
- 指導部員（農林部内関係局職員、場所職員、学識経験アル者）

道府県:
- 部長：経済部長
- 副部長：主務課長（農事試験場長）
- 企画係（係長）：主務課各主任、農試各部主任、農産物検査所長、農会主席技師
- 食糧主任技師

郡:
- 部長：郡農会長
- 指導班：郡農会技術員、郡駐在技術員、農産物検査支所員、篤農家

市町村:
- 部長：農会長
- 指導班：市町村農会技術員、農産物検査員、青年学校教員、共励委員、篤農家

大分県，宮崎県，鹿児島県）まで合計9班（同17年には9班に編成替え）が作られた。図3は，「食糧増産技術中央本部」と地方指導組織の一覧（大山　昭和22年，p.11，より転載）である。これによると，「食糧増産技術中央本部」には，「企画部」と「指導部」の2部が置かれた。「企画部」は，「増産ニ関スル技術的指導ニ関スル綜合企画ヲ掌ル」もの，「指導部」は，「増産ニ関スル技術ノ実地指導ヲ掌ル」もの（「食糧増産技術中央本部規程」第2条）であった。図4は，農業技術を動員する際の組織図（大山　昭和22年，p.12，より転載）であ

第1章　政府等の食糧増産・甘藷増産に関する施策　57

る。これによると，耕種改善規準，施肥改善基準を再検討して，技術水準を高め，農林省指導本部から，道府県，郡，市町村，部落（当時の言い方による），部落団体，各農家まで，技術がゆきわたるしくみを構想したことがわかる。以上の，「食糧増産指導中央本部」（「食糧増産技術中央本部」）とその下の組織等の設置により，国家規模による全国一斉の組織的指導体系を整備し，それまでにない大がかりな食糧増産への道を開いた。末端の農村現場での技術指導では，

図4　農業技術動員組織図

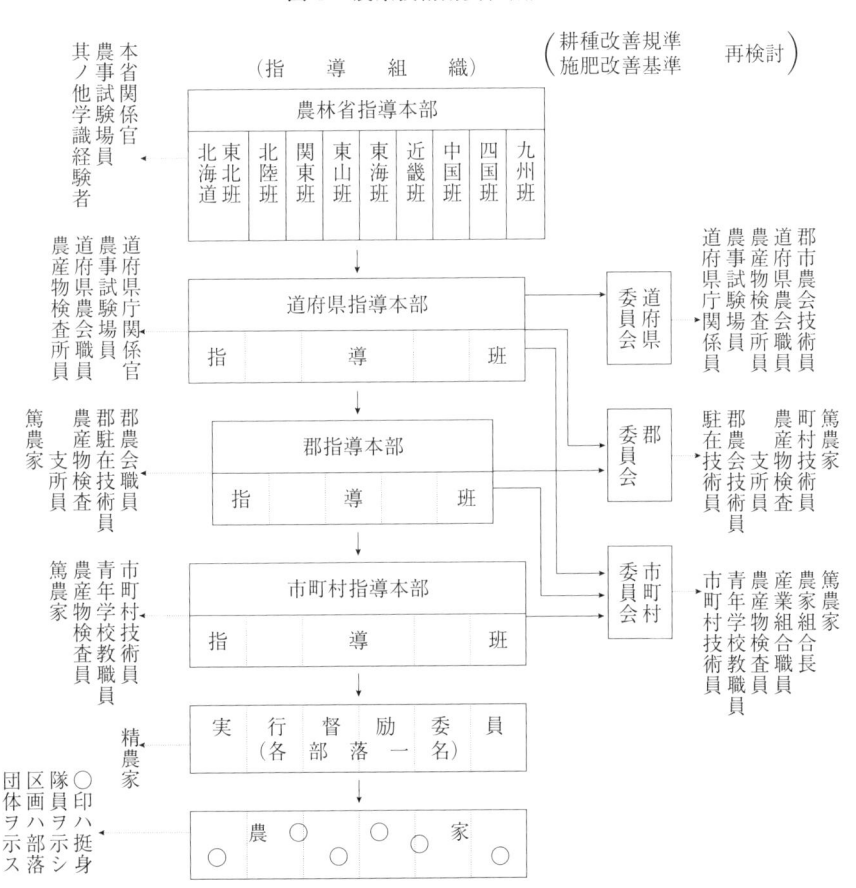

（指導組織）　　　　　　　　　　（耕種改善規準　再検討）
　　　　　　　　　　　　　　　　　施肥改善基準

本省関係官／農事試験場員／其ノ他学識経験者　→　農林省指導本部（北海道班／東北班／北陸班／関東班／東山班／東海班／近畿班／中国班／四国班／九州班）

道府県庁関係官／農事試験場員／道府県農会職員／農産物検査所員　→　道府県指導本部　指導班　→　道府県委員会　←　道府県庁関係員／農事試験場員／道府県農会職員／農産物検査所員／道府県技術員

郡農会職員／郡駐在技術員／農産物検査支所員／篤農家　→　郡指導本部　指導班　→　郡委員会　←　郡駐在技術員／郡農会技術員／農産物検査支所員／町村技術員／篤農家

市町村技術員／青年学校教職員／農産物検査員／篤農家　→　市町村指導本部　指導班　→　市町村委員会　←　市町村技術員／青年学校教職員／農産物検査員／産業組合職員／農家組合長／篤農家

→　実行督励委員（各部落一名）

○印ハ挺身隊員ヲ示シ／ハハ部落区画ヲ示ス団体　精農家　→　農家　○○○○○

「農会」（昭和18年度以降は「農業会」，第2章— 第1節参照）の技術員に期待されたようである。

以後，第1回指導の際の「指導要綱」が作成された。これによると，「主トシテ水陸稲ノ耕種改善規準及施肥基準ノ改訂及之ガ実施促進方法ニ関スル指導竝ニ米麦ノ増産奨励施設ノ実施計画ノ検討指導ニ重点」が置かれ，甘藷は重点の内ではなかった。昭和16年度に，「食糧増産技術中央本部」の「食糧増産技術中央本部指導班指導督励要項」により，稲作のみならず，甘藷，馬鈴薯の増産指導も行うようになった。昭和16年3月，「食糧増産技術中央本部」は，「主要食糧等自給強化十年計画」を実施した。

昭和16年5月7日，「食糧農産物増産確保施設助成金交付ニ関スル通牒」が出された。

昭和16年度には，「食糧増産実行共励委員設置規程」が出され，農林省は，省の名において 222,609名に対し，「市町村食糧増産指導部ニ属シ当該市町村ニ於ケル重要食糧農産物増産ニ関スル指導竝ニ督励ニ従事スル」ところの「食糧増産実行共励委員」を嘱託した。本委員は，昭和18年度限りで廃止された。

昭和17年12月28日，前述「食糧増産技術中央本部規程」の改正がなされた。この中で，「食糧増産技術中央本部」に，臨時に「甘藷馬鈴薯応急増産指導部」を置くこととされ，甘藷・馬鈴薯の増産指導に一段の力が入れられることになった。

5．現場の技術をもった人にも頼った甘藷増産

燃料用酒精原料確保，食糧増産・食糧確保においては，実際に甘藷の反当収量を伸ばしている現場の技術をもった人とそれを普及させる人が必要であった。したがって，農林省・農商省側においても，丸山のような現場の技術をもった人，「大社」のように組織力をもって研究活動，普及活動ができる団体に着目する必然性があったと考えられる。

ここで，農林省・農商省側の丸山等に対する意識が伺える状況をみてみよう。

第1章　政府等の食糧増産・甘藷増産に関する施策　59

　まず，昭和16年5月1日〜同月2日，農林大臣（石黒忠篤。後述表9参照）官邸で，「大日本農会」主催，農林省助成で開催された「甘藷増産体験懇談会」の状況をみてみよう。この会に，丸山は「甘藷栽培研究同志者」（第3章参照）で後に「大社」増産講師（第2・3章参照）となる磯部幸一郎と出席した。この記録『甘藷栽培の達人　甘藷増産体験談記録』（伊藤喜一郎編輯　昭和16年）によると，出席者は，茨城県須藤省，埼玉県藤野太一，千葉県島田治一，同湯浅幹，静岡県三井隆次郎，愛知県丸山方作，岡山県岡本勇，愛媛県曽根春雪，熊本県岡本安太郎，鹿児島県下村松之助，等の全国の精農家と，農林省農政局長岸良一（第2・3章参照）。同農産課長森肆郎，同特産課長坂田英一，同農林技師古谷謙，農林省農事試験場長寺尾博，「千葉県立農事試験場」技師小野田正利，貴族院議員河合弥八，「東京帝国大学」教授佐々木喬，「帝国農会」幹事長東浦庄治，「農村更生協会」松田延一，「内原訓練所」（後述）江坂弥太郎，「全国酒精原料株式会社」藤巻雪生，「日本澱粉株式会社」渡邊俣治，「大日本農会」副会頭（理事）吉川祐輝，同理事長麻生慶次郎，等であった。農林大臣石黒忠篤は出席希望であったが，父の逝去で出席不可となった。出席者をみると，農林省農政局長，同特産課長，等の甘藷に関わる行政関係者，国・県の農事試験場の人，大学教授等の甘藷研究者，「帝国農会」関係者，後に甘藷苗の大増産を行う「内原訓練所」（後述）の人，「全国酒精原料株式会社」「日本澱粉株式会社」の人，「大日本農会」の人，そして河井他と，国家レベルで甘藷増産活動にあたった重要人物が出席している。この時点で，「丸山式」甘藷栽培法は国家レベルで着目されていた様子が伺える。開催趣旨は，「大日本農会」理事長麻生慶次郎によると，前年度は「米麦増産研究会」により多大な成果を収めたが，「時局の進展と共に現下の食糧事情に鑑み更に甘藷の増産を強化する要切なるを認め（ママ），主要栽培地に於ける精農家諸君の御来会を求めて懇談会を開催し，其成績を普く農家に知らしめて甘藷増産に寄与せんが為」（伊藤喜一郎編輯　昭和16年，p.1）であった。また，農政局長岸良一は，政府は，品種改良の試験委託，施設設置，病虫害の予防駆除，をやってはいるが，「日本

全体の平均」で 300貫程度の中, 1,000貫以上も穫る栽培者もいるので,「各位の腕の振ひ所, 各位の経験談が非常に貴重」だと述べた（伊藤喜一郎編輯　昭和16年, p.3）。麻生が「食糧事情に鑑み」と言いつつも, 当時開催側に, 甘藷に軍事用の意味があることを知らない者はなかったと考えられる。農政局長岸良一の言葉に表われているように,「日本全体の平均」で反当収量300貫程度にしかならない中, 1,000貫以上も穫る現場の技術をもった人は, 農林省側からみても貴重であったと考えられる。

　この会で報告された全国の精農家の甘藷栽培法は, 全てが一致するものではなく, 個々の栽培の場面においては, 正反対のものすらあった。しかし, 丸山は, 自己主張だけに終わらず, 総合的に話を進めることを促し,「適地でない處を巧みに利用する方が一層必要」と述べている。この点は, 丸山が全国の精農家の中でも, 国家レベルで重要な立場に至る要因を示していると思われる。

　次に, 農林省農務局特殊農産課の初代課長（昭和13年12月3日～）, 農林省農政局特産課の初代課長（同16年1月21日～）として, 戦中・戦後における甘藷行政に手腕を発揮し, 戦後, 農林大臣（昭和40年6月3日～同41年8月1日）になった坂田英一の意識をみてみよう。坂田英一は,「回顧」と題して丸山について次のように触れた。

　「昭和十五年だったか, 全国の篤農家十五人と試験研究機関の人々を集めて, 二, 三日かかってそれぞれの技術を交換し, それに試験研究機関の立場から検討を加えた……。……このような会議をその後数回やった。その頃, ……坂田はいものことを何にも知らん, また, 農林省は何をしているのかと言った蔭口が多かった。そこで石黒忠篤先生にこのことを話したところ, 試験場が篤農家のことを調べることは, 試験研究に役立つから, ……非難があっても, 余り気に掛けるなとのこと……。また, 間部さんにも相談したところ, いもには天狗が多いので, 彼等の意見を聞き, 何故こうなったかという要因を調査することは著しい技術的な発展をもたらすとのこと……, 私は篤農家と試験研究機関との密接な連絡をたもつことに努力した。……終りには打ち

解けて来て，篤農家の人も試験研究の成果に耳を傾けるまでになった。特に，加藤完治さんの内原において，篤農家二人（後述の3人か一引用者注）を招いてやらせたところ，静岡では良かったが，ここでは駄目だといった結果が出たこともあり，両者（篤農家と試験研究機関一引用者注）の連絡が一層密になり非常に良かった……。」（農林省特産課特産会二十五年記念事業協賛会編　昭和38年，pp.175～176）

これによると，「試験場が篤農家のことを調べることは，試験研究に役立つ」という意識や，「天狗が多」くても篤農家に伺いをたてその答えを調査研究することで著しい技術的な発展につながるという意識があった。

次に，後述の石黒忠篤と「東京帝国大学」出身という共通点をもち，親友関係にあった加藤完治（第2章一第1節，第3章一第2・3節参照）の意識をみてみよう。加藤は，昭和18年（？）から，農林省，「農業報国聯盟」の指示で，甘藷の大苗床を経営し，甘藷苗の大増産（農林省・農商省の「甘藷特設育苗圃設置事業」の1つ。農林大臣官房総務課　昭和32年，p.540）を行った「満蒙開拓青少年義勇軍訓練所」（通称「内原訓練所」。第2章一第1節，第3章一第2・3節参照）の所長であった。加藤は，丸山について次のように述べた。

「……，丸山先生が最初は大苗床立案の中心になられておったのであるが，いよいよこれを実行に移そうとする時病気にかかられて，その後御老体の先生は，一度も内原においで下さらなかったので，丸山先生の御意見を内原の農場で，拝見することが出来なかったのは返す返すも遺憾である。」（加藤　昭和44年，p.285）

これによると，加藤は，当初丸山をいかに必要としていたかがわかる。

次に，農林行政上の重要な時期の農林大臣（昭和15年7月24日～同16年6月11日，第2次近衛文麿内閣時），農商大臣（昭和20年4月7日～同年8月17日，鈴木貫太郎＜後述表11参照＞内閣時）を務め，戦中・戦後における農林行政の大きな柱を作ったとされる石黒忠篤（難しい判断の時には，尊徳の行動を参考にした）は戦後に次のように語った。

「(昭和25年11月10日の—引用者注)二,三年前から農村の青年の非常に求めておるところは,どうして自分のところの収入を増すかということ……。そこで方々に,農事研究会……が非常に勃興しておる。そうして,……いも作りの名人だとか,あるいは報徳会の麦作りだとかいったようなもの(報徳会は,報徳社の誤りだと考えられる。丸山,河井,「大社」増産講師や彼らの活動を指していると推定—引用者注)が,数千人,数万人の道を求める者の中心になって来ている。……これはこの方面から啓発して行く。青年というものを求めるところに従って,だんだん落ちつかせるべき。……日本は農業関係で増産をする余地がないでもない。農事試験場はじめ,官公署の技術官の技術の下部浸透ということを熱心にされるのもよろしいが,それとタイ・アップして民間のかくのごとき実例を示して収穫のみごとなもの(「丸山式」甘藷栽培法も想定していると思われる—引用者注)を示しても,……集まって来る。……これと試験場の技術とがうまく手をたずさえて行くようにしなければいかぬ。」(昭和25年,農林省から『農林行政史』編纂の委託を受けた「日本農業研究所」が開催した,石黒忠篤の談話会〈昭和25年10月27日～同年12月22日までの毎週金曜日の計7回〉の第2回〈昭和25年11月10日〉の談話速記録。大竹　昭和59年,pp. 98～99)。

　石黒は,戦後「農事試験場はじめ,官公署の技術官の技術の下部浸透」だけではなく,民間の優れた者と「試験場の技術」とが協力することが重要と考えていた。石黒は,「報徳」「道を求める」「啓発」「民間」という言葉を出しているから,農林省・農商省の立場からはやりにくい報徳による農業振興の重要性まで見据えていたかもしれない。

　これらをみても,農林省・農商省は多額の資金を使用して多くの試験場を作り甘藷栽培法を研究したにも関わらず,いかに丸山が自宅の小さな丸山「研究圃」等で研究し作ってきた,報徳精神をもった「丸山式」甘藷栽培法が,無視できないものであったかがわかる。

6．食糧増産・食糧確保
(1) 制度を整えることによる食糧増産・食糧確保
① 農地政策
ア．農地の維持政策

政府は，農地の維持政策を行った。農地の維持政策とは，工・鉱業の飛躍的発展に伴う，工・鉱業用地，住宅地，道路敷地，等による農地の潰廃，および農業者の意識的な耕作放棄に基づく農地の荒廃を合理的に制限し，またはこれを防止しようとする政策をいう（以下，政策等の定義は，＜田邊　昭和23年＞等を参照した）。

「国家総動員法」に基づく勅令により，昭和14年～同19年にかけて，「小作料統制令」「臨時農地価格統制令」「臨時農地等管理令」等を相次いで制定した。昭和16年２月１日の「臨時農地等管理令」により，農地潰廃の制限，農業者の耕作放棄の防止，をした。

イ．農地の拡張改良政策

昭和16年３月，「農地開発法」を公布（同年５月から実施）した。主要食糧自給計画を樹立し，向こう10か年間に50万町歩の農地を造成すると同時に，170万町歩の土地改良を行うこと等により，米約1,100万石，麦類約1,200万石の増産を図った。また，そのうち大規模な開墾または農業水利改良事業は，この法により特に設立された特殊法人「農地開発営団」に行わせ，その他の小規模の事業は，助成事業として各種団体等に行わせた。

② 生産条件の補強
ア．農業労働力

まず，戦中後期も含め，農業労働力に関する客観的なデータを以下に示しておこう。

農業労働力（農作業従事者）は，昭和12年７月（日中戦争開始の月―引用者注）から同15年２月に急減したが，昭和15年から同18年２月にかけて増勢を示し，その後同19年２月へと減少していった（清水　平成６年，p. 347。清水　平

成15年，p.61）。男子の農業労働力は，昭和15年までは過剰人口の流出により急減し，その後離農統制などにより専業者を中心にいくぶん回復し，同18年以降再び応召などにより経常的兼業者を中心に減少した。この間，農作業従事者に占める女性の比率が49％（昭和12年）から53％（同18年）に増加し，36歳以上の比率が男子で58％（昭和12年）から66％（同18年）に増加する（女子は57％前後でほとんど変わらない）といった農業労働力の女性化・男子農業労働力の老齢化が進み，農業労働力は質的には低下した（清水　平成6年，p.348）。

　戦中前期の政策として，農業労力の利用増進政策（人的なそれとして，共同作業，共同炊事・託児，集団移動労働，勤労奉仕。畜力利用増進。農用機械利用増進。農地の交換分合），農業労力の保全政策（農民離村の統制，農業労働賃金の統制）を行った。その他，昭和17年1月9日の「学徒勤労動員」の開始，同年2月13日の「朝鮮人労務者活用ニ関スル方策」の閣議決定により，土建，運輸等の事業へ「朝鮮人労務者」をあて，内地における基礎産業の重労務者の給源である農業労力の不足を補おうとしたこと等があった。

イ．肥料，資材

　日中戦争勃発以降，販売肥料に関しては，硫安，カリ鹽，その他の肥料，そして燐礦石等の肥料の原料が，不足するようになった。主な理由は，船舶不足の為と，原料輸出国だった多くの国が，第2次世界大戦にわが国が参加して対戦国となり，そこからの輸入が不可能となった為であった。また，国内生産可能なものも，各種戦時経済の制約を受け，生産が思うようにいかなくなった。政策として，肥料販売政策（増産政策。配給政策。価格政策。消費調整施肥改善政策），自給肥料政策（増産政策。施肥改善政策）を行った。岡田知弘は，自給肥料の消費を増加させ，「肥料投下量合計の減少をかろうじてカバーしていった」（岡田　平成15年，p.108）としている。

　こうした状況の中，甘藷は不足する肥料に大きく頼らなくてもよい作物として，大きく着目された（ただし，甘藷も肥料を必要とする諸説はあった）。不足する肥料に大きく頼らなくてもよいことは，甘藷が戦中の食糧の寵児となり

得た一因と思われる。

　農機具に関しては，次第に厳しい状況になっていったと思われる。戦中では，昭和16年以降，鋼材，銑鉄共に，割当が落ち込んでいった（Ⅰ—⑯）。主要農機具（動力耕転機，除草機，噴霧器，簡易揚水機，脱穀機，籾摺機，乾燥機）は，昭和16年以降，生産台数を激減させた（岡田　平成15年，p. 93。除草機の昭和18年次から同19年次間は増加—引用者注）。ただし，鋤や鍬は，他産業から排出される切断鉄屑を使用していたこと，食糧増産の為の開墾・開拓事業にとって必要不可欠であったことにより，主要農機具ほどの減少傾向はなかった（岡田　平成15年，pp. 93～94）。

ウ．作付統制

　作付統制とは，主要食糧・必需作物の作付維持，不急作物の作付抑制，主要食糧・必需作物への転換，等により，主要食糧・必需作物の増産・確保を期することを言う。「旧農会法」「農業団体法」「農業生産統制令」「臨時農地等管理令」を法的根拠とした。「臨時農地等管理令」の規定に違反した者は，「国家総動員法」の罰則の適用を受けた。

　昭和16年3月から，桑園整理事業の第1次計画が開始された。桑園整理事業とは，法的強制力をもたなかったが，約10万町歩の桑園を整理し耕地の拡張をして，拡張耕地を水稲，陸稲，甘藷・馬鈴薯，大麻，黄麻などに転作しようとする事業であった。

　昭和16年3月24日，農林省が地方長官宛次官通牒「臨時農地等管理令第十條第一項規定適用通牒」を発し，「田には主作として稲以外の作物を栽培することを禁止」「畑作に関しては果樹，茶樹，桑樹，桐樹，竹等の新植を禁止」等を示した。同年9月末現在，1道1府38県が作付統制をし，制限または禁止した農作物の種類は，約50種類に及んだ。

　昭和16年における主要食糧生産の成績は，芳しくなかった。農林省は，昭和16年10月16日の「農地作付統制規則」（農林省令）公布（同年10月25日施行），同月25日の「作付統制助成規則」（農林省令）の公布により，全国的にさらに徹底

した作付統制をした。この規則に言う「食糧農作物」とは，昭和16年10月21日，農林省告示第788号等により示された稲，麦，甘藷，馬鈴薯および大豆の5種である。これらの作付面積を昭和15年9月1日現在より減少させないことにした。

(2) 技術を高めることによる食糧増産・食糧確保

ここでは，甘藷に限って，技術を高めることによる食糧増産・食糧確保をみてみよう。

ア．育種，栽培，病虫害，貯蔵，等の為の事業・研究

農林省，農事試験場，等は，育種，栽培，病虫害，貯蔵，等の為の事業・研究を行った。

育種については，民間・個人が入り込む余地はなかった。昭和12年，農林省指定の甘藷育種試験地を沖縄（交配），岩手，千葉，鹿児島に設置した。同13年から，沖縄の甘藷育種試験地で交配採種した種子を，「農林省農事試験場九州小麦試験地」を拠点に，岩手，千葉，鹿児島（昭和18年限り廃止）の甘藷育種試験地（昭和17年～沖縄が加わる）へ配付し，そこらで育成する新品種の育成事業を開始した（図5参照）。昭和12年から同18年までの7年間に，沖縄から「農林省農事試験場九州小麦試験地」へ送付した種子数は，134組み合わせ，227,676粒であった。護国藷（昭和13年命名），農林1号（同17年命名），農林2号（同上）等の（当時の）優良品種を育成した（沖縄100号は，「沖縄県立農事試験場」で既に育成＜昭和9年命名＞）。これらの品種は，甘藷増産の為に活躍した。農林1号，農林2号は，耐肥性・多収性が優れ，戦後の昭和30年頃まで続いた反収急増の原動力になった（西部　平成8年，p. 225）。なお，沖縄100号は，中国にも渡り，中国人にも栽培され食べられたが，戦後中国では，日本に勝ったという意味を込めて，「勝利100号」と呼ばれた。

年別にみると，政府は，次のような様々な事業・研究を行った（農林大臣官房総務課編〈昭和32年12月〉，農林省特産課特産会二十五年記念事業協賛会編〈昭和38年〉，畑作振興課特産会五十周年記念事業協賛会編〈昭和62年〉，等参照。第2

図5 甘藷育種組織図

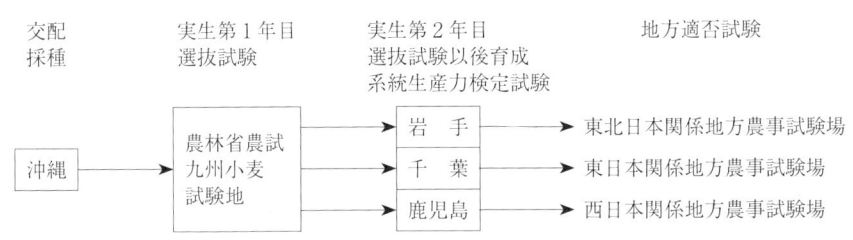

交配採種	実生第1年目選抜試験	実生第2年目選抜試験以後育成系統生産力検定試験	地方適否試験
沖縄	農林省農試九州小麦試験地	岩手	東北日本関係地方農事試験場
		千葉	東日本関係地方農事試験場
		鹿児島	西日本関係地方農事試験場

〔典拠〕農林大臣官房総務課編（昭和32年12月）『農林行政史』第二巻，財団法人農林協会，p.534。

節—5—(2)の年別記述も同様）。

（昭和13年）

- 沖縄の甘藷育種試験地で交配採種した種子を，「農林省農事試験場九州小麦試験地」を拠点に，岩手，千葉，鹿児島（昭和18年限り廃止）の甘藷育種試験地（同17年～沖縄が加わる）へ配付し，そこらで育成する新品種の育成事業を開始。
- 国庫補助による甘藷・馬鈴薯原採種圃設置費補助開始（昭和17・18・20年を除く）。
- 甘藷黒斑病防除に関する指定試験地，千葉県に設置（昭和33年まで）。
- 藷類截断機購入事業（昭和18年まで）。
- 甘藷・馬鈴薯増収競技会開催事業，22県で開始（昭和15年まで）。
- 甘藷・馬鈴薯の指導督励事業，実地指導地設置事業開始（昭和20年まで）。
- 地方試験地30県となる。

（昭和14年）

- 甘藷共同育種圃設置（昭和21年まで）。
- 甘藷共同育種圃の巡回指導費，27県に交付。
- いも類地方試験，30県に拡充。
- いも類増産奨励金，28県に交付開始。
- いも類生産費調査事業費，32県に交付開始。

（昭和15年）
- いも類多収品種種苗購入事業奨励金交付開始（昭和19年を除いて同20年まで）。
- 甘藷病害虫防除事業（昭和20年まで）。
- 病虫害防除奨励金（薬剤購入助成）交付開始（昭和20年まで）。
- 「臨時米穀配給統制規則」。
- 藷類簡易乾燥施設整備事業（昭和18年まで。昭和18年：16,000基）。
- 簡易乾燥設備（切干乾燥の設備）設置助成交付開始。

（昭和16年）
- 農林省，日満支を通じ内地人口の4割を農業に確保することを閣議決定。
- 農林省，6大都市に於ける「米穀割当配給制」実施。
- 甘藷線虫防除に関する指定試験，千葉県に設置（昭和33年まで）。

（昭和17年）
- 藷類共同貯蔵設備事業（昭和21年まで）。
- 種いも共同貯蔵設備設置事業助成開始（昭和21年まで）。
- いも類の地方試験中止。
- 甘藷農林1号，甘藷農林2号育成。
- 農林省，「澱粉質資源利用研究会」発足。

研究成果については，様々なものが出された。栽培については，例えば，以下がある。「興津園芸試験場」伊東秀夫（詳細な履歴は不明だが，昭和24年8月現在，東北大学教授・農学博士。第3章—第3節参照）の甘藷の塊根形成に関する研究。「農林省農事試験場」戸苅義次（詳細な履歴は不明だが，昭和38年12月現在，東京大学教授。第1章—第3節，第2章—第1節参照）技師の甘藷の交配不稔群・塊根形成の機構に関する研究。「千葉県農事試験場酒精原料作物指定試験地」の小野田利正技師の甘藷農林1号の選抜。病虫害については，例えば，以下がある。後藤和夫（詳細な履歴は不明だが，昭和38年12月現在，農林省研究調整官）技師の甘藷黒斑病防除法に関する研究。貯蔵については，例えば，以下がある。

「中国農事試験場」の繁村親（詳細な履歴は不明だが，昭和38年12月現在，「九州農事試験場」長）技師の甘藷の貯蔵理論に関する研究。

イ．文書による知識・技術の普及

昭和12年3月31日，農林省農務局が，『雑穀豆類甘藷馬鈴薯耕種要綱』を編纂し，各府県の甘藷の栽培方法等を示した。また，農林省は，以下の技術的甘藷増産に関する記事を，『農林時報』に掲載し，知識・技術の普及を図った。同17年3月15日，「千葉県農事試験場」技師の後藤和夫「甘藷の増産と黒斑病の防除」。同年4月1日，戸苅義次「甘藷の苗作りと品種の選定」。同年6月1日，農事試験場技師の戸苅義次「甘藷の植付と其の後の手入」。同年6月15日，農林省農政局農林技師の黒川計「甘藷の施肥法」。

ウ．生産目標の設定による技術向上への努力

多くの作物において，生産目標の設定がなされた。甘藷・馬鈴薯については，燃料用酒精原料確保対策の意味から増産を図る必要があり，昭和13年以降増産計画が樹立され，生産目標の設定がなされた。食糧増産・食糧確保の意味も加わった。生産目標の設定により，技術を高め，増産をしようとした。表8は，甘藷生産目標ならびに実績である（戦中後期も含める）。実績が，目標を上回ることはなかった。昭和20年の目標は，前年の1.76倍であったが，このことは戦闘機等の燃料用酒精の需要急増等に連動したものと考えられる。

(3) 精神を統一することによる食糧増産・食糧確保

精神を統一することによる食糧増産・食糧確保は，ひとり精神だけで独立しているのではなく，制度，技術とも関わっていたが，ここでは精神を統一することの意味が強いものを中心にみてみる。

① 運　動

政府等は，地方長官宛に以下のような文書を発し，運動をもりたてた。昭和14年10月28日，「戦時食糧充実運動実施に関する件」（各地方長官宛，内務省地方局長・農林省米穀局長）。同15年5月24日，「戦時食糧報国運動に関する件」（各地方長官宛，国民精神総動員本部会長・農業報国聯盟会長）。同月28日，「戦時

表 8　甘藷生産目標ならびに実績

(単位:1,000貫)

年次	目標		合計	実績
	基準数量	増産数量		
昭和13年		127759	127759	1008534
14年		190300	190300	933140
15年	934031	347927	1281958	942512
16年	934031	553838	1487869	1071263
17年	934031	738232	1672263	1005617
18年	934031	829075	1763106	1210547
19年	934031	929086	1863117	1053466
20年	934031	1634849	2568880	1039221

〔典拠〕農林大臣官房総務課編（昭和32年12月）『農林行政史』第二巻，財団法人農林協会，p. 531。

食糧報国運動に関する件」（各地方長官宛，農林次官・内務次官）。

　共同炊事は，昭和13年度の全国210か所実施が，同15年春季2,029か所実施，同年秋季1,109か所実施へと急増した。また，昭和13年度の全国22府県実施が，同15年度の北海道・大阪・沖縄を除く全ての府県実施となった。また，同16年には，共同炊事実行組合数は，1万8,364にのぼった（以上，野本　平成15年，p. 338）。昭和16年3月開催の「第3回全国産業組合保健協議会」が「栄養食共同炊事全国普及運動ノ件」を可決したこと，「中央農業協力会」も食糧増産の主要項目として同年秋までに全国3万か所での共同炊事普及を目標にして運動をしたこと，等が活動を盛り立てた。共同炊事は，ア．応召による農業労働力不足を皆で乗り切り，「銃後を護る」意識を高める，イ．不足する燃料・食糧を共同炊事により節約し，集団で気持ち・力を合わせて難局を乗り切る，ウ．総力戦・食糧戦を，かっぽう着を着た立場から強く戦い抜く，エ．なるべく炊事時間を節約し，農作業に意識をもっていく，等の精神に関わる多くの効果があったと考えられる。

　また，茨城県「内原訓練所」本部による青少年を活用した食糧増産運動は，大がかりなものであった。以下に，その歴史を簡単にみてみよう（Ⅰ—⑩，由

井　昭和60年10月，松沢　昭和61年6月，他参照）。昭和6年9月18日の満州事変の後，満州移民問題に熱心に取り組んでいた石黒忠篤，香坂昌康，大蔵公望らは，同12年，青少年の満州移住を押し進めるべきという意見書を，近衛文麿首相宛に提出した。同件は，同年11月に拓務省から閣議に提出され，正式に決定された。同13年1月に「満州開拓青少年義勇軍募集要綱」が決定され，募集が開始された。同年3月までに，全国から16～19歳の青少年（学歴は，尋常高等小学校卒または青年学校中退者）義勇軍約6,500名が集まった。これらの青少年義勇軍を，まず日本内地において準備的に訓練する機関として，茨城県東茨城郡内原村に「内原訓練所」が急設されることになった。昭和13年，加藤完治は，茨城県友部の「日本国民高等学校」を同県東茨城郡下中妻村字内原に移し，「満蒙開拓青少年義勇軍訓練所」を開設，所長となった。ここには，河井，丸山等も関わった（前述。第2章—第1節，第3章—第2・3節参照）。同15年7月24日，石黒忠篤が，農林大臣となった（第2次近衛文麿内閣時。～同16年6月11日）。入閣の懇請を受けた石黒は，近衛に中堅農民の大訓練が必要であると強調し，了承を得たという。昭和15年11月から，茨城県「内原訓練所」に，全国約15,000人の青壮年を召集し，1か月間の指導を開始した。昭和15年，石黒忠篤農林大臣は，内原で約15,000人の青壮年に「現下の時局と農民の使命」を説き，食糧増産を訴えた。同20年までに，総計86,500余名が渡満した。

　なお，食糧増産・食糧確保の運動には，マス・メディアが動員された。

② 表　彰

　甘藷増産に貢献した人々は，「農業報国聯盟」によるもの，農林省によるもの，他に大小多くの表彰の場で表彰された。

7. 特に甘藷の集荷・配給

(1) 主に液体燃料確保対策の時期

昭和12年3月31日,「アルコール専売法」が施行され,アルコール専売制となり,燃料用酒精原料確保対策となった(以下,農林大臣官房総務課編 昭和32年12月,等参照)。以後,以下の多くの対策が行われた。・同13年5月,「酒精原料甘藷の増産並びに供出確保対策」(各都道府県宛示達)により,初めて甘藷の供出措置。・同14年,いも類の配給計画樹立推進の為,諸署配給統制部会設置費交付が開始。同年,いも類統制機関として,「全国酒精原料株式会社」「日本澱粉工業組合連合会」を指定。・同年4月,「米穀配給統制法」を制定。・同月,「重要農林水産物増産助成規則」公布(農林省令第19号)。甘藷も「重要農林水産物」となった(前述)。・同年8月5日,「原料甘藷配給統制規則」(農林省令第38号)制定。原料甘藷の集荷・配給の系統組織を明確にした(図6参照)。原料用甘藷の自由販売を禁止。・同15年8月,「臨時米穀配給規則」制定。・同月1日,澱粉の公平な分配の為の統制機関として,「日本澱粉株式会社」設立。・同月14日,「澱粉類配給統制規則」公布。・同年9月1日,「日本澱粉株式会社」は,「日本澱粉統制株式会社」と改称。イモ粉を正式に統制。

(2) 甘藷の統制の時期

全国的に食糧事情が緊迫の度を加えると,総合的・一元的に食糧統制を行う必要に迫られ,諸類に関しても昭和16年8月20日に,「諸類配給統制規則」を公布(同年9月11日施行。農林省令第67号)した。諸類全般的に自由販売禁止と

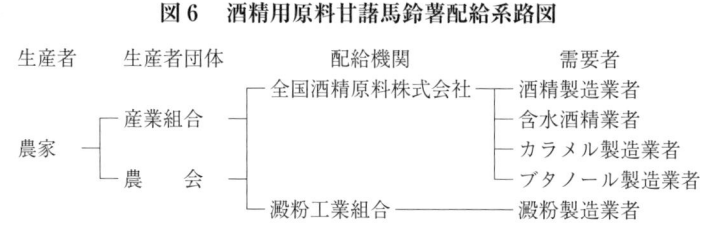

図6 酒精用原料甘藷馬鈴薯配給系路図

生産者	生産者団体	配給機関	需要者
農家	産業組合	全国酒精原料株式会社	酒精製造業者
			含水酒精業者
	農会		カラメル製造業者
			ブタノール製造業者
		澱粉工業組合	澱粉製造業者

〔典拠〕「原料甘藷配給統制規則」昭和14年8月5日。

し，諸類の配給統制を進めた。諸類の配給統制と並行して価格統制も進めた。同16年9月11日，「日本甘藷馬鈴薯株式会社」が業務を開始した。一切の諸類を，この統制機関を通して一元的に取り扱うこととした（図7参照）。この会社の「綱領」は，「国策ノ完遂ニ挺身シ，以テ皇国ノ興隆ニ寄与セン」（『甘藷馬鈴薯について』 p.2）等のように国策遂行色の強いものであった。同17年2月21日，「食糧管理法」が公布された（7月1日施行。前述）。同年9月1日，「中央食糧営団」が設立された（前述）。

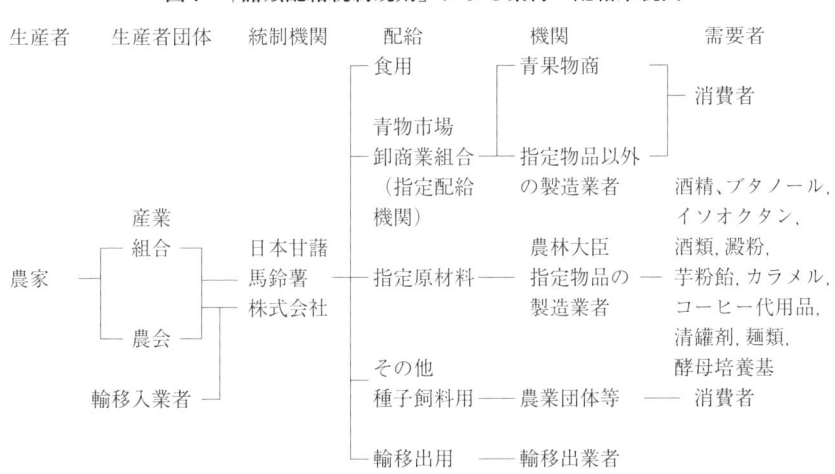

図7 「諸類配給統制規則」による集荷・配給系統図

生産者	生産者団体	統制機関	配給	機関	需要者
農家	産業組合／農会／輸移入業者	日本甘藷馬鈴薯株式会社	食用／青物市場・卸商業組合（指定配給機関）／指定原材料／その他 種子飼料用／輸移出用	青果物商／指定物品以外の製造業者／農林大臣指定物品の製造業者／農業団体等／輸移出業者	消費者／酒精、ブタノール、イソオクタン、酒類、澱粉、芋粉飴、カラメル、コーヒー代用品、清罐剤、麺類、酵母培養基／消費者

〔典拠〕農林大臣官房総務課編（昭和32年12月）『農林行政史』第二巻，財団法人農林協会，p.563.

8．生鮮食糧政策

　昭和15年10月より，6大都市並びに北海道向けの甘藷，6大都市並びに関門地方向けの馬鈴薯という食用いも類については，「青果物配給統制規則」（昭和15年7月10日，農林省令第56号）に基づき，青果物としても扱われ統制された。

9．食糧消費規制・食糧形態工夫

(1) 直接的な食糧消費規制

生産者に対する直接的な食糧消費規制としては，生産者各人が消費できる限度を決める「保有米制度」が，昭和15年10月11日公布の「米穀管理規則」により決定され，同16年米穀年度産米から施行された。消費者に対する直接的な食糧消費規制としては，「割当配給制」が，昭和16年米穀年度から決定され，同16年4月1日から6大都市で実施された。この方法は，米の通帳制によるものであった。6大都市では，6〜10歳で200グラム，11〜60歳の普通人で330グラム，61歳以上の普通人で300グラムであった。同17年春からは，主要産業労働者に対する臨時増配，妊婦・青少年に対する重点特配が行われた。しかし，各道府県の割当配給量は年齢区分や定量もさまざまであった（野本　平成15年，p. 355）のが実情のようである。同17年度から「総合配給」制度が採用され，同17年から麦類が代替食糧として配給されるようになった。「総合配給」とは，米不足を米以外の代替食糧で補正して，配給割当量を満たそうとするものであった。

(2) 間接的な食糧消費規制（戦中後期も含む）

① 節米の精神的指導

昭和14年末頃，配給統制が強まり，「ぜいたくは敵だ！」等のキャッチ・フレーズが巷に氾濫した（同15年8月1日に，「ぜいたくは敵だ！」の看板を東京府内各所に設置）。昭和15年12月14日，第43回「報徳経済学研究会」（第2章—第1節参照）において，貴族院議員河井が実家のある村の甘藷増産について語り，日本人が切迫した時局において米に依存し過ぎる点を指摘した。また，河井は，米に依存し過ぎる点を，帝国議会等の多くの場で強く指摘した。

② 食糧の用途制限（例．酒類または麦酒を製造する為の酒造米および麦酒麦の制限）

③ 「代用食」「混食」「国民食」「郷土食」の奨励等

「代用食」とは，主要食糧に代用した他の食糧（これは，「代替食糧」とも言われた），またはそれを食べること，である。「混食」とは，主要食糧の消費量

を節約する為に，主要食糧に他の食糧を混ぜて食べること，である。これらは，政府主導の運動と共に展開された。例えば，「国民精神総動員本部」が中心となり，全国にわたる戦時食糧の充実・確保を目標に，節米，供米，増産の徹底の為に「戦時食糧報国運動」（前述）を展開し，節米として，米粒に似せた甘藷・馬鈴薯および澱粉の加工品を作った。これは，「国策米」「宝米」「報国米」等の様々な名称で呼ばれた。また，厚生省内「勤労者栄養協会」が，「国民食運動」「郷土食運動」を掲げ全国の工場に働きかけた。前者は，従来，米に対して「代用食」の名で呼ばれた麦，うどん，蕎麦，藷，等を総合して「国民食」と呼び，米に代わる「代用食」の概念を一掃しようとする運動，後者は，節米や供出米確保の観点から，各地方で産出する食糧を活用して，他地方からの米の移入を極力防ごうとする運動，であった。しかし，「郷土食を推進しようという意図とはうらはらに，戦時下，むしろ農村における米食率は増加傾向にあった」（野本　平成15年，p. 332）。また，食糧の供給不足の傾向が強まる中，国民栄養の合理的水準を維持しようとする考えが高まり，昭和16年春，「大政翼賛会」（第2章参照），「食糧報国聯盟」（第2章参照）が，「国民食標準案」を発表した。また，昭和17年11月に玄米食を普及する方針が閣議決定され，政府の意向を受けて「大政翼賛会」が玄米食に取り組んだ。同18年2月には，全国の隣組常会が玄米食を行事として取りあげた。

④ 商人の食用米取扱の制限

　商人の食用米取扱の制限とは，商人に，米配給業者のこれまでの取扱数量を基準とし，その数量より一定数量を減らしたものを一般消費者へ配給させることにより，米の消費量を減少させようとすること，である。これも実施した。

第2節　戦中後期（昭和18年頃〜）

1．戦況の悪化とそれなどに連動した食糧増産

　昭和18年に入ると，当時の日本にとって戦況は日に日に悪化した。まず，海上輸送が困難になった。食糧との関連で言えば，仏印・タイ・ビルマ等からの輸入米，朝鮮・台湾からの朝鮮米・台湾米の移入米の輸送が困難になった。輸入米は，昭和17年847万石，同18年528万石，同19年0，同20年0，移入米は，昭和17年694万石，同18年181万石（内，朝鮮米0），同19年480，同20年157万石，であった。これに，国内の持越，生産，次年度純喰込をいれて計算すると，米の供給量は，昭和17年7,886万石，同18年7,634万石，同19年7,086万石，同20年6,186万石，であった（以上の数値は，清水　平成6年，pp. 333〜334）。昭和20年は，昭和17年の約22％減であった。次に，国内の空襲等が激しくなった。アメリカ軍による首都東京への本土初空襲は昭和17年4月18日であったが，同19年7月のサイパン島陥落の後，本土空襲は本格化した。同20年3月9日〜同月10日の東京大空襲では，約10万人の死者が出た。空襲，原爆（同20年8月6日，同月9日）により，農作物を安心して栽培できる状況ではなかった。

　戦局などに連動して食糧増産・食糧確保の対策が行われた。結論から先に述べると，対策にも関わらず，昭和20年から始まって3年間は，大きな食糧危機となった。食糧危機は，政府の食糧政策の失敗も大きかったと考えられる。

　近年の研究を使用し，戦後も含めてこのあたりの状況を概観してみよう。

　昭和18・19年の時期になると，戦況の悪化により輸入米の輸送が難しくなり（昭和19年度に途絶），米だけで主要食糧をまかなうことが困難になった。かかる不足を補うために投入されたのが麦類・諸類・雑穀（内地産・外国産）といった代替食糧であった（清水　平成6年，p. 334）。代替食糧としての甘藷は，増産可能性，単位土地面積当たりの供給カロリーの高さ，不足するまたは不足が予測される肥料に大きく頼らなくてもよいこと，等から重視されたと考えられる。

　国内の農業生産額については，昭和19年以降になると，米・麦・野菜といっ

第 1 章　政府等の食糧増産・甘藷増産に関する施策　77

た主要食糧作物の生産も減少気味（清水　平成 6 年, p. 350）とみる見解がある。一方, 太平洋戦争期の農業労働力不足, 資材不足の下でも, 主要食糧であった米・麦・藷類は, 豊凶の変動は相当に激しいとはいえ, 内地の生産が継続的に減少したとはいえない, 供給不足の直接的原因は外地米流入の減少であった（加瀬　平成 7 年, p. 289）とみる見解もある。

　昭和20年度に入ると, 昭和19年内地産米の不作と植民地米輸入量の減少が重なり, 満州産雑穀を含めた代替食糧による補充も及ばなくなる。その結果, 食糧需給のバランスが一気に崩れる。昭和20年からの食糧危機は, 同22年まで続いた（以上, 清水　平成 6 年, p. 336）。

　戦中の米と代替食糧（麦類, 藷類・雑穀, 外国産雑穀）の合計は, 昭和17年8,122万石, 同18年8,079万石, 同19年8,187万石, 同20年7,626万石, 戦後の米と代替食糧（国内）（麦類, 藷類・雑穀, その他）と代替食糧（輸入）の合計は, 昭和21年4,222万石, 同22年5,122万石, 同23年5,790万石, という状況であった（清水　平成 6 年, pp. 333～334）。米と代替食糧の合計からみると, 昭和21年が底で, 特に悲惨な状況であった。

　国民 1 人 1 日当たり熱量供給量は, 昭和 9 年～同11年度平均を100（2,030カロリー）とする指数で, 昭和19年度までは95以上を保持, 同20年度88（1,793カロリー）, 同21年度71（1,449カロリー）, 同22年度83（1,695カロリー）, 90台を回復するのは同23年度以降, という状況であった（清水　平成 6 年, p. 336）。熱量供給量からみると, 昭和21年を底とする 3 年間が特にカロリー不足となった。

　こうしたことから, 食糧危機は, 昭和21年を底とする約 3 年間であったといえる。

　加瀬和俊は, 甘藷の生産量は, 1930（昭和 5 ―引用者注）年代後半から敗戦前後の間, ほぼ10億貫を維持している（加瀬　平成 7 年, p. 287）としている。甘藷は, 過少申告されたと考えられること, 生産農家以外でも栽培できたこと, 等により, 甘藷の実際の生産量はより高かったと思われる。燃料用酒精原料にまわった甘藷を考慮しても, 甘藷は, 食糧危機に力を発揮していた様子が伺える。

昭和21年度には，昭和20年内地産米の大凶作に加え，植民地米・満州産雑穀の輸移入が途絶し，危機はさらに深刻化した。昭和21年産米から供出割当が軽減され，都市の食糧危機は，前述の熱量供給量の数値以上に深刻化した（以上，清水　平成6年，p. 336）。都市の人々のヤミ市場等への買出しは，日常的光景であった（筆者の聞き取り等より）。

2．エネルギー政策の矛盾と敗戦

　戦況と石油の状況を概観すると，以下のようになる。真珠湾奇襲攻撃後，アメリカは，ハワイの兵たん基地を復旧し，海空軍により日本軍の石油輸送路を遮断した。昭和17年6月，ミッドウェー海戦に敗れた日本の石油輸送船は，アメリカの太平洋艦隊により，航行不能となった。日本の石油輸送船の航行が難しくなることは，同時に，大陸等からの食糧等の物資輸送も難しくなることであった。同18年，日本の石油輸送船の航行は困難になった。同19年の第2四半期の日本向け石油輸送は，昭和18年の同期の半減となった。同20年，石油輸入は，ほとんどゼロとなった。なお，昭和18年頃，ガソリン車は，木炭や薪に切り換えられ，民生用石油は，4万kℓになった。

　昭和18年2月，丸山は，『大日本報徳』に「甘藷の倍額増産を期すべし(1)」を掲載し，長期の戦争を完遂する為の食糧増産に言及した（『大日本報徳』42. 2／S 18. 2／25～26）。この頃，戦争完遂の為，甘藷の飛躍的増産の意識が高まっていた様子が伺える。

　イモ類対策予算額は，昭和19年度1,152.6万円，同20年度8,814.2万円（農林省特産課特産会二十五年記念事業協賛会編　昭和38年，p. 8）と多額のものとなっていた。

　昭和19年7月11日，大本営政府連絡会議は，「燃料確保対策ニ関スル件」を出した。

　昭和19年10月23日，農商省は，「松根油緊急増産対策措置要綱」を決定した。松根油とは，ガソリンでエンジンを動かす際に，ノッキング（異常爆発）が起

第1章　政府等の食糧増産・甘藷増産に関する施策　79

こらない性質の程度を表わす数値であるオクタン価が高い松ヤニ（オクタン価150以上）から作られる油で，高性能オクタン価を得る為にガソリンに混用されたものである。同20年3月16日，「松根油等拡充増産対策措置要綱」が閣議決定され，松根油の「拡充増産対策措置ヲ強行シ以テ国内液体燃料ノ確保増強ヲ図ラントス」るとされた。「所要労務ニ付テハ農山漁村所在労務ヲ動員スル外農業出身工場労務者ノ帰農，農家ノ子弟タル国民学校卒業者ノ確保，中等学校学徒動員ノ強化等ノ方策ヲ講ジ以テ不足労務ノ補塡ヲ図ルコト」とされた。そして，多くの国民が松根を掘った。同年6月26日，「重要物資等ノ緊急疎開ニ関スル件」が閣議決定された。「物的戦力ノ確保」を目途に，「燃料　ガソリン，ベンゾール，重油，マシン油，クレヲソート，タール，松根油等」他多くの重要物資を疎開し，「戦火被害ヲ可及的僅少」にするようにした。

　いつからかは不明であるが，太平洋戦争中，戦闘機の飛行（戦闘機使用の飛行訓練も含む）用のガソリンですら，現実に不足した。その様子を，＜太平洋戦争研究会編　平成12年＞は，以下のように記述している。昭和20年4月1日のアメリカ軍沖縄本島上陸の6日目の同月6日に，不沈戦艦と言われた戦艦「大和」と護衛艦艇9隻が，片道しかない燃料で沖縄特攻に出撃し，同月7日撃沈された事件があった。この無謀な出撃は，負けるとわかっていながら天皇を守る為に足利尊氏の軍勢を迎え撃ち敗れた楠木正成（家紋は菊水）の，いわゆる「楠公（なんこう）精神」を拠り所にした海軍航空隊の「菊水作戦」の一環と考えられ，「一億総特攻の魁（さきがけ）」としての意味もあった。また，その事件の後の頃の，飛行機好きの学生で組織された学鷲血盟特攻隊による天虎基地（琵琶湖畔）での飛行訓練の様子を，教官の平木國夫は，次のように伝えている。ガソリンが不足なので，アルコール燃料を主として訓練したが，エンジンの回転がしばしば急速に低下，停止してしまうことがあった。回転が落ちかけた瞬間を捉え，私が学生に「注射」とどなり，アルコール燃料に少量のガソリンを注射し，出力を回復しなければならなかった。以上の記述によると，戦争末期の飛行訓練では，前述のようなガソリンにアルコール2割ではなく，アルコールに少な

割合のガソリンという状況になっていた可能性がある。

3．戦時農政と，機構改革を中心とした農林省・農商省等の対応

戦況が悪化し，軍需生産の増強が強く叫ばれた頃の昭和18年11月1日，商工省の行政事務中，軍需品生産に関する部門を軍需省として独立させ，残りの部門と農林省とを合体し，農商省とした。この際，農商省の内局として，蚕糸・食品の2局を代え，繊維・生活物資・物価の3局を置いた。同20年3月10日，農商省に若干の手直しを加え，物価局を廃止し，資材・要員の2局を新設した。戦局が破局的になった同年7月8日，農商省の機構の簡素化を行った。本土決戦に備え，「国家総動員法」以上に行政の独断を許す「戦時緊急措置法」を制定した。また，本土決戦に備えて，全国8地区に設置された地方総監部に権限を委譲し，人員を送出する為，各局内部を簡素化した。農商省を「糖業会館」「松坂屋」等に分散し，食糧管理局を「上野精養軒」に移した。

4．政府による様々な対策の流れ

戦中後期には，戦況が悪化し，海上輸送が困難になった。国民食糧確保の絶対的要請のもとに，これまでの南方依存の食糧政策をやめ，主として内地において食糧自給力の飛躍的増強を図らなければならなくなった。その為の政府による様々な対策が，次から次へと出された。河井は，昭和18年2月の第81回帝国議会，同年10月28日の第83回帝国議会，等で，甘藷増産を強く訴えた（第2章—第1節参照）。

昭和18年は，以下の対策が出された。・1月20日，「甘藷馬鈴薯臨時増産指導部顧問会議」開催（河井出席，『河井日記』S18．1．20。前田　平成18年，表29参照）。・6月1日，「決戦態勢確立方策ニ関スル閣議申合セ」。「食糧自給力ノ緊急増加」として，「国民余力ノ活用ニ即応シテ荒配地空地ノ完全利用ヲ計ルコト」が示された。・6月3日，「帝国農会」の「食糧増産指導緊急措置要項」。・6月4日，第1次の「食糧増産応急対策要綱」を閣議決定。米・麦・

イモ類の主要食糧農産物の増産に関する規定計画の他に，イモ類の重点的増産,等の措置。内容は，農業労働補給としての一般市民・学徒・児童の参加，自給肥料の改良増産，「郷土食」の活用，等。・6月22日，「食糧増産応急対策に関する件依命通牒」（樺太庁長官・北海道庁長官・各府県知事宛，内務省国土局長）。河川敷，道路敷，その他の施設関係休閑地を動員し，農耕上の利用を図る件が緊要であると指摘。・7月17日，「食糧増産隊に参加する青年学校生徒の教授及訓練の取扱に関する件」（各地方長官宛，文部省国民教育局長）。学徒等の活用が本格化。・8月16日，「軍人援護強化運動実施大綱」を，次官会議で決定。軍人援護の為の生産増強，食糧増産を述べた。・8月17日，「第2次食糧増産対策要綱」を閣議決定。土地改良事業，空閑地利用による雑穀・イモ類の増産，優良種諸の普及などによるイモ類の画期的増産をはかること，等を規定。・12月28日，「食糧自給態勢強化対策要綱」を閣議決定。画期的な「戦時農業要員」制が登場。農業者の農業継続の義務を負担させ，その離農を統制。・12月，「中央農業会」（昭和18年9月～。第2章―第1節参照）に「食糧増産供出中央本部」を設置。名士を網羅して指導督励に当たることになったのに関連し，農林省の増産指導もこれに合流する方針。その結果，従来の「食糧増産指導中央本部」（「食糧増産技術中央本部」）による技術指導は軽視される状態となり，技術関係者もとまどったと考えられる。

　昭和19年も，以下の対策が出された。・2月，「決戦非常措置要綱」。・5月9日，「食糧増産指導緊急措置要項」の耕種改善に則り，技術指導の徹底を期した。・5月22日，「戦時食糧増産推進本部設置ニ関スル通牒」。

　5月23日，「戦時食糧増産推進本部設置ニ関スル件」を閣議決定した。農商省に「戦時食糧増産推進本部」を設置した。設置は，「食糧確保ノ緊要性ニ鑑ミ食糧増産ノ達成ニ官民ノ総力ヲ結集スル為左ニ依リ中央及地方ニ戦時食糧増産推進本部ヲ設置シ農業関係団体，大政翼賛会及其ノ関係諸団体，翼政会等ノ団体並ニ其ノ他関係官庁及民間有識者ノ参加ヲ得以テ真ニ協力ナル増産推進運動体タラシム」（「戦時食糧増産推進本部設置ニ関スル件」）為であった。中央本部

長は，農商大臣，地方本部長は，地方長官があたった（同上）。「増産推進上中央本部ハ技術指導ノ機動化及畜力動員ノ計画化ニ力ムルト共ニ農業報国聯盟トノ一体的活動ヲ図リ中央本部長指揮ノ下ニ農業報国聯盟ノ結集スル農業労務ノ組織的，機動的運営ヲ為スモノトス」とした（同上）。図8は，「戦時食糧増産推進中央本部」機構要図（大山　昭和22年，pp. 36〜37，より転載）である。

図8　「戦時食糧増産推進中央本部」機構要図

戦時食糧増産推進中央本部長／農業報国推進隊統監 ── 顧問

（大臣）

- 参与
- 地方担当食糧増産推進員
- 農業報国推進隊副統監（農業報国会会長）
  - 都道府県推進隊長（戦時食糧増産推進地方本部長・農業報国会支部長）

（次官）事務局長

- 中央技術指導部　食糧増産技術ノ普及徹底特ニ機動的技術指導ノ企画及其ノ統轄的実施
  - 小平権一博士
  - 農産課長
  - 農政特産畜産耕地課長
  - 農畜関係試験場長
  - 農業関係団体役職員
  - 民間有識経験者
- 食糧増産関係ヲ中心トスル畜力動員諸対策ノ企画
  - 飼料対策協議会　飼料確保諸対策実行上ノ連絡推進
    - 飼料課長
    - 畜産関係団体幹部職員
- 中央畜力動員部　馬政局長官
  - 馬事課長
  - 農務第一課長
  - 馬事課長
  - 業務第一課長
  - 経営畜産経営課長
  - 畜産関係団体幹部職員
- 食糧増産ニ関スル労務動員諸対策ノ企画
  - 食糧増産資材及運送手段ノ確保方ニ関スル諸対策実行上ノ連絡推進
- 中央労務動員部　農政局長
  - 物資動員課長
  - 物資動員資材課長
  - 農業報国会幹部職員
- 資材運輸協議会　総務局長
  - 経営課長
  - 毛利書記官
  - 馬総務課長
  - 物資動員資材課長
  - 資材課長
  - 木材燃料課長
  - 計画課長
  - 施設課長
  - 食総務課長
  - 馬事課長
  - 監理課長
  - 林政課長
  - 計画課長
  - 物資動員資材団体課長
  - 農政各課長

戦時食糧協議会

- 食糧肥料ノ増産確保ノ諸対策実行上ノ連絡推進
- 増産協議会　農政課長
- 戦時食糧協議会顧問参与会議ノ庶務情報宣伝
- 総務室（室長、委員長又ハ部長）（幹事）（構成員）　総務局長　総務課長

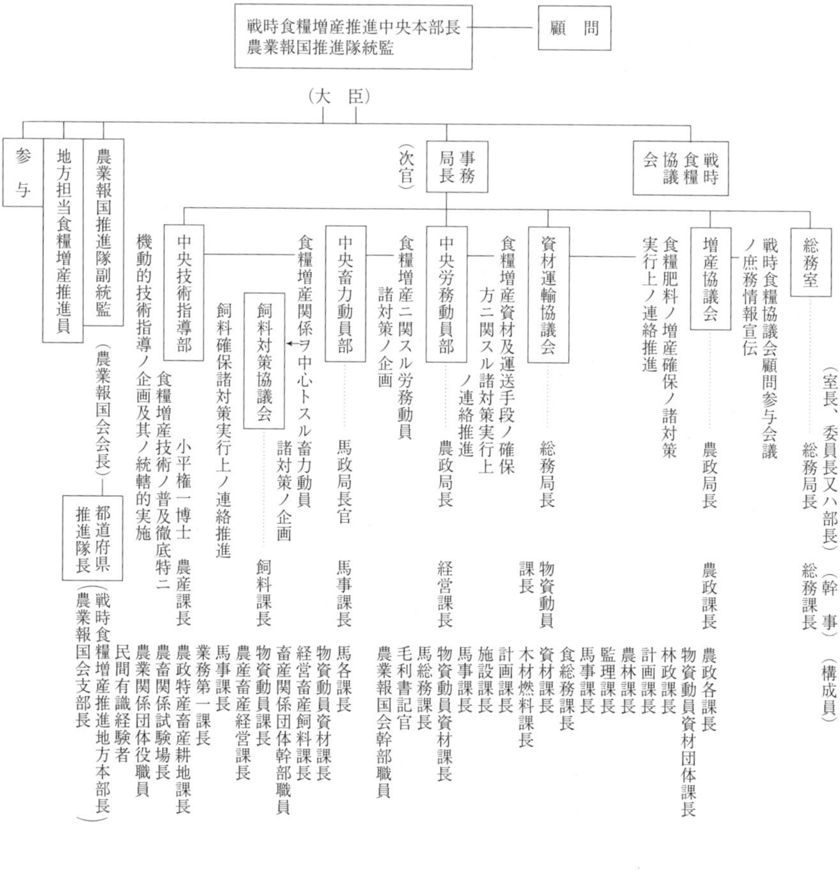

大臣のもとに，「戦時食糧協議会」「事務局長」「農業報国推進隊副統監」「地方担当食糧増産推進員」「参与」が置かれた。「事務局長」のもとに，「総務室」「増産協議会」「資材運輸協議会」「中央労務動員部」「中央畜力動員部」「中央技術指導部」が設置された。「戦時食糧協議会」は，関係各庁関係官をもって組織され，具体的協議事項に即して，定例的に関係委員または幹事のみの混合協議会として招集された。「事務局長」には，農商次官が委嘱された。「中央労務動員部」は，主として中央及び地方の農業報国推進隊組織の活用を中心とする食糧増産労務動員諸対策の企画立案に当たった。「中央畜力動員部」は，主として各級畜力挺身隊組織の活用を中心とする畜力動員諸対策の企画立案に当たった。「中央技術指導部」は，地方庁技術官の他，主として農業会系統組織の活用を中心として，併せて民間篤農家技術等の動員も考慮した食糧増産技術の普及徹底に関する方策及び緊急不時の事態に対処する迅速な機動的技術指導に関する方策の企画立案，並びにこれらの技術指導実施上の効率的統括に当たった。顧問には，井野碩哉（後述表10参照），石黒忠篤，山崎達之輔（同上），伍堂卓雄（後述表9参照），後藤文夫（同上），酒井忠正（同上），千石興太郎（同上），等の河井と近い人々が多かった。河井は，岩瀬亮，加藤完治，田中長茂（前田　平成16年，表4参照），安藤廣太郎，等と共に参与の位置にいた。昭和19年10月23日，農商大臣邸で「食糧増産推進本部参与会議」が開かれ，河井も出席し，西村彰一（前田　平成16年，表4参照—引用者注）農政局長，森口淳三（後述表10参照—引用者注）代議士と要談した（『河井日記』S 19. 10. 23）。

　農商省「戦時食糧増産推進本部」は，増産推進運動体として発展することが構想されたが，既存の「食糧増産技術中央本部」以来の指導体制との関連が整理されず，十分機能したとはいえない状態であった（野田　平成15年，p. 122）。

　9月，政府は「第3次食糧増産対策要綱」を決定し，「土地改良事業補助要綱」を示した。

　12月，農商省農政局は，以下のような「昭和十九年十二月　昭和二十年甘藷，馬鈴薯増産計画概要」（Ⅰ—㉔）を作成した。

「　　　　方　　針
主要食糧及液体燃料ノ飛躍的増強ヲ図ル為藷類ノ画期的増産ノ必成ヲ期シ左ノ要領ニ依リ藷類ノ全国的増産運動ヲ強力ニ展開セントス
　　　　　　　要　　領
一, 本運動ハ戦時食糧増産推進中央本部ニ設置セラルル藷類緊急増産部中心トナリ農業会, 大政翼賛会及其ノ関係諸団体竝ニ翼政会等ノ□加協力ヲ得ルト共ニ戦時食糧増産推進地方本部ト一体トナリ全国的一斉運動トシテ強力ニ之カ展開ヲ図ルモノトス
地方ニ於テハ戦時食糧増産推進地方本部中心トナリ地方ノ事情ニ基キ夫々ノ実施期間及運動目標ヲ設定シ具体的事項ノ推進ヲ図ルモノトス
二, 生産目標
　　甘　　藷　　二十七億貫　／　馬鈴薯　　八億五千萬貫
三, 実施期間及運動目標
　　甘　　藷　　第一期（二月—四月）　／　育苗完遂及未耕地開墾
　　　　　　　　第二期（五月—六月）　／　作付面積確保及適期挿苗
　　　　　　　　第三期（九月—翌年一月）　／　収穫, 供出, 加工ノ完遂
　　馬鈴薯　　　第一期（二月—五月）　／　種薯確保及作付面積確保
　　　　　　　　第二期（六月—九月）　／　収穫, 供出, 加工ノ完遂
四, 実施方法
　（一）増産熱意ノ昂揚ト末端指導ノ徹底
　　　末端指導組織ノ強化ニ即応シ諸類増産ノ緊要性及増産達成上必要ナル技術改善事項ヲ急速ニ最末端迄滲透セシムルト共ニ生産目標完遂ノ熱意ヲ昂揚セシムル為適切ナル施設ヲ講スルコト
　（二）種藷（薯）確保及育苗完遂
　　　⑴種藷（薯）ノ完全貯蔵, 横流ノ防止及食用藷（薯）ノ転用等ニ依リ種藷（薯）ノ確保ヲ図ルコト　／　⑵種藷（薯）ノ温湯浸法其ノ他病害防除ヲ励行セシムルコト　／　⑶米糠, 落葉, 生藁等甘藷育

苗用醸熱材料ヲ確保スルコト ／ (4)甘藷特設育苗圃，馬鈴薯採種保護地ノ拡充ヲ為スコト ／ (5)種藷ノ適期伏込ニ依ル健苗ノ豊富ナル育成ヲ図ラシムルコト

(三) 作付面積ノ確保及適期植付

普通畑ノ作付割当面積ヲ絶対ニ確保スル外甘藷畑ノ開墾，常習旱魃田陸稲ノ甘藷作転換，空荒地利用ノ徹底ニヨリ作付面積ヲ確保スルト共ニ適期植付ヲ徹底的ニ励行セシムルコト

(四) 自給肥料特ニ草木灰ノ施用確保

(五) 輸送ノ確保

甘藷，馬鈴薯及之カ種苗ノ適期優先輸送ノ実施ヲ図ルコト

(六) 収穫，供出，處理，加工ノ完遂

甘藷馬鈴薯ノ増産ニ即応シ計画的供出ノ徹底切干乾燥澱粉等加工ノ増強ヲ図ルコト

(七) 労力ノ確保

藷類ノ増産，収穫輸送，處理加工等ニ要スル労力ニ付努メテ所在労力ノ活用ヲ図ルト共ニ食糧増産隊，学徒国民学校児童等ノ動員ヲ強化シ尚之ニ即応シテ地元受入体制ノ整備ヲ図ラシムルコト

(八) 普及宣伝

宣伝ポスターノ作製配布，新聞雑誌，週報，ラヂオ等ノ利用ヲ図リ趣旨ノ普及徹底ヲ期スルコト

(九) 表彰

藷類ノ増産，供出，處理加工等ニ功績顕著ナル個人，団体等ニ対シ表彰ヲ行フコト」

甘藷増産をする際に利用する土地は，「昭和十九年十一月　昭和二十年甘藷増産計画」農政局特産課（Ⅰ—㊿），では，旱魃水田，空荒地等として空荒地，伐木跡地，工場等建設予定地，河川敷，堤塘，公園焼□場等，砂丘地，飛行場（陸軍），であった。「昭和十九年十二月　昭和二十年甘藷，馬鈴薯増産計画概

要」農商省農政局（Ⅰ—㉞），では，普通畑，第三次土地改良ニヨル開畑，十九年度土地改良ニヨル開畑，営団ノ分（既耕未入植地　借地開墾地），荒蕪地伐木跡地開畑，空地，旱魃水田，軍用地等開墾，其ノ他開墾，であった。旱魃に見舞われた水田，河川敷，堤塘，砂丘地，等多くの作物にとって条件がよくない場所，飛行場（陸軍），軍用地等開墾，という軍に関した場所も，積極的に利用した。

　昭和20年も，以下の対策が出された。・1月5日，農商省，丸山他31名の「大社」講師（等か—引用者注）に「戦時食糧増産推進中央本部事務取扱」を嘱託。・1月12日，「緊急施策措置要綱」を閣議決定。「差当リ実行スベキ重点施策」（全5）として，「食糧ノ飛躍的増産ト自給態勢ノ強化」「勤労態勢ノ強化ト国民皆働動員」。・1月25日，「決戦非常措置要綱」を閣議決定。「国力並戦力造成上ノ基本方針」に則って，「液体燃料ノ急速増産」「海陸輸送力ノ維持増強」「生産防空態勢ノ徹底的強化」「食糧ノ増産」「航揮ノ急速還送」「自給不能ナル南方資源ノ急速還送」を示した。・1月30日，「諸類増産対策要綱」を閣議決定。「主要食糧及液体燃料確保に関する甘藷，馬鈴薯の緊要性に鑑み，昭和二十年度に於てこれが飛躍的な増産を図るため左の施設を強力に推進する」方針で，「戦時食糧増産推進中央本部」に「諸類緊急増産部」を設置。・2月5日，「戦時食糧増産推進中央本部」，丸山に「戦時食糧増産推進中央本部事務取扱」を嘱託（丸山他31名の「大社」農事講師に対しても同様）（『河井手帳』S20.2.7）。・2月，農商省は，「諸類増産運動要綱」を制定。・2月，「甘藷緊急増産責任指導員」を19,445人設置。・昭和20年中，増産技術浸透施設として専任嘱託員を設置，彼らが都道府県のイモ類増産の巡回督励。・5月18日，「戦時食糧増産推進本部改組ニ関スル件」が閣議決定。「戦時食糧増産推進本部」を改組強化して「戦時食糧増産本部」にし，戦時農業実践の統制徹底を図ろうとした。・7月8日，「戦時食糧増産本部設置ニ関スル通牒」が出され，この日に農商省に「戦時食糧増産本部」を設置。さらに，「戦時食糧増産本部実施要領」により，「地方及都道府県戦時食糧増産本部ノ設置」を急速に完了。

ただし，「戦時食糧増産本部」は，活動をほとんどしないままに終戦。

5．食糧増産・食糧確保
(1) 制度を整えることによる食糧増産・食糧確保
① 農地政策
ア．土地改良政策

　前述の食糧自給力の飛躍的増強の為には，各種の食糧増産政策を必要としたが，中でも土地改良事業は，極めて重要であった。前述の10か年間という長期にわたる農地の拡張改良政策では，切迫した食糧問題を乗り切れなくなった。政府は，第1次の「食糧増産応急対策要綱」(昭和18年6月4日)，「第2次食糧増産対策要綱」(同年8月17日)，「第3次食糧増産対策要綱」(同19年9月)を継続して閣議決定し，農地の拡張改良を徹底した。

　ここで，以下に近年の研究を使用して，戦中後期とその前後における耕地面積，作付面積をみてみよう。耕地面積は，昭和13年にピーク (619万町歩)，昭和20年にボトム (579万町歩。沖縄を含めて 585万町歩) で，昭和20年までの8年間で35万町歩減少 (昭和17年～同20年の3年間で28万町歩減少) した。作付面積の延べ面積は，昭和17年までは曲折はあるものの幾分増加したが，同21年にかけて160万町歩も減少した。作付面積の延べ面積は，昭和9年～同11年度平均を100とすると，主要食糧作物である米・麦・野菜は，同18年～同20年に減少をはじめるものの，同21・22年のボトムの指数は，88・91・93にとどまっていた (以上，清水　平成6年，pp. 345～346)。甘藷の作付面積は，1930 (昭和5―引用者注) 年代後半から増加傾向に転じ，昭和16年～同19年にほぼ32万町歩水準で横這いの後，同20年には敗戦に前後して急増した (加瀬　平成7年，p. 287)。この急増は，前述の代替食糧としての甘藷の重視等によるものと思われる。

イ．農地統制政策
　食糧増産に寄与する点からみて，生産の母体である農地を確保し，単位面積

当たりの収量を増大する為に，兼業農家よりも専業農家，小作農家よりも自作農家，惰農家よりも精農家により，生産能率をよくすることが重要であった。

昭和19年3月25日，「臨時農地等管理令」を改正して公布し，農地の移動制限を行った。

ウ．農地の耕作管理

昭和19年1月30日，「臨時農地等管理令」第8条の解釈を広め，農地の耕作管理をする旨，農商次官名をもって地方長官に通牒した。その内容の要約は，以下である。昭和16年2月1日制定・施行の「臨時農地等管理令」第8条および第9条の運用については，単に耕作廃止地等休閑地を解消し，これ等土地を食糧生産に活用するに止まらず，食糧増産上特に必要ありと認める時は，耕作農地の生産力の発揮を怠るような農家についても，地元農村の実情に即し，市町村農地委員会をしてその農地の耕作等に関し勧告させ，必要ある場合は，その農地の生産力を十分に発揮できるものにこれを耕作させるよう措置する等，地元関係機関を指導督励し，これが積極的な運用を図り，生産増強に遺憾なからしむ。

すなわち，政府が，徹底した農地の耕作管理を行うことにした。

② 生産条件の補強

ア．農業労働力

前述の農業労働力の質的低下への対応，前述の内地における食糧自給力の飛躍的増強の為に，生産に要する農業労働力について大きな再検討が必要となった。昭和18年頃から，生産農家以外の多くの人々への本格的な農業労働力政策が行われた。

昭和18年6月4日，第1次の「食糧増産応急対策要綱」を閣議決定した。これにより，以下のことを示した。（一）農村の附近都市特に地方の町等より青少年，一般市町民等の労力を大政翼賛会諸団体を中心とする自発的な国民運動とし，適当な勤労報国隊として動員し，地元農村の要請に応ぜしむること。（二）一般学徒就中農学校生徒の動員は，極力之を実施することゝし，専門学

校以上の学徒に付ても積極的に之を行うこと。(三)地方の実情に即し農村青少年等を以て食糧増産隊を編成し、随時随處に出勤し、農耕または開墾に従事せしむること。尚農村国民学校児童に付更に適正な措置を講ずること。

以後の昭和18年にも、以下の多くのことが行われた。・6月25日、「学徒戦時動員体制確立要綱」を閣議決定。・7月17日、「食糧増産隊に参加する青年学校生徒の教授及訓練の取扱に関する件」(各地方長官宛、文部省国民教育局長)。学徒等の活用本格化。・7月30日、女子学徒動員が決定。・9月23日、閣議は、国内必勝勤労対策を決定(17職種に男子就業を禁止し、25歳未満の未婚女子を「勤労挺身隊」に動員)。・9月23日、台湾に徴兵制実施を閣議決定。・9月25日、「第二次食糧増産対策並今秋農繁期ニ於ケル学徒勤労動員ニ関スル件」(各地方長官宛、文部次官・農林次官)(藷類の画期的増産等に関して学徒を農業労務へ動員強化)。・12月、「食糧自給態勢強化対策要綱」を閣議決定(農業者の農業継続の義務を負担せしめ、その離農を統制)。・12月以降、大学・高等専門学校在学生の徴兵適齢者を軍に招集する「学徒出陣」。・12月28日、「食糧自給態勢強化対策要綱」を閣議決定(画期的な「戦時農業要員」制が登場。農業者の農業継続の義務を負担させ、その離農を統制。また、「食糧増産班」の編成を指摘。

昭和19年に入り、いわゆる「本土決戦」に備えて、在郷軍人の訓練が急激に増加した。軍隊自身が、配給食糧の不足を補う為に自給農場を作り、大量の「戦時農業要員」が使用された。また、松根油生産にも、一般市民・農民が動員された。また、九州や関東の海岸地帯では、上陸連合軍に備えて防御陣地を築く為、大量の「戦時農業要員」が徴用された。

昭和19年2月5日、農商省は、「食糧増産隊要綱」を公表した。この趣旨は、「戦時下食糧自給の絶対的要請に応ずると共に、皇国農村の剛健なる後継者を養成する目的を以て、将来農業を営むべき農村青少年を隊組織に編成し、教育訓練を実施すると共に、農村の要請に即応して随時随處に出勤し農耕、土地改良等に挺身せしめ、以て食糧増産に寄与せしめんとす」であった。この要綱に

より，ア.「甲種食糧増産隊」とイ.「乙種食糧増産隊」を組織した。アは，都道府県を単位とし，満14歳以上19歳以下の男子農家の後継者および心身健全にして集団勤労に耐えられる者をもって編成した。総員数は3万人，動員期間は1か年と定められた。これらの者は，隊編成とし，都道府県修錬農場その他において幹部の訓練を受けた後，都道府県内地各地に出勤し，食糧増産上最も緊急な農耕，土地改良等の集団作業に従事し，一定の経費が給与された。イは，市町村を単位として，農業に留むべき国民学校終了の男女および女子にして，原則として修了後2年以内の者にして，心身健全にして集団勤労に耐えられる者をもって編成した。動員期間は1か年，集団訓練を行い，原則として3か月程度食糧増産作業に従事させた。その後，「食糧増産隊」については研究が重ねられ，改正補充され，同年10月13日，関係方面へ通牒公表された。

　昭和19年には，上記以外にも以下のことが行われた。・1月18日，「緊急学徒勤労動員方策要綱」「緊急国民勤労動員方策要綱」を閣議決定。・2月25日，文部省は，食糧増産に学徒500万人の動員を決定。・3月6日，茨城県「内原訓練所」で食糧増産隊幹部錬成所の開所式開催。・3月7日，「食糧増産班ノ編成並ニ運営ニ関スル通牒」。・3月29日，中等学校生徒の勤労動員大綱を決定。・5月，「大政翼賛会」は，「農繁期国民皆働運動要綱」を発表し，子供も老人も働きうる者は，「延農」の名により全て動員する計画を立て，軍需工場労働者の一時帰農，「学徒勤労報国隊」の全面的出動を計画・実施。・5月23日，農商省内に「戦時食糧増産推進本部」を設置し，労働力の一層の動員，電動機等による生産手段の供給の増加，等を実施（しかし，海外からの食糧供給が減少。また，国内食糧生産も，米麦はじめ減少傾向）。・8月，農商省は，「農業労力非常対策要綱案」を決定。・8月23日，「学徒勤労令」「女子挺身勤労令」を公布施行（広く地域社会から募集した「女子勤労挺身隊」が活動）。・10月23日，農商省は，「松根油緊急増産対策措置要綱」を決定。・11月1日，「大日本青少年団」，どんぐり採集。

　昭和20年3月23日，「国民義勇隊組織ニ関スル件」を閣議決定した。「目的」

は,「隊員各自ヲシテ旺盛ナル皇国護持ノ精神ノ下其ノ職任ヲ完遂セシメツツ戦局ノ要請ニ応ジ左ノ如キ業務ニ出勤スル」であった。業務とは,「(一) 防空及防衛,空襲被害ノ復旧,都市及工場ノ疎開重要物資ノ輸送,食糧増産(林業ヲ含ム)等ニ関スル工事又ハ作業ニシテ臨時緊急ヲ要スルモノ／(二) 陣地構築,兵器爆薬糧秣ノ補給輸送等陸海軍部隊ノ作戦行動ニ対スル補助／(三) 防空,水火消防其ノ他ノ警防活動ニ対スル補助」であった。学徒も,別に定めた「学徒隊」の組織の業務の他に,「国民義勇隊」の業務として出動するしくみになっていた。また,「国民義勇隊ニ参加セシムベキ者」は,「老幼者,病弱者妊産婦等ヲ除」き,「可及的広汎ニ包含セシムルモノ」とされた。なお,同年8月21日,「国民義勇隊ノ解散ニ関スル件」の閣議決定により,「国民義勇隊」は解散した。

　昭和20年には,上記以外にも以下のことが行われた。・2月の農商省「諸類増産運動要綱」により,「食糧増産隊」,学徒を使用。・3月2日,農商省は,幽霊人口を約100万人と推定。・3月6日,「国民勤労動員令」公布。・3月16日,「松根油等拡充増産対策措置要綱」を閣議決定,多くの国民が松根を掘る(前述)。・3月18日,学校授業1年間停止(国民学校初等科を除く)を閣議決定。・3月30日,「都市疎開者ノ就農ニ関スル緊急措置要綱」を閣議決定。大都市から疎開で農村に受入れた者に帰農・就農の措置を講じた。都市疎開者で就農した者は,学徒,「食糧増産隊」,青少年団等と協力。「諸薯類,雑穀,必需蔬菜ノ作付及養鶏養兎等」「各種農作業,製炭,松根油生産等ニ応援」他,多数の作業。「婦女子」も含んだ。・4月,「緊急主要食糧等確保労務対策実施要領」,5月,「緊急主要食糧等確保労務対策ニ関スル件」,6月,「工場従業者ノ帰農等ニ関スル件」が出され,帰農方策を実施。・5月,「農業ニ関スル学徒勤労ノ強化刷新ニ関スル件」。・「イモ類増産推進隊」(青壮年を中心としたイモ類増産の中核体)を組織,千葉県八街をはじめ数か所で,生産技術の講習・訓練。

　「大政翼賛会」(昭和15年10月12日～。第2章参照)は,全国の農村で,女性や

子供を大動員して松根を掘らせた。一般には,飛行機のガソリンを作る為と説明されたようである。また,「翼賛壮年団」(昭和17年1月16日～。第2章参照)も,甘藷栽培法(「丸山式」甘藷栽培法を含む)を「翼壮植え」と呼びつつ指導した。人的労力の確保として,朝鮮人・中国人労働者の強制連行に基づく不払い労働もあったようである。多くの人的労力は,甘藷栽培,松根油・ひま油の採取,甘藷掘り,等をし,事実上,戦争遂行の国策協力と無関係ではいられなかった。学徒動員(「食料生産」)数は,文部省資料によると,昭和19年10月時点で86万6,000人,同20年2月時点で101万5,000人,同20年7月時点で112万6,000人(アメリカ合衆国戦略爆撃調査団　昭和25年,p.64・177)にのぼった。

イ．作付統制改善

　昭和18年8月17日,「第2次食糧増産対策要綱」を閣議決定し,「花卉等不急作物の作付を抑制するとともに,農業上の立地條件其の他を勘案し陸稲の甘藷への転換,桑園(改植の施設を伴う),果樹園,煙草作付地等には食糧生産への転換活用を促進」し,「必要な助成等の措置を講ずる」こととした。助成により,陸稲の甘藷への作付転換がなされた。

　昭和19年7月15日,「農地作付統制規則」の改正がなされた。

ウ．主要食糧価格の統制

　いも類の価格の統制については,困難が多く複雑になった。いも類の価格の統制の一端は,＜農林大臣官房総務課　昭和32年,pp.567～578＞を参照されたい。

エ．自作農増強

　食糧増産に寄与する点からみて,小作農よりも,自作農の方が優れていた。大正15年,政府は「自作農創設維持補助規則」を制定し,資金の貸し付けもしくは助成をする「自作農創設維持施設」を設けてきていた。昭和18年より,政府は,皇国農村確立対策の一環として,自作農創設維持事業の画期的拡充(事業機関の拡充,事業範囲の拡張)をした。

第 1 章　政府等の食糧増産・甘藷増産に関する施策　93

オ．その他

　戦時農業の協同化の奨励，等を行った。

　朝鮮，台湾，満州に関しては，昭和18年 9 月22日，内閣が，「日満を通ずる食糧の絶対的自給態勢の確立」（昭和19米穀年度を外米なしで行うこと）を発表し，日満食糧自給態勢政策をとった。同年12月末，「日満食糧需給ニ関スル措置要綱」を閣議決定した。内地，朝鮮，台湾，満州を通じて食糧確保を図ることを目途とした。

(2)　技術を高めることによる食糧増産・食糧確保

　ここでは，甘藷に限って，技術を高めることによる食糧増産・食糧確保をみてみよう。

ア．地方農事試験場の刷新

　昭和18年 8 月17日の「第 2 次食糧増産対策要綱」に，「各都道府県ノ農事試験場ハ実際ノ技術指導機関タル如ク措置シ篤農家等ヲ参与セシメ各地方ノ立地條件ニ即シタル基礎的試験研究調査ニ付テハ中央農事試験場ノ機構ヲ拡充スル等適当ナル方途ヲ講ズルコト」と定められ，宮城，愛媛，熊本県では，農事試験場を農事指導所（場）と改めた。また，同年10月15日付で，農林次官が，都道府県立農事試験場の運営に関して通牒を発した。この中で，従来の農事試験場は，肥料労力等の制限がない前提に実施されたものが多く，現在の生産條件で最大の収穫を挙げる点について近年研究業績の見るべきもの鮮くないが，応用的試験を急速に実行することが極めて肝要とした。これらより，政府は，都道府県立農事試験場に対して，ア．実質的な技術指導ができることの要望，イ．篤農家等に参加させ，技術を高めさせようとしたこと，ウ．生産條件の応用的試験を急いで行うよう促したこと，をしたことがわかる。

　しかし，甘藷栽培法に関しては，農事試験場・農事指導所（場）と，行政マンではない技術指導者（篤農家も含む）との間で，見解の相違が生じることがしばしばあった。

イ．育種，栽培，病虫害，貯蔵，等の為の事業・研究

年別にみると，政府は，次のような様々な事業・研究を行った。

（昭和18年）

・農林省，生産目標を甘藷17億6千万貫，馬鈴諸7億8千万貫とする。

・甘藷加工施設補助金交付。

・甘藷・馬鈴薯地方試験30県にて再開。

（昭和19年）

・甘藷農林3号，甘藷農林4号育成。

・甘藷新品種特殊採種事業により，温床育苗による苗確保助成（昭和21年まで）。

・甘藷販売苗規格引上事業。

・甘藷販売苗規格引上奨励金交付され，販売苗検査実施。

・甘藷特設育苗圃設置（昭和20年まで）。

・沖縄県の甘藷交配事業を，鹿児島県指宿に移転。

・甘藷の採種責任団体の指定（昭和21年まで）。

（昭和20年）

・旱魃田甘藷作付奨励事業。

・旱魃田甘藷作付奨励金交付開始。

・地方試験46県となる。

・甘藷農林5号，甘藷農林6号育成。

研究成果が出されたが，貯蔵については，例えば，以下がある。『昭和十八年九月　甘藷貯蔵指針』兵庫県。

ウ．文書による知識・技術の普及

まず，農林省は，技術的甘藷増産に関する記事を，多数『農林時報』に掲載（例．昭和18年6月1日，農事試験場技師の戸苅義次「甘藷苗の植付と管理」）し，知識・技術の普及を図った。次に，Ⅰ―(61)(62)にあるように，昭和19年頃には，いくつかの県で，甘藷耕種改善規準を発表し改善後の規準を示した。次に，昭

和19年11月,「農業技術協会」「中央農業会」は,次の問題意識のもとに,24の引用文献を使用して,『昭和十九年十一月　甘藷馬鈴薯試験成績要録』(Ⅰ—㊾)を出版した。甘藷は,「比較的歴史ノ新シイ作物」で「試験研究モ稲麦等ニ比スレハ甚ダ尠イ憾ガアル」が,「最近ノ進歩モ急速」で,「試験調査ノ成績ヲ蒐メ」ることは無意味でない。「試験成績ヲ帰納シテ栽培上ノ法則ヲ見出ス」のではなく,「現実ノ問題トシテ具体的事例ヲ挙ゲル」目的で編纂した。

エ．生産目標の設定による技術向上への努力（前述）

オ．技術をもった人的資源の活用

　昭和18年7月23日,農林省は,丸山に,「甘藷馬鈴藷研究委員会委員」を嘱託した（以後の「大社」増産講師〈第2章—第1節参照〉の活用は,第2章—第2節参照）。同20年,増産技術浸透施設として専任嘱託員が設置され,都道府県のイモ類増産の巡回督励がなされた。同年2月,「甘藷緊急増産専任指導員」19,445人が選ばれた。同年,「イモ類増産推進隊」（青壮年を中心としたイモ類増産の中核体）が組織され,以後千葉県八街をはじめ数か所で,生産技術の講習・訓練が行われた。

　(3)　精神を統一することによる食糧増産・食糧確保

① 運動

　昭和18年1月9日,供米運動が,全県下で展開した。同19年5月,「大政翼賛会」が,「農繁期国民皆働運動要綱」を発表し,農繁期の援農の運動を起こした。同20年2月,農商省は,「藷類増産運動要綱」を制定し,藷類増産運動を押し進めた。

② 学徒動員（学徒勤労動員）

　前述の,昭和18年6月4日,同年9月25日,等の食糧増産への学徒動員の対策は,国民全体の士気の高揚に大きな影響をもたらしたと考えられる。

③ ラジオ放送等の利用,中止

　食糧増産の士気を高める為,ラジオ放送等が利用された。例えば,昭和18年8月21日,石井英之助（第2章—第1節参照—引用者注）農政局長は,「第二

次食糧増産対策」を放送した（『時報』18．9．15／1～4）。また，士気を低めるラジオ放送等を中止した。例えば，昭和18年7月1日，経済市況の放送を中止した。

④ ぜいたくの禁止

昭和19年3月5日，警視庁は，高級料理店・待合・バーなどを閉鎖させた。

⑤ 表彰

昭和19年5月1日，「農商功績者表彰規定」が制定された。これにより，甘藷（やそれ以外）に関する農商功績者が多数表彰された。その他，都道府県・市町村レベルでも，多くの表彰がなされた。

6．生鮮食糧政策

主要食糧（米穀）は，昭和16年4月から配給制度が行われ，一般消費者（6大都市）に対する基準配給数量は，1人1日当たり平均2合3勺とされた。しかし，その他の食糧，主として生鮮食糧は，戦争の進展と共にその供給量が漸次減少し，特に昭和19年に入ってからの供給量の減少が甚だしく，人々の空腹感につながるなど問題が生じた。

昭和19年4月14日，「生鮮食料品の出荷配給機構の整備強化に関する件」が閣議決定された。空地として，宅地，庭園，公園，運動場，学校校庭，工場周辺空地，空荒地，堤防，材木伐採跡地，競馬場，ゴルフ場，道路側等を利用させた。栽培すべき作物の種類は，市街地では，甘藷，南瓜，蔬菜等を主とし，農村では，大豆，蕎麦，玉蜀黍，稗，粟，鳩麦等の雑穀，南瓜，甘藷，里芋等の他に，胡麻等の油脂作物を主とした。

甘藷が，生鮮食糧として，人々の空腹感をとりあえず解消する役割をしていた様子が伺える。

7．「総合配給」とその矛盾

昭和18年から「総合配給」制度のもと，甘藷・馬鈴薯が代替食糧として配給

された。同19年4月，野菜類，魚介類，調味料など食糧・食料品の配給を集合し，各配給業者の共同経営による同一配給所において一括配給する「総合配給所」の制度を閣議決定した。

しかし，「総合配給」といっても結局，「代用食」「混食」であった。「総合配給」の観念の根本は，配給基準量すなわち配給重量の維持であり，基準重量だけを配給すれば，配給する側の一応の責任は終わっているかのような機械的な考え方が支配していた（木原芳次郎・谷達雄　昭和22年，p. 103），という見方もある。「総合配給」は，質的にも量的にも食糧の大きな低下となったと考えられ，食糧危機の時期を過ごした多くの人々に，負のイメージの記憶として残ったと思われる。例えば，「ただ腹を膨らませるだけの不味くて大きい甘藷を食べさせられた」「配給した人の顔が嫌いな甘藷・馬鈴薯と似て見えた」等の記憶を多く聞く（筆者の聞き取り等より）。

8．特に甘藷の集荷・配給

昭和18年，「藷類配給統制規則」の一部改正により，統制品目の追加，統制方式の計画化を図るとともに，生産の供出完了後の当該市町村外への自由販売が認められた。昭和19年頃より，甘藷の統制強化の時期に入っていった。昭和19年，「日本甘藷馬鈴薯株式会社」を「日本藷類統制株式会社」と社名変更した。

昭和19年4月，閣議決定により，「藷類配給統制規則」の統制運用方針が強化された。この規則により，供出割当量全量を政府買いあげとした。また，生藷類及び業者加工の藷類を「日本藷類統制株式会社」が，生産者加工の藷類を「全国農業経済会」が取り扱うことになり，統制機関が2本立となった。

同年4月以降は，米麦と同様に，甘藷は"食糧営団を通じての配給制"に入った。

同年10月には，「藷類配給統制規則」から「食糧管理法」へと切り替えられて，甘藷の"主要食糧としての統制"が強化され，米麦と同様の最強度の統

制対象の地位をもたされた。そして，戦後の混乱した窮迫期まで，主要食糧としての地位を保った。

同月，「藷類配給統制規則」を廃止した。同月，従来統制機関であった「日本藷類統制株式会社」を政府の代行機関とし，19年度の供出には「先買制度」を実施し，次いで20年産の甘藷・馬鈴薯についてもこれを全国的に実施した。

同年12月，「統制会社令」により，「日本澱粉株式会社」と「日本澱粉工業組合連合会」とが合併し，澱粉の生産と配給を行う「日本澱粉統制会社」が設立された。

9．集荷・配給以前の問題 ― ヤミ ―

全国農業会編集（昭和23年）『農村闇価格に関する調査　昭和18年7月―昭和22年12月』（全国農業会）（Ⅰ―㊸）の「例言」によると，昭和18年上半期までは「物価は強保合の状態を保つ」が，同18年下半期に入ると「輸送力の低下と物資の偏在に依る不足が次第に表面化」し「配給制度及取締の強化」にもかかわらず，「買出人が直接農村へ出入して農村価格事情は変化し異例の取引が行なわれ」た。「全国農業会」は，昭和18年7月から闇価格形成の推移を9県45村で調査した。しかし，「戦時中闇価格を公表することは政府の統制経済政策の遂行に支障を来すことを理由」に「一般に公表することを中止」されていた。これによると，ヤミは政府の主要食糧集荷・配給の対策を無力化する集荷・配給以前の大きな問題であり，公表したら支障を来すということで，政府も苦慮していた様子が伺える。ヤミは，しばしば議会でも問題になった。なお，この調査に表れたヤミ価格は，9県45村のものであり，都市の実際のヤミ価格は，より高かったと思われる。

法政大学大原社会問題研究所編著（昭和39年）『日本労働年鑑　特集版　太平洋戦争下の労働者状態』第5編（東洋経済新報社）より，ヤミの状況を時間を追って示すと，次のようであった。①消費者資料のヤミ取り引き，すなわち統制価格以上の高値による売買は，太平洋戦争前における物価統制の実施

(例．野菜，果物類は，昭和15年8月，同16年7月に2回の統制価格の設定）とともに始まった。②同18年に入ると，ヤミ取り引きは一層増大。野菜や魚の生鮮食料品を始めとし，副食品，日用品などの配給不足は激しくなり，野菜や諸類の都市近郊農村への買出しが増大。また，この頃からヤミブローカーを専業とする者が増大し，ヤミ市場も本格化。③東京では，同年9月に入ると，野菜の買出しが増大し，船橋方面へは，9月12日が1万人（60％が児童），松戸方面へは6千人で，馬鈴薯や甘藷は，公定価格の3〜4倍で取引き。④ヤミ価格は，同19年において急速に騰貴し，その範囲も普遍化。⑤同20年に入ると，物価・配給統制は完全に崩壊し，ヤミ価格は米を始めとする主食品，味噌，醤油，食用油，砂糖などの調味料，繊維製品，石けん，マッチ，木炭などの日用品類が大幅に騰貴。

10．食糧消費規制・食糧形態工夫

戦中後期には，食糧消費規制・食糧形態工夫がなされた。本土空襲による防空壕での生活，本土決戦の覚悟，等様々な状況からの要請もあったと考えられる。

(1) 食糧消費規制

昭和20年7月11日，主食配給の1割減（2合1勺）を実施した（6大消費地では8月11日から）。2合1勺ベースとは，297グラム，1,042カロリーで，当時栄養学者などが考えていた最低必要カロリーの約65％であった。

(2) 食糧形態工夫

以下の食糧形態工夫がなされたものが出た。ア．食用切干甘藷：昭和18年7月，「諸類の統制機構及び価格改訂要綱」が制定され，食用切干甘藷が本格的に登場。イ．澱粉：澱粉を，主要食糧として総合配給。ウ．未利用食糧資源。エ．粉食。オ．どんぐり。カ．すりこみ澱粉。キ．冠水甘藷：冠水甘藷（水をかぶった甘藷）の自由販売許可。ク．甘藷茎葉：甘藷茎葉の食用化の推進（例：昭和18年7月，社団法人「農村工業協会」が，『甘藷の葉及葉柄の食用化

＝戦時食糧対策の一環＝』（Ⅰ—⑥⓪）を出版し，「甘藷葉の利点」（傍点は省略—引用者注）として，「一．生産額の多量なること／二．採集容易なること／三．栄養価値に富むこと／四．食味良き事／五．主食にも蔬菜にも代用出来る事／六．加工容易なる事／七．副産物は夫々利用の途ある事」を指摘）。ただし，いわゆる「いもづる問題」（農家が，甘藷葉の良い所を取りいもづるばかりを供出し，一般に出回るのがいもづるばかりになる問題）が生じた。

11．諸類等の混食の状況

法政大学大原社会問題研究所編著（昭和39年）『日本労働年鑑　特集版　太平洋戦争下の労働者状態』第5編（東洋経済新報社）より，諸類等の「混食」の状況を時間を追って示すと，次のようであった。① 昭和18年6月，馬鈴薯を米 180グラムと差引きで1キロ配給。② 同年8月，満州産の大豆を米に混ぜて配給。混合割合は，大豆10％，外米20％，稿米20％，内地米50％。③ 同年秋，甘藷の収穫期から，甘藷を米と差引きで配給。主要食糧の総合配給制が一段と強化され，雑穀混入率は増大。④ 同年冬から昭和19年度にかけての雑穀配給は，生甘藷が12月〜翌年2月，切干甘藷が3月〜4月頃まで，馬鈴薯が6月〜7月頃，麦が7月〜8月。この間，大豆を中心として高粱や玉蜀黍などの満州雑穀を混合。⑤ 同19年に入ると，撃沈される船舶が急速に増大し，南方占領地からの外米輸入はほとんど不可能。配給食糧の中心は，国内産の米，麦，甘藷類，満州雑穀に移っていった。⑥「代用食」全体の混合率については，昭和18年度には10％〜20％程度だったものが，同19年度には30％〜40％以上に増加。特に，大消費地に混合率が高かった。⑦ 同19年に入ると，食糧事情は極度に窮迫化。政府は，甘藷の大増産計画をたてるとともに，いもづる，どんぐりなど未利用資源の食糧化を画策し，粉食の普及・徹底に乗り出した。⑧ 同年2月には，小麦粉，諸類，大豆，高粱，玉蜀黍などの混合割合が増加。東京都では，同年7月頃になると，実際の混合率は，70％以上。この頃，カテめし，ひえ，ソバなどをこねた焼餅などの「郷土食」，或いはいもづる，桑の葉，

ヨモギ，どんぐり，南瓜のつる，木材くずなどを材料とする粉食，モミガラ食など，雑食総動員計画がたてられた。

12. 甘藷を含めた食糧増産・食糧確保，食糧集荷・配給，食糧消費規制の末期的な状況

昭和20年7月10日，「国内戦場化に伴う食糧対策に関する件」を閣議決定した。これと，筆者の聞き取り等より，末期的な状況は，次のようであったと思われる。① 国内が戦場となることを考えつつ（時には，死を覚悟しつつ），農村「国民義勇隊」員は，食糧の確保を図らねばならなかった。作業中に命を落とした隊員に対して，慰霊碑が多数（特に，広島県には，昭和20年8月6日の原爆で被爆し亡くなった隊員の慰霊碑が多数）建立されている。甘藷増産作業中の隊員もいたかもしれない。② 食糧の管理は自給を前提としなければならなかった。食えなくても，しかたない覚悟がいたと思われる。③ 漁業者は，船に大砲をつけて漁をするという危険な状態であった（例．静岡県焼津の漁業者）。④ 地域格差はあったが，栄養など問題にすることすら難しい所もあった。

第3節 戦　後

1．終戦以降から昭和21年末頃まで

(1)　食糧に関する大きな問題の噴出

昭和20年8月15日の太平洋戦争終結後には，以下のような食糧に関する大きな問題が噴出した。

① 食糧補給地の喪失と人口増加

　戦中，米の不足高は，外地の朝鮮・台湾からの移入で補うまたは補おうとすることを一般とした。また，満州から直接，蛋白資源の大豆を輸入し，雑穀を朝鮮に輸出することにより，朝鮮からの移入米増大を図っていた。しかし，敗戦によりこれら食糧補給地を全て喪失した。さらに，これらの地方，樺太，沖縄，外国に居住していた日本人の大部分が帰国（引き揚げ）した。内地にいた朝鮮人・中国人等の多くも帰国したが，その数は相対的に少なかった。敗戦前の昭和20年5月から敗戦後の同年12月までの半年ほどの間に，男子214万人，女子175万人，男女計389万人が増加した（清水　平成6年，p. 348）。

② 近年稀に見る凶作

　昭和21年は，近年稀に見る凶作であった。原因は，主に，天候不順，肥料不足，稲作作付面積の減少，であった。

③ 農民からの食糧供出の不振

　昭和21年は，農民からの食糧供出が不振であった。原因は，以下等が考えられる。末端供出割当の不公平への不満。戦中の政府および食糧関係機関の行動に対する不信・不満。米価安による横流しの増加。農家の必需物資獲得に対する交換物資の強要への不満。凶作に対する農民の食糧不安。軍用米や軍需保有米の乱雑な処分。インフレーションの激化等によるヤミ取り引きの増加。農民自身の自覚不足。

④ 国民の食糧に対する不満

　昭和20年11月，餓死対策国民大会が，日比谷公園で開催された。また，同21

年5月12日、世田谷区「米ヨコセ」区民大会デモが行われ、赤旗が初めて坂下門をくぐった。同月19日、食糧メーデー（飯米獲得人民大会）が開催された。

(2) 戦後の農政の大きな変化

終戦直後の昭和20年8月26日、農商、軍需両省を、農林、商工両省に再編した。

戦後農政の主要課題は、食糧の確保と農村の民主化であった。どちらにも、GHQが大きく関わった。

戦後は、毎年、毎年の食糧確保がどのようになるのか、簡単にわからない問題状況にあり、政府もその問題の克服に懸命になった。ここで、食糧確保に関して、昭和21年末の先まで述べておくと、昭和21・22年の食糧確保の困難な時期を経て、同23年に供出が順調に進み（輸入食糧も前年より増加）、同23年度に、ようやく遅配・欠配なしとなった。

(3) 米の生産・確保の年別状況

20年産米は未曾有の凶作で、輸入食糧も途絶した。この年政府は、屑米、20年産麦類、雑穀、切干甘藷を無制限に、生いもと未利用食資源（いもづる・どんぐりなど）を一定限度米に代替させる総合供出制を採用した。

昭和21年度は、2合1勺ベースの配給基準量がそのまま継続され、それでも遅配、欠配が全国的に続出し、危機的な状況となった。

昭和21年7月以降、輸入食糧の計画的放出をした。端境期対策として、21年産早場米、21年産甘藷の早期供出を行った。早期供出奨励金交付と豊作により、早場米は9月90万石、10月380万石、甘藷は9・10月で約2億貫（米換算で約160万石）の供出があり、ようやく昭和22米穀年度への食いつなぎに成功した。

(4) 食糧確保・食糧増産の為の数々の対策

昭和20年9月18日、「食糧確保ニ関スル緊急措置方針要領」を閣議決定し、「主要食糧ノ供出促進、化学肥料、農機具ノ増産、耕地ノ拡張、粉食利用等ノ施設ヲ強化スル」こと、「穀類ノ輸入ニ付連合軍ノ支援ヲ要請スル」こと等の措置を示した。同年10月26日、日本政府は、来年度における食糧需給計画を樹

立し，その不足高を基礎として計算した食糧の輸入許可方を，GHQに要請した。同年11月13日，「食糧増産確保ニ関スル緊急措置ニ関スル件」を閣議決定し，土地開発の促進，化学肥料の確保，未利用資源の開発，を示した。同月17日，第1次供給政策を閣議決定した。これにより，主要食糧の価格引き上げ，報奨物資の特配，ヤミ行為の取り締まり強化，をした。

　昭和20年11月24日，GHQは，食糧と共にその他の物資棉花，石油および塩の輸入も許可すべき旨を公表した。

　GHQマッカーサー元帥の好意で，小麦・米の供給がなされた。占領下における，GHQの小麦・米の配給に対しては，体で喜びを覚え，平成の現在も感謝の気持ちをもっている日本人もいるようである。

　昭和21年1月8日，「農業技術滲透方策要綱」が出された。この日，「農業技術滲透方策要綱」中の「食糧増産実践班」を組織した。同月18日，第2次供給政策を閣議決定した。これにより，供出確保，不正防止，適正配給，機構整備，生鮮食糧品対策，を行おうとした。同年2月17日，「食糧緊急措置令」が制定され，供出確保の為に，悪質者に対して強権を発動，同年4月2日，「隠匿物資等緊急措置令」が制定され，主食・缶詰・砂糖などの隠退蔵物資の摘発を断行のように，悪質者の取り締まりも強化された。同年6月13日，吉田茂（表11参照）内閣は，「食糧非常時突破に関する声明書」を出した。「差当り行うべき施策」として，「危機を突破するために，最も重要な麦，諸類については，農家に残存する旧穀の食糧を考え合せ，綜合的に計画を樹て……，特に月別供出計画を確実に達成することを期する」とした。なお，吉田茂は，河井とも近しく，報徳，甘藷に理解を示していた。同月28日，政府は，「食糧危機突破主要食糧供出対策要綱」を発表した。同年9月2日，供出促進対策がとられ，甘藷の「早期供給奨励金」を出すようにした。

　その他，甘藷茎葉乾燥品，桑残葉乾燥品，どんぐり殻付，食用海藻品，澱粉粕乾燥品，等を米の代替可能な原料及び粉にする未利用資源の食糧化も行われたが，事業不振であった。

⑸　甘藷増産・確保

① 制度を整えることによる甘藷増産・確保

昭和21年1月8日,「農業技術滲透方策要綱」中の「食糧増産実践班」を組織した。

② 技術を高めることによる食糧増産・確保

ア．育種，栽培，病虫害，貯蔵，等の為の事業・研究

昭和21年，甘藷農林7号を育成した。

イ．文書による知識・技術の普及

昭和21年8月1日，農林事務官の武田誠三は，『農林時報』に，「最近の食糧事情」を掲載した。また，同年10月1日，農林技官の小林利則は，『農林時報』に，「甘藷の貯蔵と腐敗防止」を掲載した。

また，民間からも，山下克典『最も簡易で絶対腐らぬ　甘藷貯蔵法』（目黒書店，昭和20年9月10日）（Ⅰ―(56)）等が出された。

ウ．生産目標の設定による技術向上への努力（前述）

③ 精神を統一することによる食糧増産・確保

前述の食糧非常時，食糧危機の突破対策により，人々へ啓発をした。

⑹　甘藷増産・確保の実態―関東地方各県の種甘藷確保状況―

昭和21年3月,「全国農業会情報宣伝部」は,「昭和二十一年三月　関東地方各縣の種甘藷確保状況」（Ⅰ―(65)）を示した。これにより，戦後の関東地方各都県の甘藷をめぐる問題状況がわかる。以下に，一部を掲げてみよう。

（茨城県）:「生藷ハ勿論，蒸シ切干，水飴等加工ニ依ル当時ノ目前ノ高率利益ニ幻惑サレ腐敗欠減見越ノ予備種藷迄相当闇価格ニテ横流シ販売サレ……」「敗戦ト食糧危機緊迫ニ伴フ世相ノ悪化ニヨリ貯蔵□ヨリノ盗難頻発」。（群馬県）:「同郡（邑楽郡―引用者注）ニ於テ（種子用甘藷の―引用者注）盗難ニ依ル被害相当量ニ達シ尚日毎ニ増大……自警団ヲ組織警戒ニ当リ……」。（埼玉県）:「概ネ『簡易横溝式』貯蔵ヲナシツツアルモ未ダ技術的修練者少キニ加ヘ，例年ニ比シ，種藷収穫期ニ降雨多ク，尚且冬期間ニ於ケル気温ノ変動激シカリ

シニ基因シ、腐敗欠減相当多ク約五〇％ト推測セラレ、種藷ノ不足大ナル見込」。「苗床資材準備状況」は、「⑴圧土　金肥不足ノ状況ヨリシテ不足ノ見込／⑵落葉　燃料不足ト落葉樹ノ材林ニヨリ極度ノ不足ヲ来シ居ル模様／⑶稲藁　本年収穫極メテ少ク特ニ甘藷適作地ニハ水田面積極メテ少ク藁ヲ材料トシテ踏込ミスルガ如キハナキ状況ナリ。／⑷米糠　発熱材料トシテノ米糠ニ於テハ特ニ必要ナリト雖モ目下飼育等ニナル関係上殆ド期待不能ノ状況／⑸電熱装置　今後以上ノ発熱材料ノ不足状況ニ鑑ミ急速ニ電熱利用ノ奨励普及ノ要大ナルモノアルモ、之ガ普及促進対策ニ当リ資材関係特ニ鉄線ノ入手困難ナルヲ以テ準備ハ遅々トシテ進マズ」。(千葉県)：「生産期ニ於ケル食糧事情ニ基キ闇売ヘノ横流シニヨル目先ノ利益ニ走リ一俵二五〇円前後ノ高値デ相当多量ニ闇買サレシ為折角ノ種藷迄(ﾏﾏ)横流レシ一郡ノ種藷位ノ確保ハ出来テモ縣外ハオロカ郡カラ郡ヘノ縣内ニ於ケル供給モ困難トナル處少カラズ非常ニ憂慮サレ来リシガ二十一年ニ入リテヨリノ甘藷闇値ノ急騰ハ更ニ之ニ拍車ヲカケ種甘藷ヲ貯蔵シ置クヨリ金ニシタル方ガ得策トナシ相当種甘藷ニモ手ガ付ク有様ナリ、又苗一本三〇―五〇銭ノ予想ナルニ、正直ニ供出セル者ノ反当収入四〇〇円ニ対シ苗代反当二、〇〇〇円ナルヲ以テ正直ノ廃業ヲ考フル向モアリ」「君津郡ニアリテハ貯蔵藷ノ腐敗欠減状況ハ前年ヨリ比較的良好ナルモ農林五、六号ハ黒斑病ニ依リ殆ド全滅ノ状況」「昨年度ニ於ケル稲作不良ニ依ル藁不足、糠、温床紙等ノ配給ナキコト等ニヨリ苗代資材ノ確保ニ頗ル困難ヲ来シ居ル模様ナルモ極力落葉ノ蒐集ニヨリ自家用分ハ各自ニ確保スベク努力シ」。(神奈川県)：「貯蔵所ヨリ盗難行為極メテ多ク、之レ、終戦ニ依リ食糧不足ノ為、外部カラノ高率ナル闇相場ニ幻惑サレタル悪質農家ノ手持種藷売却ガ遂ニハ盗難行為ニ迄(ﾏﾏ)出デタルモノノ如シ、之ガ為予定種藷確保ハ至難ノ状態」「山林ノ開墾ニ依リ落葉ノ踏込使用ノ出来ヌ所アリ。且落葉不足ヲ補フニ稲藁ヲ使用スルモ畑作地帯亦之ヲ満ス事不能、更ニ之ガ購入ハ極メテ高値ノミナラズ水田地帯モ自給肥料ノ原料不足ノ為容易ニ融通セヌ実情ニ在リ。之ガ打開策トシテ、枯草、麦稈ノ蒐集等ヲ以テ充当スベク異常ナル努力ヲシツツアリ」。(山梨県)：「食糧逼

第1章　政府等の食糧増産・甘藷増産に関する施策　107

迫ノ現下種子甘藷ヲ闇販売セル者相当数」。(東京都)：「各種状況ニ依リ落葉，米糠等ニ非常ナル困難ヲ招ジ……」。

これらによると，戦後における関東の農村・生産農家レベルの育苗用甘藷(種甘藷)確保は，育苗用資材不足，ヤミ，盗難，等の諸要因により，順調にいかなかった。

(7)　主要食糧集荷・配給

昭和21年，「日本諸類統制株式会社」は，「日本甘藷馬鈴薯株式会社」として再発足した。

2．昭和21年末頃から昭和22年末頃まで

(1)　食糧問題の継続

昭和22年も，食糧供出が不振であった。原因は，以下等が考えられる。米価が，他の物価に比べ低かったこと。政府が，これまで肥料，農機具，繊維製品等の生産資材を配給すると言いつつ，約束通りに実行しなかったことに対する生産農家の不満の蓄積。選挙の際，立候補者の一部が，選挙民の歓心を得る為に供出緩和を主張したこと。

また，昭和22米穀年度は，実際には遅配・欠配が前年度よりも増加した。

(2)　米の生産・確保の年別状況

昭和22年度は，家庭配給基準を2合5勺(355グラム，1,246カロリー)に引きあげた。

この年，21年産米，21年産甘藷の早食い，昭和22年度当初の持越高の減少，旧日本軍備蓄食糧が無くなったこと，昭和22年3月までの輸入食糧の廻着の不振，により，食糧の管理操作は困難となった。その対策として，家庭配給について，計画的に配給を1割程度遅らせるいわゆる「計画的配給」を行った。GHQは，いわゆる「ジープ供出」と言われる供出促進に努めた。食糧管理局とGHQとで「身替凍結米」操作(輸入食糧を放出した数量に見合う内地米を日本政府の責任で貯蔵し，GHQの許可を得て配給)を行った。

(3) 甘藷生産

① 制度に関して

昭和22年5月5日，全国43か所に農林省「農事改良実験所」を新設した。指定試験を吸収して国の直轄として運営することとなり，甘藷育種試験地（既設の千葉・鹿児島，新設の倉敷）及び馬鈴薯指定試験地（既設の北海道島松・広島の安芸津）も，それぞれ農林省「農事改良実験所」となった。

昭和22年，従来の甘藷・馬鈴薯の奨励指導補助助成は，馬鈴薯原種圃を除き，全て打ち切った。

② 技術に関して

ア．育種，栽培，病虫害，貯蔵，等の為の事業・研究

昭和22年は，甘藷電熱育苗が普及した。

昭和22年，甘藷農林8号を育成した。

イ．文書による知識・技術の普及

昭和22年1月30日，「日本甘藷馬鈴薯株式会社」は，『甘藷馬鈴薯の病蟲害』（I―(55)）を発行した。執筆者は，「東京帝国大学」教授兼農林省農事試験場技官の朝日山秀文，農林省農事試験場技官の後藤和夫，千葉県立農事試験場技官の近藤鶴彦，鹿児島県立農事試験場技官の酒井久馬，等の公的機関・施設の研究職の人々であった。また，同年10月5日，農林省農事試験場技官戸苅義次は，『甘藷栽培の諸問題』（I―(53)）を著作した。この中で彼は，「丸山式」甘藷栽培法への批判もした。また，昭和22年10月1日，農林省農政局特産課の小川英太郎は，『農林時報』に，「電熱に依る甘藷の貯蔵法」を掲載した。同年11月1日，食糧研究所の木原芳次郎は，『農林時報』に，「甘藷加工の新方向」を掲載した。

第1章　政府等の食糧増産・甘藷増産に関する施策　109

3．昭和22年末頃から昭和23年末頃まで

(1) 甘藷に関する農政の変化

昭和23年7月12日，甘藷・馬鈴薯に関する行政は，農林省特産課から再び農産課所管となった。

(2) 米の生産・確保の年別状況

昭和22年からのGHQの指示と，22年産の作柄が良好であった為，供出は順調に進み，米100.2％，甘藷104.6％という好成績となった。輸入食糧も，前年度実績の110万余石（玄米換算）の増となった。昭和23年度は，ようやく遅配・欠配なしとなった。

(3) 食糧確保・食糧増産の為の対策

昭和23年3月1日，農林省は，「食糧1割増産運動要綱」を発表した。そして，「食糧1割増産運動」を展開した。

(4) 甘藷生産

① 技術に関して

ア．育種等の為の事業・研究

昭和23年，国庫補助による奨励品種決定試験を開始，同年，甘藷農林9号を育成した。

イ．文書による知識・技術の普及

昭和23年6月1日，農事試験場の戸苅義次は，『農林時報』に，「甘藷栽培上の知識―藷になるのとならない場合―」を掲載した。

② 精神を統一することに関して

前述の「食糧1割増産運動」を展開した。

(5) 甘藷の集荷・配給対策

この時期は，戦後の新統制の時期としての特色があった。昭和23年2月20日，「食糧配給公団」を設立した。藷類，澱粉は，「総合食糧」として配給した。ここで，7年半にわたりイモ粉の統制業務を行った。また，「食糧配給公団」の1部局として，「藷類局」と「澱粉局」を設置し，藷類の集荷及び配給機構を，

米麦と同等に扱い，藷類を雑穀と共に主要食糧として基礎づけた。「食糧配給公団」設立により，従来の統制機関「日本藷類統制株式会社」「日本澱粉統制株式会社」を解散した。

4．昭和23年末頃から昭和24年末頃まで

⑴　GHQ による重要物資統制の大幅撤廃の指令

昭和24年12月22日，GHQ は，重要物資統制の大幅撤廃を指令した。

⑵　米の生産・確保の年別状況

昭和24米穀年度は，1,000万石余の政府持ち越しをもって幕開けした為，昭和23年11月１日から，家庭配給基準を２合７勺（385グラム）に引きあげた。

⑶　甘藷に関する新たな局面と甘藷に関する農政の変化

昭和24年２月１日，いも類の供出完了後の自由販売（「食糧管理法施行令」の一部改正）が実施された。昭和24年は，藷類の配給辞退が増加し，一部政党から藷類の統制撤廃要望の声，大蔵省・経済安定本部など政府内部筋から食糧管理特別会計合理化の観点からの統制撤廃の意見が出たりした。昭和24年９月９日付の GHQ の覚書「いも類の価格及び配給統制に関する件」において，「いも類に対する統制廃止」「主食配給からいも類を除くこと」が指摘され，同日，連合国軍最高司令官が，日本政府に対し，同25年度における甘藷及び馬鈴薯の統制撤廃の承認をした。しかし，皮肉なことに，戦争もなく，藷類の配給辞退が増加し，藷類の統制撤廃が承認された昭和24年は，甘藷440,800ha，馬鈴薯234,500ha，計675,300ha と最高の作付け面積に達成した。

⑷　甘藷生産の技術に関して

昭和24年４月１日，農事試験場技官の戸苅義次は，『農林時報』に，「甘藷苗作りと適期植付」を掲載した。同年５月１日，同氏は，『農林時報』に，「農業試験研究機関の整備をめぐる諸問題」を掲載した。また，同年９月25日，清水彌吉『甘藷倉庫貯蔵の要点とキュアリング方法』（Ｉ―(57)）が出版された。

5．その後

⑴　甘藷・馬鈴薯に関する学術的な研究のまとめ

昭和25年１月５日，社団法人日本園芸中央会編，農林省監修『甘藷馬鈴薯増産技術の基礎』（Ｉ—(54)）が出版された。「総説」は，農林省農政局農産課長竹内二郎，農林省農政局（前）特産課長村田朔郎，農林省食糧庁諸類課長郷勝三郎，食糧配給公団（前）諸類局長藤巻雪生，「甘藷」の欄は，農林省千葉農事改良実験所長小野田正利，東京大学農学部教授戸苅義次，農林省農事試験場九州支場作物部長長谷川浩，東北大学農学部教授伊東秀夫，東京都農事試験場長松原茂樹，神奈川県農事試験場大野原種圃主任技師間宮廣，東京都農事試験場長松原茂樹，農林省農事試験場東海支場病理部長後藤和夫，「加工」の欄は，千葉県立農事試験場加工部長志村玄一，「資料」の欄は，農林省農政局特産課，千葉農事改良実験所長小野田正利，社団法人日本園芸中央会，農林省，農林省農政局農産課，食糧配給公団諸類局，食糧配給公団澱粉局，によっている。この書は，戦後における，甘藷・馬鈴薯に関する学術的な研究のまとめとなっている。ただし，戦中・戦後における甘藷増産に大きな役割を果たしたと思われる丸山のような行政マンではない技術指導者は，執筆者に加えられなかった。

⑵　正式ないも類の統制撤廃（法律第54号）

昭和25年３月31日，正式にいも類の統制撤廃（法律第54号）がなされ，甘藷は統制からはずされた。

⑶　甘藷に思いが深い人々の活動

①「財団法人いも類懇話会設立趣意書　案」作成と財団法人「いも類懇話会」設立

昭和25年８月29日，衆議院議員坂田英一，参議院議員河井弥八が世話人となり，和田博雄（Ｉ—〔備考〕参照）農林大臣に，「財団法人いも類懇話会設立趣意書　案」を提出し，同年９月４日，「農林中央金庫」会議室で「いも類懇話会創立準備会」が開催されたようである。「財団法人いも類懇話会設立趣意書　案」（Ｉ—(68)）によると，本会設立は，以下の趣旨からであった。「統制の一

部が解除せられてからいも類に対して国民の観念が除々に薄らい」だ観があるが,「尚ほ国際情勢,日本経済の現状,人口問題等諸種の観点から食糧の自給,農家経済の安定向上」に努力が必要で,「いも類の関係者並びに関心をもつ有志等が相寄り相携えて財団法人いも類懇話会を結成し生産,加工,輸送,販売等についての対策を調査研究」し「関係官庁,団体等緊密なる連繋の下に之れが推進」をしたい。

　昭和25年11月27日,財団法人「いも類懇話会」が設立された。

② 『いも建白書』の政府への提出

　昭和26年1月,坂田英一,河井弥八,等は,『いも建白書』（Ⅱ—㉝）を政府に提出した（第2章—第1節参照）。

第2章　河井弥八の生涯と甘藷増産活動

　戦中・戦後における甘藷増産は，第1章でみた政府等によるだけではなく，河井弥八，丸山方作によっても展開された。第2章では，河井弥八の生涯と甘藷増産活動を捉える。

第1節　河井弥八の生涯における甘藷増産活動の前提と展開

1．河井弥八の生涯における甘藷増産活動の前提

　河井が，甘藷増産活動に力を入れることになる前提として，以下にみる土地柄，風土，家庭環境，活動を支える人脈，等があったと思われる。

(1)　出生と祖父，父等の影響

　河井は，明治10年10月24日，静岡県佐野郡上張村(さのぐんあげはりむら)（後，静岡県小笠郡南郷村，等。現，静岡県掛川市上張）に，河井重蔵(じゅうぞう)（安政元年～大正14年。田中正造と交友。以下，重蔵と略称）の長男として出生した（河井家の家系図は，前田　平成16年，図1参照）。生まれた静岡県は，皇室，徳川家とも関係の深い土地柄であった。また，佐野郡を含む遠州地方は，進取の気鋭に富む土地柄，風土であった。遠州の浜松城は，徳川家康のいわゆる「出世城」と言われた。東海道筋の掛川では，品物を研究・開発し，交通に載せて売り出すことが可能であった。また，農業および農業の研究が盛んな土地柄であった。

　後に，河井と重要な関係となる一木喜徳郎(いっききとくろう)（大正14年～昭和8年，宮内大臣。昭和9年～同19年，「大社」社長。後述表9参照。以下，一木と略称）は，慶応3年4月4日，現，静岡県掛川市倉真(くらみ)に，尊徳のいわゆる「四高弟」の一人と言われ「遠社」2代目社長・「大社」初代社長を務めた岡田良一郎（以下，良一郎と略称）の次男（兄は岡田良平＜以下，良平と略称。後述表9参照＞）として生ま

れていた。一木の父良一郎と，河井の父重蔵とは，政敵であった。

　河井を取り巻く祖父河井弥八郎（以下，弥八郎と略称），父重蔵，河井と妻の要（前田　平成16年，図1参照）との縁談を作った金原明善（天保3年～大正12年。遠江国長上郡安間村＜現，静岡県浜松市＞生まれ。以下，明善と略称）は，河井が生涯をかける食糧問題，治山・治水問題等のいずれかに大きく関わっていた（弥八郎，重蔵，明善の詳細は，＜前田　平成16年＞参照）。特に，祖父・父は，食糧問題が重大な関心事であった。祖父は，掛川城主への打首覚悟の減租の直訴により，村人の食などの生活を守ろうとした（Ⅱ—⑰）。父は，「国民生活の安定と社会平和の維持とは繋つて食糧供給の多少と其価格の騰落とに存す」との考えから，「内地人口の所要を充足する」方途を論じた「食糧問題に対する卑見」（Ⅱ—⑱）を書いた（河井は，本書を強く感じ取り，「本書の内容たる事項に関して深き攻求を遂げられ」＜河井弥八「緒言」＞ることを望んで河井自らが多数印刷した）。明善は，私財を抛って「あばれ天竜川」の治水をし，社会事業として出獄人保護にも尽力した。

　河井が生まれ青少年期を過ごした頃の河井の実家と，一木の実家との間には，次の建造物があった。ア．河井家先祖が御用達として仕えた領主居住の掛川城。イ．掛川城横に，「遠江国報徳社」（明治8年11月12日設立。一木の祖父岡田佐平治が社長。一木の父良一郎が，同9年4月から2代目社長。同44年11月17日「大日本報徳社」と社名変更，良一郎がこの初代社長）。ウ．「遠社」近くに，「神宮寺」（現在，河井重蔵・河井弥八・息子河井重友＜前田　平成16年，図1；Ⅱ—5参照。以下，重友と略称＞の親子3代が並んで眠る墓3つがある）。エ．「遠社」近くに，「資産金貸付所掛川分社」（良一郎設立。明治25年7月8日から，「掛川信用組合」＜報徳精神をもつわが国最初の信用組合＞。河井は，戦中・戦後において，「掛川信用組合」に，「大社」理事・副社長，「掛川信用組合」組合長の鷲山恭平＜前田　平成16年，表4参照＞をしばしば訪問）。オ．一木の実家内に，一木の父良一郎が報徳精神で設立した私塾「冀北学舎」（一木も「秀才」と言われて卒業し強い思いが入っていると思われる私塾。前田　平成16年，表1参照）。カ．多数の「遠社」

支社。すなわち，河井は，イ，エ，オ，カのような報徳関係の建造物が多く，報徳の土壌が強い土地柄，風土の中で育った。

　河井は，上記の土地柄，風土，家庭環境の中で生まれ，影響を受けた。華族出身者が多い宮中界，貴族院議員の中にいても，「静岡の農民」たることを自認していた理由もこのあたりにあると考えられる。また，父の影響が強い一木・河井ともに，成人になる前に掛川を離れることとなるが，両者にとって掛川は思いの強い故郷であったと考えられる。

(2)　学歴と故郷

　河井は，掛川を離れた後，以下のような経歴をたどった。明治30年，「静岡県立静岡中学校」卒業。同33年，「第一高等学校」卒業。同37年7月，「東京帝国大学」政治学科卒業。同年11月，文官高等試験合格。同月26日，任文部属，実業学務局勤務（文部省）。同40年2月27日，任佐賀県事務官（内閣，内務省）。

　河井等は，明治26年11月頃，「静岡県立静岡中学校」の寄宿舎で，「賄大征伐」と言う名の食改善の運動を起こし，寄宿舎では結果，自炊制にした（静中静高百年史編集委員会　平成15年，pp. 290〜294）。この運動は，食糧問題への関心の現われかもしれない。

　河井は，学校卒業後も，「静岡県立静岡中学校」「第一高等学校」「東京帝国大学」とのつながりを大切にした（『日記』より）。「第一高等学校」「東京帝国大学」の同窓で，静岡県知事も務めた関屋貞三郎（前田　平成16年，表3参照）と親交し，昭和15年12月17日，関屋の自動車に便乗して，「一高同志会」に出席した（『日記』S 15. 12. 17）。また，母校「第一高等学校」の植林計画に関心を寄せた（『日記』S 15. 12. 1，S 15. 12. 5）。また，「東京帝国大学」出身者との人脈も大切にした。

　河井は，掛川を離れた後も，故郷（静岡県，遠州，掛川，小笠郡南郷村，等）への思いは強くもっていたと思われる。

　河井は，静岡県に縁故のあった者も大切にした。例えば，昭和15年3月21日，河井は，静岡県縁故者会に出席した（於「丸ノ内会館」，出席者：湯浅＜倉平，

後述表11参照 — 引用者注＞内大臣, 小濱＜八彌静岡県 — 引用者注＞知事, 小内総務部長, 稲森静岡市長, 松井＜茂か, 後述表9参照 — 引用者注＞, 柴田＜「静岡県立静岡中学校」出身の柴田善三郎か — 引用者注＞, 白根, 飯沼＜一省元静岡県知事か, 第3章 — 第1節参照 — 引用者注＞, 長, 松村, 大竹武七郎, 長谷川, 宮本, 尾崎, 山田, 坂本, 等40余名)(『日記』S 15.3.21)。

　河井が故郷とつながる主な組織の1つに, 「遠州学友会」がある。これは, 例えば「山口県や鹿児島県始め, 加賀, 土佐, 岡山, 熊本等, 大藩のあった県の学生は, 旧藩主を中心に, 学生の補導も行き届き, 団結も強かったが, 遠州には不幸, 之を欠いていたが, 遠州学友会が之の役目を及ばず乍ら果した様に思う。毎月一回位例会を開き, 大部分先輩の負担で学生は御馳走になった。」(黒田吉郎「愛国の士河井先生」, Ⅱ — ㊴, p. 48)のように言われた組織であった。「遠州学友会」の創立は, 昭和13年10月26日に, 「遠州学友会創立満五十周年祝賀会」が開催(於「軍人会館」)されている(『日記』S 13.10.26)ので, 明治20年前後と思われる。これには, 文化部, 雑誌部, 水泳部の3部があった。大正元年時点で, 一木が特別会員, 河井が会計主任・特別会員, 一木の息子一木韜太郎(前田　平成16年, 表2参照 — 引用者注)が, 評議員・「第一高等学校」在学中であった(松島禮而編輯　大正元年)。

　「遠州学友会」では, 先輩が後輩の面倒を見たようである。河井は, ここで, 故郷遠州地方の先輩, 「東京帝国大学」の先輩にあたる一木と, 親密な関係になったと思われる。河井には, 一木の面倒で人生, 仕事が開けていった側面がある。

　「遠州学友会」の中で, 甘藷に関わって強いつながりをもった者に, 鈴木梅太郎(「東京帝国大学農科大学」教授。「理化学研究所」創立。前田　平成16年, 表2参照)がいる。河井は, 鈴木梅太郎に依頼して, 戦中に出回った, 甘藷を使ったいわゆる「諸パン」を作ってもらった。河井が, 鈴木梅太郎と長らく交流し, これを作ってもらい, 普及させた状況がわかる『日記』は以下である(それぞれの日付の『日記』より。以下以外は, 『日記』S 17.9.13, S 18.3.31, S 18.

6. 27, S 18. 7. 8)。

　昭和17年8月2日，鈴木梅太郎博士を往訪，「完全食糧ノ成分トシテ甘藷ノ用ハ米，小麦ニ優ルコトヲ聴ク而シテ甘藷澱粉94％，魚粉5％，海藻粉1％ニテ完全食物ヲ得ヘシト云フ又甘藷ノ代リニ米ヲ用フルトキハ栄養価直（値か―引用者注）ヲ減スト云フ」。甘藷増産方法の普及に関する河井の希望と実行とを告げ，丸山を中心とする栽培方法を説明する。

　昭和17年11月26日，「理化学研究所」鈴木博士の研究に係わる「栄養パン」並びにブタノールの説明を聴く為，関屋貞三郎，男山根健男（後述表9参照―引用者注），黒田長敬（前田　平成16年，表3参照）子を誘う。「理化学研究所」に鈴木博士を訪ねる。関屋，山根男，西尾忠方（後述表9参照―引用者注）子，黒田大膳頭の外，三浦大膳職事務官，八田侍医頭も来会。役員7名。鈴木博士の部屋に入り，博士からブタノール製出に至るまでの経過とこれの製造方法及び会社につき説明を受ける。次に，「理研ニテ研究完成セル甘藷ヲ原料トセル各種パン類」の性能とその成分の説明を聴く。最後に，パン類その他の栄養製品を供され，試食をして，退出。宮内省の自動車に乗る。

(3)　貴族院書記官時代

　河井は，明治40年10月4日，貴族院書記官（内閣）となった。その後，大正8年12月23日，貴族院書記官長（内閣）となった。

　貴族院書記官時代の大正6年3月から約半年間，万国議員商事会議出席の為，欧州へ出張した。この時，ロシア革命に遭遇した。欧州から米国各地も見物した。

　河井は，明治36年から長期にわたり貴族院議長をした徳川家達（とくがわいえさと）（後述表9参照）から，信任を得ていた。この頃の様子は，「貴族院書記官長時代先生（河井弥八―引用者注）は議長徳川（家達―引用者注）公爵の格別信任を受けドウしても手放さず先生御自身は少しは他方に轉じ修養もして見たいと思召したが議長手放さず夫れ故に或る時何気なく故郷に帰り村長までも成りたいと洩された

一木宮大臣之を聞き如何ニも河井氏が可愛さうだと徳川議長に交渉して宮内省に引取り内大臣秘書官長にした之が先生宮中入の始めである」（Ⅱ—㊵）のように伝えられている。

(4) 宮内省入りとその時代

河井は，大正15年7月23日，大正14年2月から宮内大臣を務める一木の推薦で，内大臣府秘書官長（宮内省）に就任した。この頃の宮内省（前田 平成16年，表3参照）には，静岡県出身または静岡県関係者または報徳関係者が多いことが指摘できる。例えば，大正15年の宮内省官職における，静岡県出身または静岡県関係者または報徳関係者は，以下のようである。宮内大臣一木喜徳郎。宮内次官関屋貞三郎。御用掛山崎覚次郎（前田 平成16年，表3参照）。

河井の息子重友は，この頃の様子を「貴族院事務局から内大臣付（ママ）及び側近に起用された際には，当時皇・華族が絶対的に支配していた世界に入ることになり，一介の平民たる身として大いに苦悩したものと想像する．」（Ⅱ—㉓）と述べている。

官長としての初の大きな仕事は，大正15年12月25日に崩御した大正天皇の大喪及び昭和天皇の皇位継承の諸儀式であった。河井は，報道関係者との折衝，記者会見等に労力を費やした。後に，河井が「丸山式」甘藷栽培法を報道メディアに載せることが得意であったのも，この頃の経験によるかもしれない。

昭和2年から同9年の経歴は，以下である。昭和2年3月3日，侍従次長兼皇后宮大夫（宮内省）。同5年3月4日，侍従次長兼皇后宮大夫（宮内省）。同6年9月17日，帝室会計審査局長官（宮内省）。同9年4月29日，勲一等瑞宝章（賞勲局）を受章。

昭和11年2月26日，仕えた内大臣牧野伸顕（のぶあき）（前田 平成16年，表3参照。以下，牧野と略称）は，2・26事件で青年将校の襲撃を受けた。一木も，危険な状況に会った。一木は，昭和10年の天皇機関説問題で，その憲法学説が平沼騏一郎一派に攻撃され，同11年3月に枢密院議長を辞任した。河井は，牧野と一木を，両者の生涯にわたって気づかった（『日記』『河井手帳』）。また，河井は，闘病

中の一木を頻繁に見舞うこと，一木に「大社」運営上の相談・報告をすること，一木に河井の「大社」における活動（特に甘藷増産活動）の支えになってもらうこと，等をした（『日記』）。

　宮内省時代の河井と，昭和天皇・皇后（前田　平成16年，表3参照）との交流に関する話は多数ある。例えば，河井は，学生時代から水泳が得意で，天皇に水泳を教えた。

　宮内省時代に，天皇を真中において，一木と，後にポツダム宣言を受諾する鈴木貫太郎（表11参照。前述「翼北学舎」出身・一木友人の鈴木虎十郎と，日清戦争時の戦友）と，河井の3者のトライアングルが出来ていたとする見方がある（堀内　平成10年，pp.48～51。堀内良氏談。詳細は，＜前田　平成16年＞参照）。

　河井は，天皇・皇后から，信任を得ていた。その様子は，「宮内官を辞する時に陛下に拝謁した陛下のお言葉に宮中には夫々適当の仕事もある依て辞し去らずとも止まって何か外の官に就いたらどうかと身に余る優諚(ゆうじょう)が下ったが先生（河井弥八―引用者注）は既に予期した年限を御奉公申上尚社会に志さす仕事が残っておりますからドウしてもお暇を賜りたいと言上したと云う御親切の厚がりし此の一事に依ても明諒(瞭)……（先生直話）」（Ⅱ―㊵）のように伝えられている。

　河井は，宮内省を辞した後も，頻繁に皇室を訪れ，皇室行事等に参加し，皇室との関係を保った（事例は『日記』に多数）。こうした皇室との関係が，後の甘藷増産活動の後ろ楯（後述）につながったと思われる。

　河井は，天皇・皇后のことは，常に頭の中にあったと思われる。河井の身近にいた娘館林マス（前田　平成16年，図1参照）は，河井が亡くなる直前に，彼が毎日天皇の夢を見ていた状況を伝えている（館林ます子「父についての思い出」，Ⅱ―㊴，p.2）。

　なお，河井は宮内省時代に，「報徳経済学研究会」（一木会長。前田　平成16年，表4参照）に，研究会員として入会した。これは，昭和11年12月，遠山信一郎（前田　平成16年，表4参照），後藤文夫（後述表9参照―引用者注），中

川望（前田　平成16年，表4参照），佐々井信太郎（同上。以下，佐々井と略称），文部省の伊東延吉（前田　平成16年，表4参照），等の発議により，欧州の経済学に対する「報徳経済学の樹立を目的」に設立されたものである。研究会員は，100名以上であった。河井は，何度か本会に出席し，報徳の学習をした（『日記』）。この会は，昭和18年9月に「報徳経綸協会」（後述）に発展解消された。

(5) 貴族院議員に勅選と人脈の広がり

河井は，昭和13年1月7日，貴族院議員（表9参照）に勅選された。これは，伊沢多喜男（前田　平成16年，図1：後述表11参照）・関屋貞三郎・一木喜徳郎の尽力，徳川家達の協力，近衛文麿（表9参照）首相の理解によると言われる（『日記』と，Ⅱ―㉒より）。河井は，貴族院の会派「同成会」（他の会派は，「研究会」「茶話会」「公正会」「交友倶楽部」「同和会」「火曜会」「無所属倶楽部」）に所属した。

この時代に，表9，表10，表11中の多くの人（その他は，前田　平成16年，表5・6・7参照）と関わり，人脈が広がったと思われる。河井の豊かな人脈は，後の甘藷増産活動を支えることになった。後述の河井の甘藷増産活動は，貴族院の会派の枠，貴族院・衆議院の枠に囚われずに行われ，多方面の人々に受け入れられた。このあたりに，河井の人柄や極端に走らないバランス感覚の良さが伺える。

(6) 「大日本報徳社」理事・副社長時代

河井は，貴族院議員に勅選された直後の昭和13年2月24日，「大社」副社長に当選した（副社長は，同20年2月27日まで）。後に，大きく関わるところの丸山は，既に昭和10年12月5日に，「大社」講師になっていた（昭和元年1月～同25年3月における「大日本報徳社」の役職員は，前田　平成15年，表10参照）。

「遠社」，「大社」，報徳は，河井が「大社」副社長になる以前から，既に宮内省と関係をもっていた。過去に，例えば次のことがあった。①明治16年，宮内省旨を承けて，富田高慶『報徳記』を刊行。②同44年5月から静岡県知事をし，「遠社」とも大きく関わった松井茂（表9参照）は，後に宮内省入り。③

昭和5年5月30日，天皇行幸で「大社」に御臨幸。この時の内大臣は牧野伸顕，内務大臣は安達謙蔵，宮内大臣は一木（この時，兄良平が「大社」社長，一木は同顧問）。④同12年11月25日，宮内省から霞ケ関離宮別館（東宮御所に充てられたもの）2棟を「大社」に下付される旨，御沙汰があり，同13年2月に，建物移転に着手，建物を「仰徳館」（現存）と命名。⑤天皇行幸の後，「大社」は行幸記念の式典（例．昭和10年5月30日の「行幸五周年記念式」）を開催。

「大社」は，その前身の「遠社」時代から，無料で人々に農業上の知識・技術と報徳の教説を教えていたが，後述の河井・丸山の「大社」での甘藷増産活動はその長年の伝統の上のものと解釈できる。

河井が「大社」副社長になった時点では，当時の二宮尊徳研究の第一人者佐々井が副社長であった。佐々井は，「朝鮮報徳会」（昭和3年11月3日設立）への指導等を行っていた。また，河井入社後の昭和18年1月27日から同年2月10日まで，佐々井は，「満州国協和会」主催「報徳錬成会」で指導をした。河井は，佐々井からも報徳を学んだ（後述）。

河井は，「大社」入りする前の昭和13年1月12日，「常会」で「支那事変と国威宣揚」を講演（於「川崎報徳館」。聴衆95名）（『報徳』38. 2／S 14. 2／56）したり，同月13日，「常会」で「社員に望む」（『日記』S 13. 1. 13）を講演（於「志太出張所」。聴衆62名）（『報徳』38. 2／S 14. 2／55）したりしていた。

昭和13年2月24日の「大社」副社長当選の翌々日には，河井は一木を訪ね，「大社」副社長就任につき挨拶，同社の現在・将来につき指示を受けた（『日記』S 13. 2. 26）こと等より，河井の「大社」入りは，社長一木との関係が大きかったと思われる。

表9　河井弥八と関係する人物等 ― 貴族院議員 ―

氏　名	備　考
皇族（省略）	
公爵，徳川 家達（いえさと）貴族院議長	豊多摩郡千駄ヶ谷。東京府華族。／文久3.7.11～S15.6.5。江戸城内田安邸に，父田安家主の徳川慶頼，母高井氏の3男として生まれる。田安家主の6代寿千代（慶頼の長子）死去後，家を継ぐ。M元.4，徳川宗家を継ぎ，「16代様」と呼ばれる。幼名亀之助，静岳と号す。M2.6，版籍奉還により静岡藩知事，M4.7，廃藩置県によりこれを免ぜられる。M17.7，公爵。M36～S8にわたり，長期に貴族院議長。T3.3の山本権兵衛内閣辞職の際，組閣の内命下るが辞す。ワシントン会議に，加藤友三郎・幣原喜重郎と全権委員として出席。「日本赤十字社」社長。「日米協会」会長。「華族会館」議長。「斯文会」会長。墓は，台東区「寛永寺」。／河井の有力な後ろ楯。河井の，貴族院議員の勅撰に協力。河井を信任。河井も，貴族院書記官，貴族院議員時代に彼を補佐。／（第2章参照）。
勅選議員 岡田　良平	錦鶏間祗候。小石川区原町。静岡県平民。／元治元5.4～S9.3.23。二宮尊徳のいわゆる「四高弟」の1人岡田良一郎の息子。一木喜徳郎・竹山純平の兄。「翼北学舎」出身。「東京府立第一中学」を経て，「東京大学予備門」に入学。「東京大学」文学部入学，「帝国大学」卒，在学中特待生。大学院を経て，「第一高等中学校」教諭，教授。参事官，書記官，視学官等歴任。貴族院議員。「京都帝国大学」総長。小松原英太郎文部大臣の時の文部次官。「通俗教育調査委員会」委員長。文部大臣。「臨時教育会議」の設置に成功。枢密顧問官，文政審議会副総裁。「産業組合中央会」会頭。／M45.1.29～S9.3.23，「大社」社長。T7.5.12に「大社」で旧翼北学舎同窓会をやり，記念写真で前列中央に写る。S3.5.6に東京小石川の自宅で旧翼北学舎同窓記念会を開催。／（前田　平成15年，表10；前田　平成16年，表2参照）。
勅選議員 一木喜徳郎（いっき）	法学博士，法制局長官兼内閣恩給局長，「東京帝国大学法科大学」教授，高等捕獲審検所評定官。牛込区若宮町。静岡県平民。／慶応3.4.4～S19.12.17。二宮尊徳のいわゆる「四高弟」の1人岡田良一郎の息子。岡国良平の弟，「冀北学舎」出身。「帝国大学法科大学」卒（教授は，穂積陳重，鳩山和夫，金子堅太郎，等。同窓は，内田康哉，早川千吉郎，林権助，鈴木馬左也，等）。内務省入り。ドイツに私費留学し，国法学を修める。内務書記官兼任のまま，「法科大学」教授（行政法，国法学を担当。柳田国男の後任。一木後任の「行政法講座」担当は，美濃部達吉）。M33，貴族院議員（勅選）。第2次桂太郎内閣で内務次官となり，地方改良運動に努める。文部大臣。内務大臣。枢密顧問官。枢密院副議長。宮内大臣（T14～S8）。男爵。S9，西園寺公望，斎藤実等の推薦で枢密院議長，天皇機関説問題で，憲法学説が，平沼騏一郎一派に攻撃され，S11.3辞任。法学者としては，

第 2 章 河井弥八の生涯と甘藷増産活動　123

氏　　名	備　　考
	国家主権・天皇機関説の立場をとり，門下・大学後任の美濃部達吉の天皇機関説の源流となる。政治的には，山県有朋系官僚。貴族院の会派では，「茶話会」所属。／「遠州学友会」の重要な存在。宮内大臣として推薦して，河井を内大臣府秘書官長（宮内省）にする。／S9. 4. 27〜S 19. 12. 17,「大社」第4代社長。「大社」社長時代に，副社長河井に補佐される。S 11. 12. 26設立の「報徳経済学研究会」実行委員。S 12. 8. 9,「大日本振興報徳会」総裁。S 15. 1及びS 19. 9現在,「中央報徳会」理事，法学博士・男爵。遺言で，没後に河井に「大社」社長を継がせたか。／丸山方作の「大社」での甘藷増産活動に関心（『日記』S 16. 5. 5, 等）。S 16. 7. 9, 河井等と食糧増産の意見交換（『日記』S 16.7.9）。河井の甘藷増産活動の支え。／（前田　平成15年，表10；前田　平成16年，表2・3・4；第2章参照）。
公爵，議長　徳川　國順	渋谷，猿楽。
伯爵，副議長　酒井　忠正	淀橋，戸塚。／貴族院の会派「研究会」。S 14. 10. 16〜S 15. 1. 15, 農林大臣（阿部信行内閣の時）。／S 15. 11. 27, 河井は，酒井忠正伯に，丸山方作の業蹟を告げ，「農産ノ増進ヲ図ル為大ニ同氏ノ力ニ倚ラレンコトヲ希望シ更ニ農会ノ腐敗ヲ警告」（『日記』S 15. 11. 27）。S 18. 1. 20, 顧問として河井と「甘藷馬鈴薯臨時増産指導部顧問会議」（於　農林大臣官舎）に出席か（『日記』S 18. 1. 20）。／（第2章参照）。
安藤紀三郎	杉並，荻窪。／「陸軍士官学校」卒。陸軍中将。S 16. 10,「大政翼賛会」改組で副総裁。S 17. 1,「大日本翼賛壮年団」団長。S 17. 3,「中央協力会議」議長。S 17. 6. 9〜S 18. 4. 20,「大政翼賛会」と政府の連絡を密にする趣旨で東條英機内閣の無任所国務大臣。S 18. 4. 20〜S 19. 7. 22, 内務大臣（東條英機内閣の時）。／S 18. 6. 19, 河井は，後藤，安藤両大臣に面会，麦甘藷増産につき配慮を依頼する（『日記』S 18. 6. 19）。
石黒　忠篤（ただあつ）	牛込，場場。／M 17. 1. 9〜S 35. 3. 10。石黒忠悳の長男。親戚は，寺内寿一（寺内正毅長男。陸相，元帥），児玉友雄（児玉源太郎次男。陸軍中将）。穂積重遠（穂積陳重の長男。重遠の兄弟光子は，石黒忠篤の妻。「東京帝国大学」教授。前掲「一木喜徳郎」参照）。「東京帝国大学法科大学」卒。農商務省に入る。欧州留学。農商務省農務局農政課長等歴任。S 6, 農林次官。退官後,「農村厚生協会」会長,「産業組合中央金庫」理事長等を経て，S 15. 7. 24〜S 16. 6. 11, 農林大臣（第2次近衛文麿内閣の時）。「農業報国聯盟」「満州移住協会」「日本農業研究所」各理事長。S 18〜S 21, 貴族院議員（勅選）。貴族院の会派「無所属倶楽部」。S 17. 6. 15,「大政翼賛会」総務。S 20. 4. 7〜S 20. 8. 15, 農商大臣（鈴木貫太郎内閣の時）。S 21, 公職追放。参議院議員。後,「緑風会」議員総会議長。憲法調査会委員,「全国農

氏　　名	備　　考
	業協同組合中央会」等，多数の要職を歴任。S 26. 10，農林省顧問。／S 11. 12. 26設立の「報徳経済学研究会」実行委員。S 15. 1現在，「中央報徳会」評議員，「産業組合中央金庫」理事長。S 19. 9現在，「中央報徳会」評議員，「産業組合中央金庫」理事長。S 30. 8，英文『二宮尊徳』(生涯と夜話)，研究社，刊行。S 30，「アジア農村建設会議」で二宮尊徳を紹介。／S 18. 1. 20，顧問として河井と「甘藷馬鈴薯臨時増産指導部顧問会議」(於　農林大臣官舎)に出席か(『日記』S 18. 1. 20)。甘藷増産運動で，河井と大きく関わる(第２章参照)。S 20. 9. 15，「大社」増産講師の為に地下足袋60足を贈るか(『日記』S 20. 9. 15)。／(前田　平成16年，表４；第２章参照)。
石渡荘太郎（いしわた）	小石川，駕籠。／M 24. 10. 9～S 25. 11. 4。東京京橋に生まれる。「東京帝国大学法科大学」卒。大蔵省に入る。大蔵次官。S 14の平沼騏一郎内閣成立で大蔵大臣。S 15，米内光政内閣の内閣書記官長。S 16. 3，「大政翼賛会」事務総長。S 19. 2. 19～S 19. 7. 22，大蔵大臣(東條英機内閣の時)。S 19. 7. 22～S 20. 2. 1，大蔵大臣(小磯國昭内閣の時)。S 20，宮内大臣となり，終戦処理。S 15～S 20，貴族院議員(勅選)。戦後，公職追放。近衛文麿と学友。父は，司法次官，内閣書記官長，貴族院議員，枢密顧問官，文麿の父篤麿と親交。／S 15. 1現在，「中央報徳会」評議員，前大蔵大臣。S 19. 9現在，「中央報徳会」評議員，大蔵大臣。／甘藷増産運動で，河井と大きく関わる。
内田　重成	牛込，北山伏。／慶応４. 1. 15～S 40. 10. 4。山口県に生まれる。M 22，「関西法律学校」卒(1期生)。M 23，「和仏法律学校」卒。M 23，文官高等試験合格。海軍省に入る。S 3，貴族院議員(勅選)。／山口県への「丸山式」甘藷栽培法普及で，河井と大きく関わる(前田　平成18年，表26参照)。S 16. 5. 13，丸山の山口県に於ける甘藷栽培講習に謝意(『日記』S 16. 5. 13)。S 17. 5. 29，河井から，甘藷増産実績，写真を示される(『日記』S 17. 5. 29)。
内田　信也（のぶや）	麻府，三河台。／M 13. 12. 6～S 46. 1. 7。旧常陸国麻生藩士内田寛の6男として茨城県行方郡麻生村に生まれる。「東京高等商業学校」本科卒。三井物産に入社。「内田汽船会社」設立。「内田造船所」設立。T 13，衆議院選挙に当選。岡田啓介内閣の鉄道大臣。S 19. 2. 19～S 19. 7. 22，農商大臣(東條英機内閣の時)。戦後は，第５次吉田茂内閣の農林大臣。／農商大臣として，「大社」増産講師に配慮。S 19. 5. 18，河井は，内田農商大臣，次官，湯河食糧管理局長官，等と会見(『日記』S 19. 5. 18)。
江口　定條	渋谷，原宿。／S 17. 11. 4，千葉県神代村甘藷増産実況視察に参加(『日記』S 17. 11. 4)。／(前田　平成16年，表15参照)。
子爵　大河内輝耕	渋谷，原宿。／S 16. 10. 3～S 16. 10. 5の丸山の自宅等への視察に参加(『河井メモ』①)。

第 2 章　河井弥八の生涯と甘藷増産活動　125

氏　　名	備　　　考
子爵　大河内正敏	下谷，谷中清水。／S17.7.25，河井から甘藷栽培の必要を説明（『日記』S17.7.25）。
子爵　大島陸太郎	四谷，花園。／S18.4.13，河井・戸倉（儀作か―引用者注）による甘藷増産方法実地指導会（於「井之頭公園」）に出席か（『日記』S18.4.13）。S18.6.4，河井へ甘藷苗申し込み（『日記』S18.6.4）。S19.11.8，河井は，政務次官大島に農民の農繁期の帰還等の意見を告げる（『日記』S19.11.8）。
岡　喜七郎	赤坂，青山南。／S18.6.20，河井，甘藷苗配付（『日記』S18.6.20）。S19.6.10，甘藷分譲希望者（『日記』S19.6.10）。
子爵　岡部　長景	赤坂，丹後。／S18.3.9，河井，「丸山式」甘藷栽培法の著書を贈る（『日記』S18.3.9）。／（前田　平成16年，表12参照）。
河井　弥八	世田谷，北沢。／（第2章参照）。
小坂　順造	渋谷，金王。M14.3.30～S35.10.16。長野県上水内郡柳原村（現，長野市）の名望家小坂善之助の長男に生まれる。「東京高等商業学校」卒。「日本銀行」入行。「信濃銀行」取締役。「長野商業会議所」会頭・「信濃毎日新聞」社長。M45，衆議院議員に当選，立憲政友会に所属。農商務大臣秘書官，秘書課長，農商務省勅任参事官。拓務政務次官。S7以降，貴族院議員（多額納税者）。「同成会」。枢密顧問官。「長野電燈株式会社」社長。「信濃窒素」社長。「電源開発株式会社」総裁。地方名望家出身，政・財界で活躍しつつ，地方とのつながりを大切に中央で大をなす。戦後の政治家・実業家小坂善太郎・德三郎の父。／『日記』にしばしば登場。長野県への「丸山式」甘藷栽培法普及で，河井と大きく関わる（前田　平成18年，表26参照）。／（前田　平成16年，表12参照）。
古島　一雄	世田谷，経堂。／慶応元.8.1～S27.5.27。但馬国豊岡藩（現，兵庫県豊岡市）藩士の家に生まれる。上京，杉浦重剛に学び，M21，雑誌『日本人』に入る。『東京電報』新聞（後，『日本』）に移り，玄洋社系の人々と知り合う。雑誌『日本人』に移り，『日本及日本人』と改題。『万朝報』に移り，主筆。M44，東京府から衆議院補欠選挙に立候補し，代議士となる。心酔していた犬養毅の立憲国民党に所属し，以後犬養と行いを共にし，革新倶楽部に至る。護憲3派内閣で，逓信政務次官。政革合同でも犬養と行いを共にし政界引退。『大阪毎日新聞』『東京日日新聞』の客員（後，社友）となる。S7，犬養毅内閣により貴族院議員（勅選）。幣原内閣の組閣に関与。日本自由党総裁鳩山一郎が，GHQにより追放令該当とされた際，後任総裁就任を懇請されたが吉田茂を推薦。第1次吉田茂内閣の事実上の最高顧問と目され，第2次・第3次吉田茂内閣の指南番と言われた。河井等と無所属議員を糾合，「緑風会」結成。／『日記』に頻繁に登場。

氏　名	備　　考
後藤　文夫	渋谷，金王。／M17.3.7～S55.5.13。大分県に生まれる。M41，「東京帝国大学法科大学」卒。内務省に入り，優秀な官僚として早くから注目される。内務大臣秘書官。警保局長。台湾総督府政務長官。当初は，立憲政友会系，後，伊沢多喜男と近い憲政会系内務官僚とみられた。丸山鶴吉・田澤義鋪らの内務官僚，緒方竹虎らの新聞社幹部，近衛文麿らの若手貴族院議員と新日本同盟を結成。このグループと共に青年団運動を推進し，S5，「日本青年館」「大日本連合青年団」理事長に就任。壮年団運動も推進。同年，貴族院議員（勅選）。貴族院の会派「無所属倶楽部」。平沼騏一郎の「国本社」とも関わる。T12設立の安岡正篤等の「金鶏学院」の後継者の1人となり，S7，これに関わる軍人・官僚の「革新」的団体「国維会」設立における発起人・理事となり，新官僚の総帥とされるに至る。S7～，斎藤実内閣の農林大臣，荒木貞夫陸相と組み，「革新」政策を推進，産業組合の拡大に務めた。S9～，岡田啓介内閣の内務大臣。S11の2・26事件の際の内閣総理大臣臨時代理。近衛文麿のブレーンの1人として「新体制運動」推進。S15，新体制準備委員，「大政翼賛会」常任総務，「中央協力会議」議長，「大日本壮年団連盟」理事長。S17，「大政翼賛会」事務総長，「翼賛政治会」常任総務。S18，「大政翼賛会」副総裁，「大日本翼賛壮年団」長。S18.5.26～S19.7.22，国務大臣（東條英機内閣の時）。戦犯指名，公職追放，解除。S28，参議院議員。「緑風会」所属。S31，「日本青年館」理事長。／S11.12.26設立の「報徳経済学研究会」実行委員。S15.1現在，「中央報徳会」理事，貴族院議員・「大日本防空協会」理事長。S19.9現在，「中央報徳会」理事，貴族院議員。／『日記』に頻繁に登場。河井は，「大政翼賛会」に関して，後藤とやり取り（第2章参照）。S18.1.20，顧問として河井と「甘藷馬鈴薯臨時増産指導部顧問会議」（於　農林大臣官舎）に出席か（『日記』S18.1.20）。S18.6.19，河井は，後藤，安藤両大臣に面会，麦甘藷増産につき配慮を依頼する（『日記』S18.6.19）。S18.10.16，河井は，食糧増産運動につき，後藤国務相，吉田福岡県知事，等に面談（『日記』S18.10.16）。S20.5.26，河井等と庵原村視察（『日記』S20.5.26）。／（前田　平成16年，表4；第2章参照）。
伍堂　卓雄 （ごどう）	牛込，喜久井。／M10.9.23～S31.4.7。養子輝雄は，永野護・重雄らの弟。「東京帝国大学工科大学」造兵学科卒。造兵中将。造兵技術の導入・発展に貢献。「満州鉄道」理事。工学博士。S12，林銑十郎内閣の商工大臣兼鉄道大臣。S12，貴族院議員（勅選）。貴族院の会派「研究会」。「東京商工会議所」会頭。S14，阿部信行内閣の商工大臣兼農林大臣（農林大臣は，S14.8.30～S14.10.16）。「日本能率協会」会長。「商工組合中央会」会頭。S20，軍需省顧問。戦時統制経済の運用に尽力。戦犯に指名されるが釈放。

第2章　河井弥八の生涯と甘藷増産活動　127

氏　　名	備　　　　考
公爵　近衛　文麿	杉並，西田。／S12.6～S14.1，第1次近衛内閣。S15.7～S16.7，第2次近衛内閣。S16.7～S16.10，第3次近衛内閣。S20.12.6，戦争犯罪人容疑者として逮捕命が出て，S20.12.16，自決。／河井が，勅撰議員になる時に，理解・協力。
書記官長小林　一三	麹町，永田。／貴族院書記官長。／河井は，小林から多くの情報をもらう（『日記』）。
侯爵　小村　捷治	麻布，桜田。／S13，「大潮会」会長。／S20.5.26，河井等と庵原村視察（『日記』S20.5.26）。
坂野鉄次郎	京橋，木挽。／S17.2.3，河井から，甘藷増収法講習の説明を受ける（『日記』S17.2.3）。
佐藤助九郎	麹町，三番。／S16.7.9，河井等と食糧増産の意見交換（『日記』S16.7.9）。S17.5.29，河井から，甘藷増産実績，写真を示される（『日記』S17.5.29）。
鹽田　團平	品川，上大崎。／S17.5.29，河井から，甘藷増産実績，写真を示される（『日記』S17.5.29）。
柴田兵一郎	目黒，宮前。
関屋貞三郎	麹町，紀尾井。／M8.5.4～S25.6.10。栃木県に医師関屋良純の長男として生まれる。妻衣子は，貞明皇后（大正天皇の皇后）の学友でクリスチャン。「第一高等学校」卒。M32，「東京帝国大学法科大学」卒後，内務省に入り，M33，台湾総督府参事官。M40，国内に戻り，佐賀県内務部長・鹿児島県内務部長を歴任。M43，朝鮮総督府に転じて，内務部学務局長・中枢院書記官長を歴任。T8.8.20～，静岡県知事。T10，宮内次官，S8まで牧野伸顕，一木喜徳郎の2代の宮内大臣を補佐。宮内次官を最後に官界を去り，S8.12～S21.4に貴族院議員。「日本銀行」監事。S21，最後の枢密顧問官となる。右翼人脈との関係ももっていたと言われる。／河井と，「第一高等学校」の同窓。『日記』に頻繁に登場。河井と交流盛ん。／（前田　平成16年，表3；第2章参照）。
千石興太郎	豊島，雑司ケ谷。／M7.2.7～S25.8.22。日比谷生まれ。「札幌農学校」農学科卒。農事試験場熊本支場技手，岩手県農事巡回教師，愛媛県農会技師。島根県農会技師兼幹事，「大日本産業組合中央会島根支会」理事（後，理事長）等を兼任し，部落農会の設置，町村技術員の設置等を行い，「島根に千石あり」と中央でも認識される。「産業組合中央会」理事，副会頭，会頭を歴任。「産業組合中央金庫」評議員，「全国米穀販売購買組合連合会」会長，「大日本生糸販売組合連合会」会長，等となり，「産業組合の独裁王」とも言われた。農業団体統合で「中央農業会」顧問。貴族院議員。貴族院の会派「無所属倶楽部」。S20.8.15～S20.8.26，東久邇宮稔彦内閣の農商大臣（後，S20.8.26～20.10.5，農林大臣），短期間の就任であった。／石黒忠篤門下。甘藷増産運動で，河井と大きく関わる。／（前田　平成16年，表4参照）。

氏　　名	備　　考
田口　彌一	小石川，水道橋。／S 18. 5. 31，河井と会見，朝鮮に於ける甘藷増産事業計画の進歩した事情につき談話（『日記』S 18. 5. 31）。
竹下　豊次	世田谷，玉川田園調布。／「日本林業会」理事。／S 19. 10. 27，河井，宮崎県への食糧推進の指導を乞う（『日記』S 19. 10. 27）。
田澤　義鋪（よしはる）	淀橋，百人。／M 18. 7. 20～S 19. 11. 24。佐賀県藤津郡鹿島村に生まれる。「東京帝国大学法科大学」政治学科卒。文官高等試験合格。M 43，静岡県安倍郡長，安東村の官舎に移る。「村造りは人造りより」の方針で，青年教育振興を重視。余暇を使い，郡内の補習学校・青年団の指導をする。T 4，青年団運動の先覚者山本瀧之助，来訪。内務省明治神宮造営局書記官兼内務書記官。T 5，「中央報徳会」主催の青年指導者講習会を宿泊講習として指導。T 8. 6，『実業補習学校と公民教育』を「中央報徳会」から出版。T 8. 10，青年団員奉仕による「明治神宮」造営に成功。T 10. 8，近衛文麿，赤司鷹一郎，田子一民と，財団法人「日本青年館」設立に当たる。T 13. 7，「大日本連合青年団」創立準備委員長。S 4. 2，「壮年団期成同盟会」設立。S 5. 11，青年団について，天皇にご進講。S 8. 12，貴族院議員（勅選）。S 9. 11，「大日本連合青年団」「日本青年館」理事長。S 12. 1，「東京愛市同盟」に協力，堀切善次郎，吉岡弥生，等と，市政革新の機運をつくる。S 15. 2，第75帝国議会貴族本会議で，米内光政首相・松浦鎮次郎文相に対し，時局下文教の根本方針と斉藤隆夫事件に関して，政府と議会の職分を質問し，暗に軍部の思い上がりを批判する。S 17. 5，貴・衆両院議員を主体に結成された「翼賛政治会」からの入会勧誘を拒否。S 17. 5，地元大久保百人町の町会長となり，下村湖人の協力で，町会の建て直しをする。S 19. 3，四国の善通寺での地方指導者講習協議会で，敗戦を公言，講演中に倒れ，同月死去。／S 15. 1現在，「中央報徳会」評議員，貴族院議員。S 19. 9現在，「中央報徳会」評議員，貴族院議員。／S 19. 3. 31，田沢義鋪の病気を見舞う（『日記』19. 3. 31）。S 19. 12. 3，田沢義鋪の葬儀に参列する（『日記』S 19. 12. 3）。／（第2章参照）。
塚本　清治	淀橋，戸塚。／S 15. 1現在，「中央報徳会」理事，貴族院議員。S 19. 9現在，「中央報徳会」理事，貴族院議員。
次田大三郎	小石川，犬塚仲。／広島県出身か。貴族院議員。「同成会」。／S 15. 1現在，「中央報徳会」評議員，貴族院議員。S 19. 9現在，「中央報徳会」評議員，貴族院議員。／S 21. 5. 25，河井と共に，松本勝太郎往訪，松本所有地に，甘藷栽培を勧誘（『日記』S 21. 5. 25）。／（前田 平成16年，表8 参照）。
東郷　茂徳	麻布，広尾。／M 15. 12. 10～S 25. 7. 23，鹿児島県日置郡に生まれる。M 41，「東京帝国大学文科大学」卒。T元，外交官試験に合格し，外務省に入る。S 4，在独大使館参事官。S 12，駐独大使。S 13，駐ソ

氏　名	備　考
子爵　土岐　章	連大使。S 16. 10. 18～S 19. 9. 1，外務大臣（東條英機内閣の時）。S 20. 4. 9～S 20. 8. 15，外務大臣・大東亜大臣（鈴木貫太郎内閣の時）。S 21. 4，A級戦犯として，極東軍事（東京）裁判に起訴される。渋谷，永住。／Ⅱ―㊴に記述。
子爵　西尾　忠方	麹町，九段。松戸市松戸。／S 17. 11. 26，河井，関屋貞三郎，男山根健男，黒田長敬子等と「理化学研究所」を訪ね，「栄養パン」等の説明を聴く（『日記』S 17. 11. 26）。S 18. 4. 13，代理が，河井・戸倉（儀作か―引用者注）による甘藷増産方法実地指導会（於「井之頭公園」）に出席か（『日記』S 18. 4. 13）。S 18. 5. 25，河井が京都府下より取り寄せた甘藷苗を示す（『日記』S 18. 5. 25）。S 20. 5. 26，河井等と庵原村視察（『日記』S 20. 5. 26）。
伯爵　二荒　芳徳	四谷，霞ケ丘。／M 19. 10. 26～S 42. 4. 21。旧侯爵伊達宗徳の9男として生まれる。二荒家を継ぐ。夫人は，北白川宮能久親王の5女。T 2，「東京帝国大学」政治科卒。静岡県理事官，宮内書記官，宮内省御用掛兼東宮職御用掛，「学習院」講師を歴任。T 14，貴族院議員。厚生省顧問。興銀監査役。「日本体育会」会長。「大日本少年団連盟」理事長。「ボーイスカウト万国事務局」，デンマーク・シャム等の各協会と「日独文化協会」の各理事。／『日記』に頻繁に登場。／（前田平成16年，表3参照）。
子爵　舟橋　清賢	大森，上池上。／S 20. 5. 26，河井等と庵原村視察（『日記』S 20. 5. 26）。
男爵　坊城　俊賢	板橋，練馬南。／S 16. 7. 9，河井等と食糧増産の意見交換（『日記』S 16. 7. 9）。
子爵　保科　正昭	牛込，市谷伸。／S 18. 4. 13，河井・戸倉（儀作か―引用者注）による甘藷増産方法実地指導会（於「井之頭公園」）に出席か（『日記』S 18. 4. 13）。
侯爵　細川　護立	小石川，高田老松。／M 16. 10. 21～S 45. 11. 18。細川護久の4男。細川家第16代当主。大正・昭和時代の美術史家。T 3，貴族院議員。「国宝保存会」会長。「東洋文庫」理事長。戦後，「正倉院評議会」評議員，文化財保護委員会委員。美術品を愛好，蒐集し，蒐集した美術品は，細川家伝来の美術品・古文書・典籍と共に「永青文庫」（東京都文京区目白台）に収蔵されている。／S 18. 4. 13，代理が，河井・戸倉（儀作か－引用者注）による甘藷増産方法実地指導会（於「井之頭公園」）に出席か（『日記』S 18. 4. 13）。S 19. 6. 10，甘藷分譲希望者（『日記』S 19. 6. 10）。
松井　茂	品川。／広島県生まれ。M 26，「帝国大学」卒。警視庁各部長。韓国内務次官。静岡県知事，愛知県知事，「警察講習所」所長，等を歴任。「国民警察」構想を打ち出す。S 9，貴族院議員（勅選）。「警察協会」副会長，「警察講習所」顧問。警察官僚と言われた，『日本警察要論』『自治警察』等の著書あり。／S 17. 11. 24，松井茂博士の頌徳，

氏　名	備　考
	喜寿祝賀会あり，出席する。岡喜七郎，一木男，山崎次官，丸山，石田諸氏の演説あり，食堂で俵，柴田，松村，仁井田，松波諸氏の演説あり（『日記』S 17. 11. 24）。／S 9. 5. 1～S 20. 9，「大社」顧問。「中央教化団体連合会」専務理事。S 11. 12. 26設立の「報徳経済学研究会」実行委員。S 12. 8. 9，「大日本振興報徳会」顧問。S 15. 1現在，「中央報徳会」評議員，貴族院議員・法学博士。S 19. 9現在，「中央報徳会」評議員，貴族院議員・法学博士。／S 20. 9. 9，松井茂，逝去，を『日記』に書く（『日記』S 20. 9. 9）。S 20. 10. 9，故松井茂葬儀。「築地本願寺」（『日記』S 20. 10. 9）。／（前田　平成16年，表4参照）。
子爵　　松平　親義	中野，野方。／S 18. 3. 9，河井，「丸山式」甘藷栽培法の著書を贈る（『日記』S 18. 3. 9）。S 18. 6. 20，河井，甘藷苗配付（『日記』S 18. 6. 20）。
子爵　　松平　忠壽	目黒，中目黒。／S 17. 6. 1，河井，甘藷苗交付（『日記』S 17. 6. 1）。
松本勝太郎	渋谷。／S 21. 5. 25，河井と次田大三郎に，所有地の甘藷栽培を勧誘される（『日記』S 21. 5. 25）。
丸山　鶴吉	渋谷，大和田。／M 16. 9～S 31. 2. 10。広島県多額納税者の茂助の3男として生まれる。M 42，「東京帝国大学」政治科卒。内務書記官。朝鮮総督府の警務局長退任し，T 13，内地へ引き揚げ。田澤義鋪に東京市助役を譲り，「日本青年館」理事としてその建設に没頭。「大日本連合青年団」（初代理事長近衛文麿，2代目理事長一木喜徳郎）発団式では，理事長代理として，大会議長を務める。警視総監。貴族院議員（勅選）。S 18. 6，「大政翼賛会」事務総長。東北地方総監。財団法人「田沢義鋪記念会」初代理事長。／S 15. 1現在，「中央報徳会」評議員，貴族院議員。S 19. 9現在，「中央報徳会」評議員，宮城県知事。／『日記』に頻繁に登場。
男爵　　三須　精一	渋谷，代々木山谷。／S 17. 11. 4，千葉県神代村甘藷増産実況視察に参加（『日記』S 17. 11. 4）。S 18. 4. 13，河井・戸倉（儀作か—引用者注）による甘藷増産方法実地指導会（於「井之頭公園」）に出席か（『日記』S 18. 4. 13）。
水野錬太郎	芝，白金猿。／貴族院議員，「同成会」。財団法人「静岡育英会」理事。／S 15. 1現在，「中央報徳会」理事，貴族院議員・法学博士。S 19. 9現在，「中央報徳会」理事，貴族院議員・法学博士。
男爵　　向山　　均	浅草，橋場。／S 18. 4. 13，河井・戸倉（儀作か—引用者注）による甘藷増産方法実地指導会（於「井之頭公園」）に出席か（『日記』S 18. 4. 13）。S 18. 6. 28，河井，甘藷苗配付（『日記』S 18. 6. 28）。／（前田　平成16年，表10参照）。
安井　英二	荏原，小山。／S 12. 6. 4～S 12. 10. 22，文部大臣（第1次近衛文麿内閣の時）。S 15. 7. 22～S 15. 12. 21，内務大臣（第2次近衛文麿内閣の時）。この時，報徳の「芋コジ会」から，常会を作る。／S 15. 1

第2章　河井弥八の生涯と甘藷増産活動　131

氏　　名	備　　　　　考
男爵　矢吹　省三	現在,「中央報徳会」理事, 貴族院議員。S 19. 9現在,「中央報徳会」理事, 貴族院議員。渋谷, 南平臺。／S 16. 10. 3～S 16. 10. 5の丸山の自宅等への視察に参加(『河井メモ』①)。
公爵　山縣　有道	麹町, 富士見。／S 18. 4. 13, 河井・戸倉 (儀作か──引用者注) による甘藷増産方法実地指導会 (於「井之頭公園」) に出席か (『日記』S 18.4.13)。
男爵　山根　健男	赤坂, 青山南。／S 17. 11. 4, 千葉県神代村甘藷増産実況視察に参加 (『日記』S 17. 11. 4)。S 17. 11. 26, 河井, 関屋貞三郎, 西尾忠方子, 黒田長敬子等と「理化学研究所」を訪ね,「栄養パン」等の説明を聴く (『日記』S 17. 11. 26)。
吉田　　茂	豊島, 目白。／M18. 9. 2～S 10. 12. 9。日本銀行行員の長男として, 大分県臼杵町に生まれる。旧制東京府立第四中学校, 第一高等学校を経て, M44,「東京帝国大学法科大学」卒。文官高等試験合格。M44, 内務省に入る。T12, 東京市助役。S 2. 7, 内務省神社局長。S 4. 7, 内務省社会局長官。S 12, 貴族院議員 (勅選)。S 15. 1. 15～S 15. 7. 22, 厚生大臣 (米内光政内閣の時)。S 18. 7～, 福岡県知事。S 19. 12. 19～S 20. 4. 7, 軍需大臣 (小磯國昭内閣の時)。S 21, 公職追放。S 28, 神社本庁事務総長。
吉野　信次	渋谷, 神田。／S 17. 7. 25, 河井から甘藷栽培の必要を説明 (『日記』S 17. 7. 25)。
米山　梅吉	赤坂, 青山南。／M元. 2. 4～S 21. 4. 28。士族和田竹造の3男として, 江戸に生まれる。米山家の養子となる。苦学の末, M30,「三井銀行」に入行。M42,「三井銀行」常務取締役, 池田成彬と並んで同行を代表する存在となる。T 13. 3,「三井信託」社長。「信託協会」初代会長を長く勤める。S 7,「三井合名」理事。S 9,「三井報恩会」(この会には, 山口安憲も。S 20. 5. 3現在, 文化部長井上玄一も) 理事長。ロータリークラブを日本に導入。私費で「緑岡小学校」設立, これは後に「青山学院初等部」となる。S 13から貴族院議員 (勅選)。貴族院の会派「同成会」に所属。／『日記』に頻繁に登場。丸山方作に,「三井報恩会」から研究費を助成 (前田　平成18年, 表28；第2・3章参照)。S 17. 2. 3, 河井から, 甘藷増収法講習の説明を受ける (山口安憲も) (『日記』S 17. 2. 3)。／(前田　平成16年, 表10・12参照)。

〔典拠〕上段の氏名欄, 備考欄の最初の／の左の住所または単独の肩書き等は,『貴族院議員氏名表』(明治38年12月24日の調査による) 掛川市役所所蔵, より作成。下段の氏名欄, 備考欄の最初の／の左の住所は,『河井手帳』貴S 20, 中の「貴族院議員宿所一覧表」(昭和19年11月6日現在), より作成。

〔備考〕『河井手帳』S 22によると, 昭和22年頃の貴族院会派の「同成会」(河井弥八所属) 会員は, 丸山鶴吉, 前田多門, 次田大三郎, 小坂順造, 白澤保美, 岩波茂雄, 米山梅吉, 山崎延吉, である。

表10　河井弥八と関係する人物等 ― 衆議院議員 ―

氏　名	備　考
芦田　均	渋谷区青葉町。／M20.11.15～S34.6.20。京都に生まれる。父鹿之助は「政友会」代議士。「東京帝国大学法科大学」卒。外務省に入り、ロシア・フランス大使館、トルコ・ベルギー大使館等に勤務。満州事変を機に帰国。総選挙に当選し、政友会の外交通として通る。軍部の独走に批判的で、「大政翼賛会」結成に参加せず。幣原内閣の時の厚生大臣。自由党から離れ、民主党の結成に参加、総裁となる。S23.3、芦田内閣を組閣、首相兼外相を勤める。昭和電工疑獄事件で辞職（結果は無罪）。／京都府への「丸山式」甘藷栽培法普及で、河井と大きく関わる（前田　平成18年、表26参照）。
井野　碩哉	渋谷区青葉町。／S16.6.11～S18.4.20、第2次近衛文麿、第3次近衛、東條英機内閣の農林大臣。S17.4.30、衆議院議員。「翼賛政治会」。／農林大臣として、甘藷増産運動で、河井と大きく関わる（第2章参照）。
大口　喜六	麻布区笄町。／M3.5.25～S32.1.27。三河国豊橋に生まれる。丸山方作の従兄弟か。「東京薬学校」「帝国大学薬学科」等に学び、薬剤師となる。豊橋町長、愛知県会議員、豊橋市長を歴任。M45、衆議院議員に当選。田中義一内閣で大蔵政務次官。「国民厚生金庫」理事長。「東京化学工業」「豊橋電気」「矢作水力」等の取締役。／S15.4.21、丸山方作の「高松宮殿下表彰記念謝恩会」で講演、この時、河井と会う（『丸山日記』S15.4.21、『日記』S15.4.21）。／信参遠鉄道期成会で、河井と大きく関わる（第2章参照）。
木村寅太郎	群馬県新田郡笠懸村。／群馬県出身か。／S19.1.9、河井、木村の需により、笠懸村に行く（『日記』S19.1.9）。
小平　権一	淀橋区下落合。／S15.1現在、「中央報徳会」理事、「満州糧穀会社」理事長・農学博士。S19.9現在、「中央報徳会」理事、衆議院議員・農学博士。
小山邦太郎	四谷区愛住町。／S16.12.15、丸山方作による衆議院「農政研究会」代議士の為の講演会に出席（『河井メモ』①）。
小山　谷蔵	和歌山県西牟婁郡白濱町。／『日記』にしばしば登場。S16.10.3～S16.10.5の丸山の自宅等への視察に参加（『河井メモ』①）。
島田　俊雄	京橋区銀座。／M10.6.18～S22.12.21。島根県那賀郡浅利村（現、江津市）出身。「東京帝国大学法科大学」政治学科卒。東京市教育課長、清国雲南省法政学堂講師、東京市勧業課長、等歴任。M45以降、衆議院議員。選挙落選中のT4.5には、「東京帝国大学法科大学」に再入学し、弁護士資格取得。T2、立憲政友会に入党以来、院内幹事・院内総務・政務調査会長、等要職を歴任。衆議院議員では、予算委員長、等の各種委員長を歴任。犬養毅内閣の法制局長官。S11.3.9～S12.2.2、広田弘毅内閣の農林大臣。平沼騏一郎・阿部信行両内閣の内閣参議。S15.1.15～S15.7.22、米内光政内閣の農林大臣。「翼賛政治会」・「大日本政治会」。晩年は、軍部に接近。S15の政党解消後は、「翼賛議員同盟」・「翼賛政治会」の顧問。S19.7.22～S20.4.7、小磯國昭内閣の農商大臣。公職追放により、政界の第1線から引退。／甘藷増産運動で、河井と関わる（第2章参照）。

氏　名	備　考
田子　一民 (たご　いちみん)	目黒区上目黒。／M14～S38。現，岩手県盛岡市に，旧南部藩士の子として生まれる。「盛岡中学校」，「第二高等学校」(仙台) 卒。「東京帝国大学法科大学」政治学科卒。内務省に入り，地方官を経て，警保局警務課長，地方局市町村課長，地方局救護課長，地方局社会課長，等を歴任。T11，内務省社会局長。三重県知事。衆議院議員。第4次吉田茂内閣で，農林大臣。「中央社会福祉協議会」(後，「全国社会福祉協議会」)の設立に務め，会長となる。社会問題，社会事業関係の著書多数あり。／S15. 1現在，「中央報徳会」理事，衆議院議員。S19. 9現在，「中央報徳会」理事，衆議院議員。／S18. 4. 26，河井に，甘藷及び麦類増産の説明をしてもらい，共鳴(『日記』S18. 4. 26)。
館林三喜男	河井の長女マスの夫。河井と「静岡県立静岡中学校」同窓か(『日記』S17. 7. 15)。衆議院議員。／『日記』に頻繁に登場。
津崎　尚武	芝区三田小山町。／M15～S37. 8. 29。島根県根占に生まれる。M42，「東京帝国大学」卒。長野県属兼警視。更級郡長。千曲川水害に伴う郡役所移転問題を解決。長野市の篠ノ井の生みの親として尽力したことで，津崎町の名が残る。／S17. 1. 3，河井，鹿児島県への「丸山式」甘藷栽培法普及を依頼(『日記』S17. 1. 3)。
中越　義幸	芝区新橋。／報徳の熱心家。居村の高知県高岡郡原村は全村結社。河井の甘藷栽培に共鳴，行動を同じくすることを約す(『日記』S17. 9. 25)。S18. 11. 14，高知県で河井を出迎える，河井は高橋三郎知事を訪問(『日記』S18. 11. 14)。
星　　一	本郷区駒込曙町。／M6. 12. 25～S26. 1. 19。福島県に生まれる。息子は，SF作家星新一。M27，「東京商業学校」卒。M34，「コロンビア大学」卒。アメリカ時代に知り合った野口英世は親友。M41，衆議院議員に初当選，以後も当選。M44，星製薬(「星薬科大学」の母体にもなる)設立。S22，第1回参議院議員選挙全国区に最高得票で当選。／S17. 1. 28，河井，間接的に「大社」増産講師派遣を依頼される(『日記』S17. 1. 28)。
森口　淳三	静岡県引佐郡気賀町。／S17. 1. 10設立の「西遠明朗会」会長。S17. 5. 29，河井から，甘藷増産実績，写真を示される(『日記』S17. 5. 29)。S18. 4. 30，「駿州明朗会」発会式に参加(『日記』S18. 4. 30)。「明朗会」運営に関して，河井としばしば協議(第2章参照)。S35. 1，静岡県引佐郡細江町に，丸山作の碑建立。
山崎達之輔	牛込区東五軒。／S9. 7. 8～S11. 3. 9，農林大臣(岡田啓介内閣の時)。S12. 2. 2～S12. 6. 4，農林大臣(林銑十郎内閣の時)。S18. 4. 20～S18. 11. 1，農林大臣(東條英機内閣の時)。S18.11.1～S19.2.19，農商大臣(東條英機内閣の時)。「翼賛政治会」。／『日記』にしばしば登場。S18. 10. 28，第83回帝国議会の貴族院において，農林省の甘藷増産の姿勢を，河井に追求される(第2章参照)。

〔典拠〕氏名欄，備考欄の最初の／の左の住所は，『河井手帳』宮S20，中の「衆議院議員宿舎一覧表」(昭和19年12月1日現在)，より作成。

表11 河井弥八と関係する人物等 ― 表9, 表10にない政治家, 議員, 官僚 ―

氏　名	備　　　　考
赤木　正雄	M20. 3. 24～S47。現，兵庫県豊岡市引野に生まれる。「第一高等学校」始業式で，新渡戸稲造校長に治水事業の話を聞く。「東京帝国大学」卒。農学博士。内務省技師。参議院議員。建設政務次官。豊岡市名誉市民。文化勲章受章。／『日記』に頻繁に登場。河井と，「全国治水砂防協会」の仕事に尽力。／（前田　平成16年，表8参照）。
有馬　頼寧	M17. 12. 17～S32. 1. 10。久留米藩主有馬頼万伯爵の長男として生まれる。「東京帝国大学農科大学」卒。農商務省に入る。「東京帝国大学農科大学附属教員養成所」講師。「日本教育者協会」設立・会長。T13，衆議院議員，後，「政友会」所属。S4，貴族院議員。近衛文麿，木戸幸一と並び，「革新」的な華族として着目される。S7，斎藤実内閣の農林政務次官。「産業組合中央金庫」理事長。S12. 6. 4～S14. 1. 4，農林大臣（第1次近衛文麿内閣の時）。S15，近衛・木戸等と，新体制運動に参加。S15. 10，「大政翼賛会」事務局長（初代）。S20，A級戦犯容疑者，S21，釈放。「日本中央競馬会」理事長。／（前田　平成16年，表4参照）。
伊沢多喜男	M2. 11. 24～S24. 8. 13。信濃国高遠藩士の家に生まれる。伊沢修二（M15，我が国初の『教育学』を刊行。「東京音楽学校」長，貴族院議員＜勅選＞，「東京高等師範学校」長。「楽石社」創立，吃音事業に着手）の弟。河井の弟昇三郎の妻たか子の父（前田　平成16年，図1参照）。「帝国大学法科大学」卒，内務省に入る。和歌山県知事，愛媛県知事，新潟県知事。T3，大隈重信内閣下で警視総監。T5，貴族院議員（勅選）。憲政会系の勅選議員を中心に「同成会」を組織，貴族院における反「政友会」系の指導者の1人となる。内務省の後進にも影響力あり。T13. 9. 1，台湾総督（加藤高明内閣の時）。東京市長。5・15事件の後，斎藤実内閣の成立に努め，入閣要請を辞し，閣外から支援（伊沢系官僚は内閣に進出）。国体明徴運動に反対し，「革新」派から攻撃される。S15の近衛新体制にやがて失望。枢密顧問官。戦後，公職追放。／S15.1現在，「中央報徳会」評議員，貴族院議員。S19. 9現在，「中央報徳会」評議員，枢密顧問官。／『日記』に頻繁に登場。
岡沢　多六	河井は，食改善の先駆として，岡沢多六をして，農家の竈の改善に着眼し，報徳社中に実施の先鞭をつけた（土岐章「河井弥八先生を偲びて」，Ⅱ—㊴, p.9）。
木檜三四郎	1868～S34. 8. 14。群馬県吾妻郡岩島村に生まれる。吾妻郡原町長。吾妻郡議会議員・議長。群馬県議会議員（6期）。衆議院議員（7期）。戦後，参議院議員。参議院仮議長。／『日記』にしばしば登場。
白澤　保美	貴族院議員か。「同成会」。林学博士。／『日記』にしばしば登場。／（前田　平成16年，表12参照）。
鈴木貫太郎	慶応3. 12. 24～S23. 4. 17。和泉国に生まれる。地方官吏の父に従い，千葉，群馬に移る。M20，「海軍兵学校」卒。M22，海軍少尉，水雷艇の艇長として日清戦争に従軍。明石，宗谷，敷島，筑波などの艦長を歴任。T12，海軍

第 2 章　河井弥八の生涯と甘藷増産活動　135

氏　名	備　考
	大将。T13, 連合艦隊指令長官。T14, 海軍軍令部長。一木喜徳郎の説得で, S4, 侍従長兼枢密顧問官。8年間, 侍従長として天皇の側近。2・26事件で, 反乱軍に襲われ重傷。男爵。S19, 枢密院議長。S20.4.7〜S20.8.17, 内閣総理大臣（木戸幸一, 近衛文麿等の推薦があったか）。S20.8.14, 天皇裁断によるポツダム宣言受諾を選択。／（前田　平成16年, 表3；第2章参照）。
俵　　孫一	S4, 商工大臣として, 燃料酒精の問題に関わる（第1章一第1節参照）。／S16.10.3〜S16.10.5の丸山の自宅等への視察に参加（『河井メモ』①）。S17.11.4, 千葉県神代村甘藷増産実況視察に参加（『日記』S17.11.4）。
西原　亀三	M6.6.3〜S29.8.22。豊岡県与謝郡雲原村（現, 京都府福知山市雲原）に生まれる。小学校卒業後, 家業を手伝い繭買い等に従事。後, 綿布商会, 煉瓦工場設立。雲原村の与謝郡から天田郡への編入運動をし, 神鞭知常を知る。M34, 神鞭に招聘され上京, そのアジア問題に関する王道主義に共鳴。M38, 渡韓, 総督府の目賀田種太郎の財政改革を攻撃。ソウルに「共益社」設立, 綿織物販売をし, 在韓著名の実業家として, 寺内正毅に知られる。T5, 帰国し大隈重信内閣打倒に奔走。寺内内閣成立後, アジア策につき首相に建言し, 日中の経済的連携に奔走し, いわゆる「西原借款」を担当。寺内正毅内閣総辞職後, 政界の裏で活躍。田中義一内閣成立後, 人事に反発, 日本のファッショ化に憤慨。S10, 郷里の村長に推され, 更生運動に尽力, その施策は全国農村の模範と言われた。S19, 農商省農政局『農地の交換分合実施事例　其ノ一』が, 西原亀三指導の雲原村農地交換分合事業を紹介。／河井は, 西原亀三に着目。S15.8.25, 西原亀三の為に4枚, 揮毫する（『日記』S15.8.25）。
湯浅　倉平	M7.2.1〜S15.12.24。山口県豊浦郡宇賀村の医師石川康庵の次男として生まれる。「東京帝国大学法科大学」政治科卒。T4, 第2次大隈重信内閣の一木喜徳郎内相のもとで警保局長。T5, 貴族院議員（勅選）。「同成会」に所属, 政党内閣には関与せず。加藤高明内閣の若槻礼次郎内相の時, 内務次官。T14.12〜S2.12に朝鮮総督府政務総監として斎藤実総監を補佐。S11の2・26事件では, 一木喜徳郎枢密院議長等と天皇の側近に侍し, 反乱鎮静に向け天皇を補佐。斎藤実が殺害された後, 内大臣。右翼急進派から「親英米派の君側の奸」とみなされ, 暗殺計画の目標とされる。／S15.1現在,「中央報徳会」評議員, 内大臣。／（前田　平成16年, 表3参照）。
吉田　　茂	M11.9.22〜S42.10.20。旧土佐藩士で自由民権運動の志士である竹内綱の5男として生まれる。妻は, 牧野伸顕の長女雪子。「学習院」に学び, 転学して「東京帝国大学法科大学」政治科卒。外交官及び領事官試験に合格。戦後, 自由党総裁。5次にわたり, 組閣。／S21.9.4,「報徳連合会」発会式で祝辞。

(7) 貴族院議員・参議院議員,「大日本報徳社」副社長・社長時代の諸活動等

河井は,貴族院議員時代(昭和13年1月～)とそれに続く参議院議員時代(同22年5月～),それらと時期をほぼ同じくした「大社」副社長時代(昭和13年2月～)とそれに続く社長時代(同20年2月～)には,人脈も大きく広がり,貴族院・参議院での食糧問題,治山・治水・砂防問題,林業問題,等への取り組み,「大社」での甘藷増産活動,等を行った。その他,以下での諸活動をした。① 皇室行事等。② 徳川公爵家の「家政相続人会」他：徳川家と深い関係を保持。③ 徳川「公爵伝記編纂所」：顧問となる(昭和15年4月1日からか＜『日記』S15.7.29＞)。④「全国治水砂防協会」(前田 平成16年,表8参照)：戦前から,毎週水曜日の正午に協会役員,有志が相会して行った懇談会。「砂防会館」建設後も継続。河井は,貴族院の「同成会」,参議院の「緑風会」でも中心的な存在として,全国の治水,砂防に取り組んだ。河井は,「災害は天災にあらずして人災にありと治水政策の欠陥を喝破」して,政府,国民に訴えた(赤木正雄＜表11参照―引用者注＞「河井先生」。Ⅱ―㊴,p.8,等)。⑤ 財団法人「静岡育英会」(前田 平成16年,表9参照),財団法人「静岡育英会」静岡県支部(前田 平成16年,表10参照)。⑥ 財団法人「培本塾」(前田 平成16年,表11参照)：甘藷増産活動の一翼。⑦ 財団法人「興農学園」(前田 平成16年,表12参照)。⑧ その他は,以下。[・「林政研究会」(昭和14年4月13日に発起人会開催)。・「久連国民高等学校」(河井の甘藷増産普及先)：『日記』に,昭和16年9月20日,柴田(善三郎か―引用者注)と「日本倶楽部」に至り,「久連国民高等学校」援助の件,甘藷栽培成績視察団結成の件,等談話(『日記』S16.9.20),とある。・「池之上国民学校会」(前田 平成16年,表13参照)：河井の甘藷増産普及先。・「東京指公会」(前田 平成16年,表14参照)。・「香邨寮同人会」(前田 平成16年,表15参照)。・財団法人「晴光園療院」(前田 平成16年,表16参照)。]

2. 河井弥八の生涯における甘藷増産活動の展開
(1) 甘藷増産への関心と甘藷増産活動の展開
① 甘藷増産への関心

　河井が，「大社」入り（昭和13年2月24日）する以前から，「大社」講師（昭和10年12月5日～）になっていた丸山は，既に「丸山式」甘藷栽培法を他県の人々に指導していた（前田　平成15年，表16参照）。例えば，昭和11年3月4日に，兵庫県津名郡尾崎村で，「甘藷苗床実地伝習」を行った（出席者：25名位。『丸山日記』S11．3．4）り，同年9月22日に，長野県視察員6名来て，「甘藷作方法ノ質問」に答えた（『丸山日記』S11．9．22）りしていた。ただし，これらは「大社」の仕事として行っていたかは不明である。

　また，河井が，「大社」入りする以前から，「大社」は，丸山方作『根本改良甘藷栽培法』を発行（昭和13年3月5日）していた。この発行は，「大社」が，「丸山式」甘藷栽培法の著書を出版した始まりであった。この著書の序は，「大社」に丸山を入れたと思われる飯田栄太郎（前田　平成15年，表10参照）が書いた。

　昭和13年4月3日，河井は一木と共に，「掛川報徳館」で，丸山に会った（『丸山日記』S13．4．3）。その2日後の4月5日の『日記』には，河井は，「培本塾」（前述）を出て，「海岸畑地ニ到リ甘藷栽培ノ状況ヲ見ル」（『日記』S13．4．5）と記しているから，この頃既に甘藷に関心をもち，甘藷増産を意識していたかもしれない。

　昭和14年9月17日には，河井は，実家の近村の小笠郡西郷村五明の松浦清三郎（第2章―第2節，前田　平成15年，表10参照。以下，松浦と略称。この時，松浦は既に丸山から指導を受け，「丸山式」甘藷栽培法を行っていたか）の「甘藷競作視察」に行った。

　　昭和14年9月17日，西郷村五明の松浦清三郎の「甘藷競作視察」に赴く（杉本良＜前田　平成15年，表10参照 ― 引用者注＞，石野元治郎＜同上＞，村長石川利作，競作人5人，戸倉＜儀作か，前田　平成15年，表10参照 ― 引用者注＞，

等も出席か）（『日記』S 14.9.17）。

　この頃から，河井の丸山を意識した甘藷増産への関心は，現実の活動に直結したものと思われ，以後，河井は次のような行動をとっている。

　　昭和14年9月30日，西郷村五明の松浦清三郎，松浦正三，松浦清一，小澤清一郎，佐藤雅夫，松浦勇太郎の6氏，小柳直吉（前田　平成15年，表10参照—引用者注）の案内で来訪，甘藷畑視察につき謝意を述べ，耕作方法等につき説明する，石野元治郎，芳次これを傍聴，甘藷2株を贈られる。この甘藷を掛川報徳社に提出（静岡地方裁判所長秋山高彦，同検事正安倍輔，浜松区裁判所検事雪下□三郎，等来社，図書館を案内，本殿に導き，甘藷を看覧に供し説明）。「西郷村甘藷作要領」を，日記に書き留める（西郷村甘藷作の指導者は，丸山方作，戸倉儀作）（『日記』S 14.9.30）。

　河井は，昭和14年12月5日，「丸山式」甘藷栽培法から確かな手応えを受け，次のように，「大ニ実際的知見ヲ確実ニス」と『日記』に記載した。

　　昭和14年12月5日，報徳社に至る，途上で西郷村の松浦清三郎他3氏の出迎えを受け，丸山方作技師の来社あることを聴く。報徳社で丸山，松浦等に「会見シ大ニ実際的知見ヲ確実ニス」（『日記』S 14.12.5）。

　その後の同15年1月14日には，河井は，丸山を（始めてか—引用者注），実家に案内した（『日記』S 15.1.14）。

　河井は，昭和14年10月24日，誕生日に夕食に甘藷を食べた（『日記』S 14.10.24）。彼は，以後も甘藷の食事をした（『日記』）。

　河井は，実家のある南郷村での甘藷栽培・収穫に力を入れた（『日記』S 15.11.1等）。

② 報徳の学習

　河井は，掛川で生まれ，「静岡県立静岡中学校」入学前まで掛川で暮らしたとは言え，報徳思想や同郷で父の政敵良一郎が強力に進める報徳社運動が，十分にわかっていたうえで，「大社」副社長になったとは言えない状況であったと思われる。また，「大社」副社長になる以前の昭和11年12月26日設立の「報

徳経済学研究会」に入っていたとは言え，報徳の学習の日にちは浅かったと思われる。一木等の導きで，徐々に報徳思想や報徳社運動がわかり，報徳社運動に入り込んでいったと言う方が正確かもしれない。しかし，河井は，「大社」副社長になると，報徳の学習（前田　平成18年，表18参照）を継続した。

③ 現実的な食糧危機の認識

河井は，昭和15年11月24日，自宅の米が昨日で尽き，家庭購買組合に対して供給を求めたが竟(つい)に得ず，応急措置として少量の残米に甘藷を加え粥を作って食べる（『日記』S 15. 11. 24）ことを経験した。

④「丸山式」甘藷栽培法の河井弥八周囲への伝達と周囲による着目

昭和15年11月27日頃より，河井は，「読売新聞社」に「丸山式」甘藷栽培法を告げ，それをメディアに載せた。以後も，それをメディアに載せた（後述）。

昭和15年11月27日，河井は，酒井忠正（表9参照）伯に，丸山方作の業蹟を告げ，「農産ノ増進ヲ図ル為大ニ同氏ノカニ倚ラレンコトヲ希望シ更ニ農会ノ腐敗ヲ警告（内容は不明―引用者注）」した（『日記』S 15. 11. 27）。これは，貴族院議員・衆議院議員に，丸山方作・「丸山式」甘藷栽培法を伝えた最初の頃のものと思われる。

昭和15年12月3日，河井は，「掛川中学校」「小笠農学校」を始め，複数学校（農学校を含む）長等と，「報徳ヲ学校教育ニ施用」する話し合いをもった（『日記』S 15. 12. 3）。これは，甘藷増産活動における報徳社と学校との接近の最初の頃のものと思われる。

昭和16年1月27日，河井は，「帝国治山治水協会」で，食糧充足問題，足尾（父重蔵の友人田中正造縁の地―引用者注）視察要望等の論議の中心となった（『日記』S 16. 1. 27）。この時，「丸山式」甘藷栽培法を中央の人々に伝えたかもしれない。

昭和16年3月4日，河井は，石黒忠篤（表9参照）農相を訪問，農林省農政局特産課長坂田英一（第1・3章参照―引用者注）技師を紹介された（『日記』S 16. 3. 4）。このことで，「丸山式」甘藷栽培法が，農林省当局に近くなった

と思われる。

　昭和16年3月20日，河井は，「日本放送協会」に「丸山式」甘藷栽培法を放送（農林省後援）させた（『日記』S16.3.20）。

　昭和16年3月21日，西三河，東三河，西遠州の「丸山会」大会が開催された（『日記』S16.3.21）。「丸山会」とは，丸山と研究・学習する為に各地に結成された研究・学習会である。「明朗会」とも言われた。明朗とは，丸山方作の号で，『丸山日記』（S15.2.11）に，「明朗居士自誠　皇紀二千六百年紀元吉日書」とある。この頃から明朗の号を使用したと推測される。以後も行われた「丸山会」大会で，東海道筋，遠州・三河地方の「丸山式」甘藷栽培法への関心が盛り上ったと思われる。

　昭和16年5月2日，「大日本農会」主催，農林省助成「甘藷増産体験懇談会」が開催され（於「農林大臣官邸」—引用者注），河井・丸山・磯部幸一郎（前田　平成15年，表10参照）が出席した（『日記』S16.5.2, 等。第1章—第1節，第3章—第2節参照）。この頃から，農林省等は，「丸山式」甘藷栽培法へ本格的な着目をしたと思われる。

　昭和16年9月11日，「日本甘藷馬鈴薯株式会社」が，業務を開始した（第1章—第1節参照）。以降，河井とこの会社の人々との関係ができていった。この会社は，昭和19年4月頃からか，「日本藷類統制株式会社」となった。河井は，同20年2月6日，「日本藷類統制株式会社」参与会に出席してもいる（『日記』S20.2.6）。これらの会社の人々は，甘藷増産で，河井を手助けした。

　昭和16年11月6日，河井は，「丸山式」甘藷栽培法を「日本映画社」の映画にさせる為，フイルムに収めさせた（『日記』S16.11.6）。

⑤「丸山式」甘藷栽培法の特に皇室への伝達と皇室による着目

　昭和16年3月27日，河井は，宮内省に出頭，宮内栽培方指導のことを打ち合わせた（『日記』S16.3.27）。この頃から，宮内省は，「丸山式」甘藷栽培法へ本格的な着目をしたと思われる。同年4月9日，丸山が，「新宿御苑」で，各宮家，宮内省内匠寮，「帝室林野局」，学習院などの有志50名の前で，「丸山

式」甘藷栽培法の実施をした（前田 平成15年，表15；第3章―第2節，等参照）。このことは，皇室，宮内省関係者，等に，「丸山式」甘藷栽培法を強く知らしめたと思われる。昭和16年4月29日には，天皇が，丸山に関心を示し，河井に丸山について質問した。『日記』に，次の記述がある。

　　昭和16年4月29日，（宮内省のかー引用者注）大講堂での旧奉仕者の天長節奉祝会に出席。側近旧奉仕者に賜謁あり，第4班首席として8名と共に表御座所で拝謁し，「予ニ対シ甘藷栽培ノコトヲ御下問アラセラレシヲ以テ謹テ奉答ス次ニ丸山氏トハ如何ナル人カトノ御下問アリ是亦謹テ奉答ス至誠天ニ通スルモノナリ」。奉答要旨は，「内地食糧自給ノ必要，本年秋収マテノ食糧不足ノ切要ト其方法，甘藷栽培ノ成績（南郷村）ヲ見テ宜時開始セリ丸山氏ノ経歴ト高松宮殿下賜品，米麦，甘藷栽培ニ堪能ナルコト」（『日記』S 16. 4. 29）。

同年10月4日から同月5日，河井は，宮内省関係者，農林省農政局長岸良一以下多くの農林省関係者，「東京女子高等師範学校」教授中沢伊與吉，「日本甘藷馬鈴薯株式会社」社長岩瀬亮，衆議院議員，貴族院議員，等を連れて，丸山・磯部幸一郎・田村勉作（前田 平成15年，表10参照）の農場を視察した（第3章―第2節参照）。

　以後も，丸山または「丸山式」甘藷栽培法の皇室への伝達と皇室による着目は続いた。さらに，皇室は，河井の甘藷増産活動の後ろ楯となった。

⑥「大日本報徳社」増産講師の任命

　「大社」では，下記の「大社」増産講師（第3章―第2節参照）を任命する以前から，農事指導講師派遣の話があったようである。例えば，河井は，昭和13年12月19日，「大社」理事会に出席，農事指導講師派遣等を協議（鷲山，田辺，飯田，垂松の4氏も出席。於「大社」）した（『日記』S 13. 12. 19）。この農事指導講師派遣（構想か）は，後の，本格的な「大社」増産講師派遣の前史にあたるかもしれない。ただし，この頃実際に農事指導講師を任命し，派遣したかどうかは確認ができなかった。

昭和17年2月8日頃，「大社」は，「大社」農事講師19名を嘱託し，全国に派遣することにした（前田 平成15年，表10；『報徳』41.2／S17.2／48；『日記』S17.1.12等参照。「大社」の食糧増産活動に動員された「大社」農事講師等を指して，「大社」増産講師と呼称）。その後も，「大社」は，多くの「大社」増産講師を任命した（前田 平成15年，表10参照）。

⑦ 河井弥八周囲との食糧増産に対する平素からの意見交換

河井は，周囲と食糧増産に対して平素から意見交換をしていた。例えば，『日記』には，昭和16年7月9日，佐藤助九郎（表9参照―引用者注）に招かれ，晩餐会に出席，「食糧増産其他ニ付隔意ナキ意見交換セリ甚有益ナル会合ナリ」（於「星ケ岡茶寮」，出席者：安藤廣太郎，寺尾博，（農林省農政局長―引用者注）岸良一，森肆郎，岩村 一木男，坊城俊良（賢）（表9参照―引用者注）男，塩田團平（同上）『日記』S16.7.9），等多数の記述がある。

⑧ 太平洋戦争勃発と甘藷増産活動の活発化への動き

河井が，「丸山式」甘藷栽培法の全国普及をより強力にする必要を考えたのは，対米英宣戦の大詔の喚発（昭和16年12月8日。太平洋戦争勃発の日のこと）前後と考えられる。

河井は，当時多くの人が決まり文句のように述べたり書いたりした戦闘意欲鼓舞の言葉を，同様に「大社」機関誌に記述した。しかし，その記述とは裏腹に，河井自身は，太平洋戦争を望んでいなかったようである。例えば，次のような話がある。

「河井（弥八―引用者注）先生は『日本の軍部はエライことをしてくれたものだ早く止めてくれれば良いが，長く続くと大変なことになる。みんな英国や米国の力をよく知らないから困る』と言う意味のことをひとり言の様に言っておられた……。特に英国と戦争を始めたことには仲の良い友達とケンカを始めた時の様に残念がっておられた……。もともと先生は開戦の翌日あたりまでは，宣戦の詔勅が出たことを信じたくなかった様に記憶しております。」（織部幸五郎＜前田 平成15年，表10参照―引用者注＞「憂国の思いで大東

亜戦争を批判した河井先生の先見」，Ⅱ—㊴，p. 63)
　欧州への出張経験（前述）をもち，天皇と身近な存在である河井は，本心では天皇の対米英宣戦の大詔の喚発に否定的だったと思われる。
　対米英宣戦前後の『日記』を見てみると，「丸山式」甘藷栽培法の全国普及をより強力にしている次のような記述がある（それぞれの日付の『日記』より）。

　　昭和16年12月4日，朝8時過ぎ，丸山方作来訪，甘藷栽培方法を全国に普及する方法につき協議．即⑴指導者（「大社」増産講師か―引用者注）の決定，⑵種藷用意に関する方針，につき意見一致。また，『生理応用甘藷栽培法』改版出版に関して相談。丸山より，柿・蜜柑を贈られる。対馬産甘藷を種用として贈る。新宿御苑に植え付ける（第3章―第2節参照―引用者注）べき品種の件，明年度献上の甘藷栽培者を藤田久蔵の選定に任せること，等を決定。

　　昭和16年12月10日，一木男を訪問，時局に関し所信を述べて教えを乞う。
　甘藷増産方法の普及に関し，報徳社との関係を如何にすべきかを相談する。昭和16年12月の第78回帝国議会閉院式の日には，河井は，「国民の食糧が米麦に偏重」することを「危険」とし，甘藷馬鈴薯を「国民の常食」にすることを実態化させる強い意志を示した（河井弥八「序」，丸山　昭和17年2月，pp. 2～3）。

⑨ 太平洋戦争勃発後の昭和17年1月からの活動

　太平洋戦争勃発後の昭和17年1月に入ると，早速河井は，甘藷増産活動をより活発化する為の手配に随所を奔走した。昭和17年1月のみの『日記』等を見ても，河井が大きな現実的変化に直面し，即座にとった具体的活動の以下の特色が浮かびあがる。

ア．「大社」増産講師の組織化を図り，その「大社」内部での扱いを大切にし，その全国派遣体制を整えた。例えば，河井は，昭和17年1月12日，報徳社に出頭し，丸山方作の来会を乞い，鷲山（恭平か―引用者注）・田辺（三郎平か，前田　平成15年，表10参照―引用者注）・小野（仁輔か，前田　平成15年，表10

参照—引用者注）等と甘藷栽培法普及の為農事講師19名任命のことを決し，各講師の分担府県を決定，講師の為の特別講習会打合会の期日決定，旅費・手当て・給与制，主催府県の費用負担制，携帯すべき文書・図画・写真等の選定，これが調製(整)方の決定などをした（『日記』S 17. 1. 12）。

イ．「明朗会」組織を確固とし，その組織とそこの人による甘藷増産活動の活発化を重視した。例えば，河井は，昭和17年1月10日，「西遠(せいえん)明朗会」発会式に，長として出席した（森口淳三＜表10参照＞が会長。「明朗会」による甘藷増産活動も含め，「明朗会」運営に関して，河井と森口はしばしば協議した—引用者注）（『日記』S 17. 1. 10）。また，同月13日，報徳社志太郡管内新年「常会」及び社長会に出席し，講演で「食糧増産ノ必要ヲ述ヘ精神的及生産的大積極的報徳ヲ勧説」「駿河明朗会の即時結成ヲ強調」した（『日記』S 17. 1. 13）。また，同月14日，報徳社に出頭し，袴田（銀蔵か，前田 平成15年，表10参照—引用者注），小野と来る25日開会の「東遠(とうえん)明朗会」の相談をした（『日記』S 17. 1. 14）。

ウ．「大社」の組織・人による甘藷増産活動の活発化を重視した。例えば，河井は，昭和17年1月11日，報徳館新年「常会」及び社長会があり出席し，社長の訓示を敷衍し，甘藷増産即時実施を強調した（『日記』S 17. 1. 11）り，同月15日，「常会」で「食糧増産の急務」「社長訓示」「社長会注意事項」を述べた（於 「駿河東報徳館」。聴衆53名）（『報徳』41. 2／S 17. 2／52～53）り した。

エ．農林省に，「大社」増産講師への資金援助を求めた。例えば，河井は，昭和17年1月18日，（農林省農政局特産課長の—引用者注）坂田英一を訪ね，報徳社の講師派遣の内容を報告，農林省援助の態度を問い（河井が，農林省に資金援助を求め始めたのは，井野碩哉＜表10参照—引用者注＞農林大臣・岸良一農政局長時代の昭和16年12月11日頃からか），「帝国農会」（後述—引用者注），「農業報国聯盟」（後述—引用者注），「農政研究会」（後述—引用者注）の協力を得る相談をした（『日記』S 17. 1. 18）。また，同月22日，農林省に，岸

農政局長を訪問，甘藷栽培法指導講師派遣費1万円交付を受ける手続きにつき相談，坂田特産課長及び「帝国農会」幹事天明郁夫と協議決定した（『日記』S17．1．22）。

オ．農林省，「帝国農会」，「農業報国聯盟」，「農政研究会」，各知事に，「大社」増産講師派遣への協力を求めた。例えば，河井は，昭和17年1月16日，松村（光麿東京府—引用者注）知事を府庁に訪ね，栄転を祝し，甘藷増産に助力を乞いた（『日記』S17．1．16）。また，同月19日，石黒忠篤，田中長茂（前田　平成16年，表4参照—引用者注）と，甘藷講師派遣のことを電話し，「農業報国聯盟」事務所に田中長茂を訪問し，甘藷講師派遣につき聯盟の協力を求め，同氏近日九州へ旅行につき地方長官へ勧誘方を依頼した（『日記』S17．1．19）。また，同月22日，貴族院内談室で，薄田（美朝，前職は群馬県知事—引用者注）鹿児島県知事と会見し，甘藷栽培法指導講師派遣に関して説明し知事の配慮を求めた（昭和17年に，河井は，多くの府県を回り，知事等に「大社」増産講師の派遣の申し込みを依頼した—引用者注）（『日記』S17．1．22）。

⑩ 特に農林大臣への丸山の甘藷の農場視察の希望と，甘藷増産即時実施の催促

河井は，農林大臣井野碩哉，農林大臣山崎達之輔（表10参照）に，丸山の甘藷の農場視察をさせ，行政に丸山等から教えを受けさせ大規模な甘藷増産をさせたいとか，「大社」の甘藷増産に協力させたいという気持ちが強かったようである。河井は，機会あるごとにそれら農林大臣に視察を求めたが，大臣は視察決定を引き延ばし続けた（『日記』）。

⑪ 昭和18年における「大日本報徳社」の方針の樹立

第1章で前述のように，昭和18年に入ると，戦況は日に日に悪化した。

河井は，昭和18年1月1日，「決戦ノ年ヲ迎ヘタルカ如ク……今年コソ食糧増産ノ実ヲ擧クルヲ期ス」と『日記』に書き，甘藷増産に更なる強い決意を示した。

河井は，昭和18年1月7日夜，石井（英之助—引用者注）農政局長を往訪し，

翌日その結果を「大社」に出頭し告げ, 昭和18年から報徳社が執るべき方針として, (1)「大社」増産講師の全国派遣（継続）, (2)「大社」における甘藷増産講習会の開催（新規, 会費無料）, (3)「丸山式」甘藷栽培法の著書の増刷, を述べた（『日記』S 18. 1. 8）。

⑫ 農林省とのパイプの保持

⑪の動きと同時に, 昭和18年における河井は, 農林省とのパイプも保持した。その状況がわかる『日記』は以下である（それぞれの日付の『日記』より）。

昭和18年1月7日, 石井農政局長と電話で打ち合わせ, 甘藷増産促進会議につき質問。その結果, 夕刻会合を約束。農林省に出頭, 農政局長に面会。局長より, 甘藷増産の為, 特設部面（「甘藷馬鈴薯臨時増産指導部顧問会議」か―引用者注）に於いて顧問たらんことを求められ, これを諾する。増産方法につき所見を述べ, かつ技術普及及び徹底方法に関し進言。

昭和18年1月20日, 「甘藷馬鈴薯臨時増産指導部顧問会議」あり出席。局長より, 甘藷馬鈴薯増産技術指導綱目を示され, これによって討議。原案は, 「甘藷ニ関シテハ良苗育成ヲ主眼トスルモ植付苗数反当三千本ヲ下ラサルヲ安全トストノ項アリ, 当局ノ固執甚シキヲ見ル各員ヨリ大ニ議論ヲ闘(たたか)ハス」（於　農林大臣官舎, 出席：顧問の酒井伯, 石黒, 後藤, 加藤, 間部, 河井。石井局長, 寺尾場長, 技師等）。

昭和18年2月12日, 農政局長を, 政府委員室に訪問。甘藷増産につき政府その後の施策進行状況を問う。局長に対し, 講師派遣の事実を報告。局長より, 健苗養成実行方策案を送られることを約す。また, 講師派遣費支給のことも諾される。

昭和18年6月18日, 農林次官に面会, 丸山, 伊藤（恒治か, 前田　平成15年, 表10参照―引用者注）, 小沢（豊か, 前田　平成15年, 表10参照―引用者注）等を, 食糧増産委員嘱託の件を決定した由を聴く。また, 甘藷麦増産講習会開催計画を告げ, 所要経費の支出を約される。

この中で着目されるのは, 昭和18年2月12日他の『日記』の, 河井が農林省

に「健苗」(「良苗」＜河井・丸山の言う良苗は,「 」付で表記＞)育成を強く要求していることである。これは,丸山が,「良苗」を育て使用することを大切にしていたこと(第3章―第2節参照)によると思われる。

⑬ 昭和18年における丸山方作等との密な連絡の状況

また,昭和18年における河井は,以下のように丸山等との密な連絡を取り,「大社」の着実な活動へとつなげた(それぞれの日付の『日記』より)。

　昭和18年3月30日,新城に丸山を訪ねる。(1)先ず,病状を見舞い十分な治療と今後の同氏の行動とについて進言,(2)「三井報恩会」(表9―「米山梅吉」参照―引用者注)より,研究費助成を受けるの意ないかを問う,(3)「西遠明朗会」員中,「翼賛壮年団」(後述―引用者注)より甘藷講師の委嘱を受けた者ある件につき,意見を交換,(4)内原(第1章―第1節,第3章―第2・3節参照―引用者注)に於ける甘藷健苗育成講師招聘の方針の誤謬につき意見を問う,(5)本年は,第2回の講師派遣計画があることを告げる,(6)その他,出張講師の報告会日につき協議。

　昭和18年4月11日,報徳社に出勤。本年,内地及び朝鮮へ派遣する甘藷指導講師の報告を聴き,各種の研究を為す。丸山以下20名出席(欠席は,小沢,牧島＜忠夫,前田　平成15年,表10参照―引用者注＞,石原＜民次郎,前田　平成15年,表10参照―引用者注＞,新野＜治,前田　平成15年,表10参照―引用者注＞)。一同に対し,去月7日に大宮御所で頂戴した御菓子を頒つ。河井は,まず「皇太后陛下ノ御優旨ヲ傳ヘ一同ノ重責ヲ自覚」させる。次に,昨年中増産運動進展の状況を明らかにし,更に「本年コソ最難関ニ在ル」旨を説悉,「各員ノ尽瘁ヲ望ム」。丸山は,「講師ノ智識深ク態度慎重ナルヘキヲ戒告ス」る。各講師より,各府県及び朝鮮での講習の状況を報告。河井は,更に本年は地方の希望あるに於いては,何回も講師を派遣する決定を告げ,一同の了解を得る。石井信(前田　平成15年,表10参照―引用者注)の外一同帰宅。

昭和18年４月30日,「駿州明朗会」発会式を開催,丸山・河井が顧問となる。

　昭和18年５月２日,報徳社に出頭,定例「常会」で出席者多し。水谷熊吉（前田　平成15年,表10参照 ― 引用者注）,丸山方作の講演。丸山は,稲苗代の造方,甘藷の弱苗を健苗に仕立方を発表。丸山と,(1)丸山の研究事業助成金申請の程度,(2)宮城県へ派遣すべき講師選定の件,(3)富山県指導の件,等を相談。袴田と,各府県へ派遣すべき講師の件,「駿州明朗会」と「東遠明朗会」と提携の件,等を相談。

　昭和18年５月３日,「掛川信用組合」に鷲山恭平を訪問,鷲山と報徳社に出頭。鷲山に対しては,「明朗会」と報徳社との関係を,「密接不可離トナス」件につき相談。

　昭和18年６月13日,森口代議士を訪問,甘藷及び麦増産方法普及徹底法立案につき意見を問われる。結局,「大日本報徳社」を利用し,講堂で講習会を催し,各地へ講師を派遣することを協議決定。

　昭和18年８月４日,「大日本報徳社」に於ける「甘藷増産講師会打合会」に出席。丸山,天野,岩瀬,田村,藤田,石原,井村,高平,大谷,近田,戸蔵,河西,小柳,松浦,佐藤,山本,寺田（作）,服部,牧島,石井,等諸氏（前田　平成15年,表10参照 ― 引用者注）出席。本年は,引き続き各府県へ出張すること,指導要項は栽培法是正指導,収穫及び貯蔵,麦と併行栽培法,苗仮植育成法,明年度栽培用意指導,等。丸山を初めとして,「諸氏ノ進歩著大ナルヲ認ム」。一同と西瓜を食う。

　昭和18年11月４日,丸山方に至る。各地の状況を告げ,明年の増産を計る。この時,　高平勇来訪,明日の「西遠明朗会」の甘藷品評会の成績を報告される。また,報徳社及び翼壮団の講師兼用に対する困難を述べられる。圃場で,丸山の実験を視る。また,抹取を手伝う。この時,翼壮指導部の人が気賀より来会。

　この年に限らず,丸山等との密な連絡は,河井の甘藷増産活動の重要な基盤

⑭ 農林省への不満・追求

　河井は，昭和18年2月，第81回帝国議会で，国の甘藷増産，甘藷の集荷・配給，等のやり方の問題点を厳しく指摘した（Ⅱ—㉙）。同年10月28日，第83回帝国議会の貴族院において，山崎達之輔農林大臣に対し，食糧政策の不適切を指摘し，米作偏重主義を是正した適地適作主義を求め，甘藷・麦等の増産が急務であることを力説した（『報徳』43.6／S 19.6／12）。

　また，河井は，上記の昭和18年2月12日の『日記』に表われているように，甘藷の「良苗」育成・使用にこだわった。河井は，昭和18年2月22日，予算委員会開催され，河井は食糧充足問題，主要食糧価格問題，甘藷増産問題につき農林大臣に質疑，その中，良苗の価格決定問題は，「農相（井野碩哉—引用者注）ノ答辨甚不適当ナル」をもって「飽クマテ追求ス」る（『日記』S 18. 2. 22），同月25日，予算第5分科会に出席，諸苗の規格につき農相の言明を得る（『日記』S 18. 2. 25），のように，農家が「良苗」を使用できるよう井野農林大臣を厳しく追求した。

　また，河井は，昭和18年6月14日，池之上花屋で買い入れた不良諸苗の要領は，1束20本，18匁，代25銭，内訳は，2番苗5本，1番苗15本，掻苗18本，切苗2本，掻取部総量4匁。最大苗（掻苗）8寸3分，2匁弱，葉10枚，最小苗（掻苗）4寸3分，葉3枚（『日記』S 18. 6. 14），同年12月31日，守屋□女史へ，甘藷苗の不正者，栽方指導者を照会する為，書状を呈す，去る17日，坂田特産課長より批評を受けたことによる（『日記』S 18. 12. 31），同19年6月20日，池之上側の花屋で，諸苗を販売，掻苗で25本1束代2円，「不正ト謂フヘシ」（『日記』S 19. 6. 20），のように『日記』に記し，甘藷の「不良苗」の横行等に目を光らせた（上記以外は，『日記』S 18. 6. 4等）。

⑮ 帝国議会における河井弥八の甘藷増産にかける情熱の周囲の受けとめ方

　帝国議会における河井の甘藷増産にかける情熱は，多くの議員等に伝わっていたと思われる。例えば，貴族院議員で友人の田澤義鋪（表9参照）は，河井

と議会の状況を,「河井君の甘藷質問演説は議会の呼びものですよ。毎会期,ソラ河井の質問だと皆待ち受けて傾聴して居るんですよ」(杉本 昭和26年,p..43),と述べている。

⑯ 昭和18年11月の「恩光拝戴」と「恩光拝戴食糧増産誓盟会」の大きな意味

河井の甘藷増産にかける情熱は,天皇・皇后にも伝わったようで,河井は,第83回帝国議会の貴族院での追求(昭和18年10月28日)から日も経たない同年11月22日,同月27日と宮城入りし,天皇・皇后から甘藷増産活動を励まされた(前田 平成18年,表19参照)。

河井は,昭和18年12月13日,「大社」で「恩光拝戴食糧増産誓盟会」等を開催,多数報徳社役員・社員等に天皇・皇后の意図を直に伝え,「甘藷及び麦増産指導運動要項として,(1)常時講師の派遣,(2)常設講習会の開設,(3)報徳社の講習会,社長会,『常会』等は,必ず食糧増産の指導実行,(4)文書,書冊,紙芝居等による指導等を挙示し,(5)全国篤農代表の聯契(ママ),各地『明朗会』聯盟の結成等を期する旨」等を述べ,各農事講師の担任した各地の甘藷増産成績報告・種々の意見の交換もした(『日記』S18.12.13)。

⑰ 昭和19年における河井弥八の考え方・活動

昭和19年は,第1章—第2節で前述のように,食糧自給力の飛躍的増強の為の政府による様々な対策が,次から次へと出された年であった。政府の諸類の増産も本格化した。

昭和19年当時の河井の考え方・活動を解く際には,昭和19年10月26日,「全国農業経済会」に,千石興太郎(表9参照—引用者注)を訪問,甘藷増産推進方策意見書起草につき相談(『日記』S19.10.26),同月28日,貴族院で,佐藤調査課長に面会,河井の提出した甘藷緊急増産意見書の字句配置等につき説明(『日記』S19.10.28),等の『日記』の記述に出てくる「甘藷緊急増産意見書」が鍵となりそうである。この意見書は,『日記』より,昭和19年10月28日以前に貴族院に提出したものと思われる。なお,第1章—第2節で前述のように,昭和20年1月30日の「諸類増産対策要綱」の閣議決定により,農林省「戦時食

糧増産推進中央本部」に「薯類緊急増産部」が設置されたが，この意見書との関係はわからない。意見書は，筆者が入手できなかったので，意見書提出前後の『日記』から伺うことのできる河井の考え方・活動の特色を以下に捉えてみよう。

ア．薯類の統制の除外

　昭和19年9月11日，予算委員会が，開会され，河井は時局観，食糧問題観より論旨を進め，首相（小磯國昭—引用者注），農商相（島田俊雄，表10参照—引用者注）に質疑し，食糧増産を中心としてその方法につき進言したが，薯類を統制より除外する件は，農商省の同意を得るに至らなかった（『日記』S 19. 9. 11）。この『日記』の記述からでは，河井が除外させようとした統制の内容は明らかではないが，甘藷を多くの人々が自給自足できるようにしようとしたことかもしれない。

イ．食糧増産における農業労働力の確保

　河井は，昭和19年11月7日，島田農商相との会見に於いて，軍用土工と農民労力の使用との調整を進言した（この時，陸軍訪問＜昭和19年11月8日のことか—引用者注＞の決意を告げる）（『日記』S 19. 11. 7）。また，同月8日，陸軍省に政務次官大島（陸太郎か，表9参照—引用者注）子爵を訪ね，国防上の工事に使用する農民を農繁期に帰農させる件，松根油抹収に対する意見を告げた。特に，前者につき次官の案内で兵務局長に面会し，所見を述べた。軍の意向を問い，さらに現地に於ける実行手続きにつき質問した（以上，『日記』S 19. 11. 8）。これらから，河井は，軍用土工や国防上の工事に使用する農民を，軍事上ばかりに使用することを避け，食糧増産における農業労働力を確保することに奔走していたことがわかる。

ウ．甘藷・麦中心の食糧増産

　河井は，中央でも，馬鈴薯ではなく甘藷を，米ばかりでなく麦を増産することを主張した。この動きは，河井が，「大社」増産講師として，甘藷の丸山，麦の伊藤恒治（前田　平成15年，表10参照）を就任させまたは育成し，全国的な

食糧増産活動をしたのと一致する。

エ．政府と「大社」増産講師を関わらせた食糧増産

　河井は，「大社」増産講師を育成・用意し政府に使わせるという，政府と「大社」増産講師とを関わらせた食糧増産を進めようとした。そのことは，例えば，昭和19年10月17日，西村（彰一，前田　平成16年，表4参照—引用者注）農政局長，河井に，甘藷増産に関して，「(1)（「大日本報徳社」と—引用者注）当局トノ協力一致，……(3)技術堪能者（「大日本報徳社」増産講師か—引用者注）ヲ省嘱託又ハ指導員トシ局長ノ配下トシテ指導ニ任ス(4)丸山氏ノ研究成績視察等ノコト」を説示（『日記』S19. 10. 17）したり，同月27日，西村農政局長を訪ね，丸山・田村両氏を農商省嘱託に，其他農事講師（「大日本報徳社」増産講師か—引用者注）30名を甘藷指導員に推薦（『日記』S19. 10. 27）したり，同年11月7日，島田農商相との会見に於いて，食糧緊急大増産を主とする，即，甘藷・麦に全力を集注する，この為には報徳社指導員（「大日本報徳社」増産講師か—引用者注）を同行させる，ことを進言（『日記』S19. 11. 7）した，等からわかる（上記以外は，『日記』S19. 10. 30）。

　なお，昭和19年10月30日，報徳社へ赴く，袴田に対し，講習会員講師旅費の補助申請書の起草を了す（『日記』S19. 10. 30）とある。これは，河井が，「大社」の甘藷増産講習会における講習会員と講師の旅費の補助を政府に申請したことかもしれない。

オ．松根の株掘りよりも甘藷増産を重視した液体燃料確保

　河井は，政府が進める松根油（第1章—第2節で前述）による液体燃料確保を甘藷によるそれに取って変えさせようとした。例えば，以下の『日記』の記述がある。・昭和19年11月7日，島田農商相との会見に於いて進言した諸点。……4．松根油原料たる松根の株掘り制限をし，甘藷をもって無水酒精製造をするべし。明年度甘藷1億貫を増産。内地，台湾，琉球，中支，朝鮮，満州に大増産の餘地あり（『日記』S19. 11. 7）。・同月8日，陸軍省に政務次官大島（陸太郎か—引用者注）子爵を訪ね，松根油抹収に対する意見を告げる（『日

記』S 19. 11. 8）。・同年12月4日，（貴族院か―引用者注）佐藤調査課長を訪ね，松根油，ブタノール，無水酒精につき，その最高オクタン価の調査を求める。また，高級燃料として必要なオクタン価を取り調べることを求める。河井に，甘藷を増産し，松根油に代用しようとする計画あることによる（『日記』S 19. 12. 4）。・同月14日，貴族院事務局に出頭する。佐藤調査課長・李事務官に面会し，松根油その他のオクタン価調査の結果を問う（『日記』S 19. 12. 14）。

　こうした行動は，河井の甘藷増産活動にも，戦争遂行目的の国策協力の意味をもたせることになった。

カ．内地，台湾，琉球，中支，朝鮮，満州での甘藷大増産

　河井は，上記オで前述のように，島田農商相に，甘藷をもって無水酒精製造をする為，甘藷1億貫の増産を目指すにあたり，内地，台湾，琉球，中支，朝鮮，満州に大増産の余地があることを進言した。このことは，戦況悪化に際しての活動として着目される。

キ．細かな注意の催促

　政府は，昭和19年9月，「第3次食糧増産対策要綱」を閣議決定し，土地改良事業を行った。河井は，同年11月7日，島田農商相との会見に於て，土地改良事業中，今春の如く盲目的に暗渠排水偏重の弊を去り，灌漑用水にも力を注ぐべし，本度灌漑水を欠乏させた地方あり，□秋季出水の害甚しかった地方あり，と進言（『日記』S 19. 11. 7）し，政府の対策の欠点に対し，細かな注意の催促をした。また，河井は，昭和19年9月11日の予算委員会で次のような細かな注意の催促をした。昭和19年9月11日，予算委員会が，開会され，河井は，農林業用鉄鋼の自給に関する件は，藤原（銀次郎―引用者注）軍需相と井上（匡四郎―引用者注）技術院総才（裁）と所見を□らす。河井は，井上説により，急速実現を見るよう各方面の協力を求める。なお，用水工事実施を要望，最後に薪炭の増産につき一般の関心を昂けた労務の確保及び農村に於いて□□種増産又は各種工事と齟齬ないことを求める（『日記』S 19. 9. 11）。河井によるこうした細かな注意の催促の場面は，『日記』に数多く出てくる。

⑱ 昭和19年における丸山方作等との密な連絡の状況

昭和19年における河井も，以下のように丸山等との密な連絡を取った（それぞれの日付の『日記』より）。

昭和19年8月28日，丸山方作を往訪。(1)「三井報恩会」へ報告書提出のこと，(2)甘藷栽培法の書籍を至急改版発行のこと，(3)報徳社農事講師の講習再練成執行のこと，(4)農商省へ推薦すべき食糧（甘藷）増産委員の選定，(5)「大日本明朗会」の説明及び報徳社講師との関係，並びに将来の処理，(6)翼壮と講師との関係，(7)内原に於ける「丸山式」甘藷栽培法の成果につき，木村季雄の報告を引用する件，等の相談。圃場に出て，試験を一見する。農林1号，2号，金時の数箇を贈られる。

昭和19年10月30日，報徳社へ赴く。袴田に対し，(1)農商省へ嘱託推薦の件，指導員推薦の件を実行，(2)講習会員講師旅費の補助申請書の起草を了す。

昭和19年10月30日，米山梅吉（表9参照―引用者注）より，疎開児童の「食糧事情甚不可」との報告あって，甘藷の入手を希望される。

昭和19年12月3日，丸山方作より，「三井報恩会」へ提出すべき報告書，甘藷栽培法　改版原稿内容，米山梅吉へ甘藷送付の件（昭和19年10月30日の米山からの件か―引用者注），等報告あり。

また，昭和19年11月22日，河井は，丸山を，秋田県庁「東北地方甘藷栽培方針決定協議会」に出席させた。

⑲ 終戦頃までの昭和20年における河井弥八の考え・活動

終戦頃までの昭和20年における河井の考え・活動の詳細は，『日記』が見当たらないので不明である。しかし，『河井手帳』（S20）の記述により，多少窺い知ることができる。ただし，これは，短文が多く，河井の考え・行動の詳細がわかりづらい。また，これには，実際には行われなかったり参加しなかった予定や，周囲で行われた本人不参加のことの書き込み等もある可能性がある。

『河井手帳』貴・宮S20より，戦局の記録と甘藷増産活動に関する記述を中

心に拾うと，以下のようになる。・2月12日，後任報徳(社)長推薦式。一木男邸。・2月25日，東京大空襲（以後の空襲の記録多数あり—引用者注）。・3月3日，西村（彰一—引用者注）農政局長，往訪。報徳社長就任挨拶。松浦・佐藤・関谷3氏を中支指導の為派遣請求。嘱託手当金。・3月3日，西村農政局長，往訪。戦局危急対策，配給問題，増産問題。・3月19日，重政農商次官に，応召兵解除，甘藷増産転用の件促進を求める。・4月5日，報徳社出頭。鷲山副社長，改組問題，人事，給与旅費，積極報徳。袴田氏，講師を各府県報徳社へ派出の件。丸山氏，岡山県出張の件，講談社交渉の件。・4月10日，西村農政局長訪問。李事務兼任の件，嘱託出張命令発行の件，助成金小切手発送の件。・4月29日，西村前農政局長，往訪。農事講師に鉄道乗車券特売の件。補助金追加申請の件。・4月30日，「千葉県立農事試験場」視察。場長　戸川真五。／「参松工業会社」工場見学（葡萄糖製造）。／軍需省千葉工場見学（無水酒精製造）。・5月1日，食糧及び液体燃料調査委員会視察旅行。／農事試験場，「参松工業」，「軍需省千葉酒精工場」。・5月2日，西村前農政局長，往訪。補助金追加申請の件，乗車券特発交渉及び身分兼出張証明書発給の件，李事務官の件。・5月3日，鉄道総局業務局第2課鉄道官津上毅，往訪。乗車券特発につき通帳を発することとなる。・5月6日，報徳社「常会」。佐々井，鷲山，田辺と会談。助成金追加の件。・6月3日，「大日本報徳社」の「常会」。食糧増産に関する協議会。・6月6日，報徳社出勤。戦災者慰問并びに復興資金貸与の件，重要書類・什器疎開即行の件，黒田吉郎招職の件，戦時食糧増産指導中央本部改組の件。・6月19日，安井総監に進言。近畿地方食糧充足計画について。小山谷蔵（表10参照—引用者注）へ右につき書翰を発す。・6月23日，天皇陛下，御田植。・8月16日，静岡県知事，訪問。知事，警察部長，経済第2部長に面会。報徳社出頭。役職員に告示。

　これらによると，河井は，戦争末期の昭和20年においては，次のような考え・活動をしたことが推測できる。
ア．農商次官に，応召兵を解除し，甘藷増産に転用することを求めた。

イ．厳しい状況の中，消極的にならずに「積極報徳」を追求した。
ウ．農商省に，「大社」増産講師等の為の補助金追加，鉄道乗車券特発，身分兼出張証明書発給を要求した（なお，補助金追加，鉄道乗車券特発は実現した）。
エ．空襲の戦火の中でも，「大社」増産講師を出張させ，甘藷増産活動をさせた。

特にア，エには，戦争か食糧かで食糧を選択している河井の本心が伺える。

(2) 戦中の各種の機関，団体等の状況と，それらと河井弥八との関係

次に，戦中の各種の機関，団体等の状況と，それらと河井との関係をみることにより，戦中の河井のポジションを捉えてみよう。

①「大政翼賛会」「大日本翼賛壮年団」と河井弥八との関係

日中戦争勃発（昭和12年7月7日）以来，統一した戦争指導体制の樹立と国民の画一的組織化すなわち国民総動員が，緊急の課題となった。その為，各種の新党運動が展開されたが，近衛文麿が出馬拒否をし，いずれも失敗に終わった。しかし，日中戦争の長期化に伴い，昭和14年後半から経済的危機が深まり，労農争議が増加傾向をみせる中，近衛と側近の有馬頼寧（表11参照）・風見章らは，昭和15年3月下旬以降，近衛新党とそれに立脚する第2次近衛内閣成立を図り，日中戦争解決の計画をねり始めた。そして，新党は政党の離合集散という既成概念を払う為，その運動を「新体制運動」と呼称した。同年4月以降のヨーロッパ西部戦線に於けるドイツ軍の大勝利を契機に，「新体制運動」は高まり，国内各勢力も新体制へなだれこみ，同年10月12日に「大政翼賛会」が設立された。

「大政翼賛会」（本段落含め，以下3段落でのこの説明は，木坂順一郎「大政翼賛会」昭和62年10月，他参照）は，経済新体制（統制会），勤労新体制（「大日本産業報国会」等）と並んで，国防国家体制を推進する中心的政治組織となった。「大政翼賛の臣道実践」をスローガンとした。「大政翼賛会」の運営は，多数決原理を廃し，ナチスの指導者原理を模倣した「衆議統裁」（衆議は尽くすが，

最終決定は総裁がくだす方式）によった。組織については，総裁は首相が兼任し，その下に位置づく事務総長以下の全役員は，全て総裁の指名で任命され，中央本部には，5局・23部が置かれた（後，4回改組）。歴代総裁は，近衛文麿，東條英機，小磯國昭，鈴木貫太郎であった。歴代事務総長は，有馬頼寧，石渡荘太郎（表9参照），横山助成，後藤文夫，丸山鶴吉（表9参照），小畑忠良，安藤狂四郎であった。河井と関係の深い鈴木貫太郎，後藤文夫，丸山鶴吉，等や，河井の甘藷増産活動においてもつながりのある石渡荘太郎，丸山鶴吉等が，「大政翼賛会」の重要な位置にいた。地方組織として，道府県（後，都道府県），6大都市，郡，市区町村に各支部が置かれ，支部の事実上の末端組織は，部落会・町内会・隣保班（隣組）であった。各支部段階の役員にも，「大社」の人，河井の甘藷増産活動に協力している人（例．同道府県支部段階における道府県支部長となった何人かの県知事），等が入った。

「下情上達」の機関として，中央に「中央協力会議」が，各段階の支部に，それぞれ協力会議が付置された。「中央協力会議」は，昭和15年10月12日の「大政翼賛会」設立と同時に中央本部に付置され，大政翼賛運動の徹底と国民意見の集約を図る為に開かれた。「中央協力会議」議長には，末次信正（「海軍兵学校」卒。日本海軍における戦術の理論家として知られる），後に安藤紀三郎（表9参照），小林躋造がなった。議員は，「大政翼賛会」総裁の指名と，翼賛会下部組織推薦とからなり，任期は1年であった。

東條英機内閣は，昭和17年4月30日に，いわゆる翼賛選挙を実施し，「翼賛議会体制」を確立（同年5月20日，「翼賛政治会」結成）した。同年6月23日には，「大日本産業報国会」「農業報国聯盟」「大日本婦人会」「大日本青少年団」「商業報国会」「日本海運報国団」の官製国民運動団体6団体を「大政翼賛会」の傘下に統合した。同年8月14日には，「部落会，町内会等ノ指導ニ関スル件」が閣議決定され，部落会・町内会の会長（約21万名）を「大政翼賛会」の世話役（これが部落会・町内会等の常会を指導），隣組長（約133万名）を世話人とした。ここに，官製国民運動団体と地方行政組織とを2本柱とする強力な大政翼

賛運動推進の体制を確立した。

　国民は，部落会・町内会・隣保班（隣組）に所属（当時，所属しないことはほぼできなかった）する限り，「大政翼賛会」とそこで推進される戦争協力とは全く無関係ではいられない仕組みになっていた。

　内務省は，「大政翼賛会」設立（昭和15年10月12日）の少し前の昭和15年9月11日に「部落会町内会等整備要綱」を通達し，部落会・町内会・隣保班（隣組）を全国的に整備していった。戦中の部落会・町内会・隣保班（隣組）・常会は，安井英二（表9参照）内務大臣が，「大社」副社長佐々井と相談し，尊徳の「芋こじ精神を取り入れ」て出来たものであった（前田　平成7年）。河井も，居住する世田谷区北澤2丁目の町内会・隣組の仕事をした。常会により，食糧に関する諸々のことも含め多くの情報が，末端の人々に降ろされた。ラジオでも，「常会の時間」が放送された。

　ナチスの親衛隊にヒントを得た陸軍省軍務局長武藤章らを黒幕とし，大政翼賛運動の実践部隊として，昭和17年1月16日，「大日本翼賛壮年団」（当時の通称は「翼壮」。以下，「翼壮」と略称。本段落でのこの説明は，木坂順一郎「大日本翼賛壮年団」昭和62年10月，他参照）が結成された。「翼壮」は，「団員の自発的意志による同志組織」として，21歳以上の有志青壮年によって組織（「翼賛壮年団結成基本要綱」）された。団長には，前述の安藤紀三郎が就任した（後，後藤文夫，建川美次）。「翼壮」は，上記のいわゆる翼賛選挙で40余名の団員を代議士に当選させ，一大政治勢力になった。ヤミ取引撲滅の啓発，食糧増産（甘藷増産を含む）への協力，供米，金属回収，等の国策協力をした。「翼壮」が指導した甘藷の植え方は，「翼壮植え」と呼ばれた。

　「大政翼賛会」は，政府と一体になって多くの国策協力運動を展開したが，太平洋戦争末期の昭和20年6月23日に解散し，昭和20年3月23日結成の「国民義勇隊」（第1章―第2節参照）に発展的解消を遂げた。「翼壮」は，昭和20年5月30日に解散し，「国民義勇隊」に発展的解消を遂げた。「国民義勇隊」により大半の国民を戦闘員とする体制が整えられ，いわゆる「本土決戦」を迎えよ

うとした。

　河井は，『日記』によると，「大政翼賛会」が成立した頃にこれを法律的・政治的見地から慎重に研究した。例えば，昭和15年12月7日，東大法学部研究室に小野塚（喜平次か―引用者注）を訪問，「大政翼賛会ノ法律的政治的性質ニ付所見」を述べて教えを請いた（『日記』S 15. 12. 7）。小野塚喜平次（明治3年12月21日～昭和19年11月26日。法学博士）は，わが国のアカデミズムにおける政治学の創始者とも言われ，次のような経歴をたどっていた。明治34年，「東京帝国大学法科大学」教授（最初の政治学講座の専任担当者）。大正6年，「帝国学士院」会員。同14年に学士院から貴族院議員に選出。昭和3年12月22日～同9年12月27日，「東京帝国大学」総長として，昭和恐慌，満州事変等が起こった多難な時期に大学行政を担い大学を守る。軍国主義による大学の自治の喪失や戦争突入を強く憂慮・憤慨。同18年に公職を辞し，翌年死亡。

　また，河井は，議員仲間等ともこれについて研究し，これに対して否定的な態度を取った。その状況がわかる『日記』は以下である（それぞれの日付の『日記』より）。

　昭和15年11月20日，「日本倶楽部」に於いて，水野錬太郎（表9参照―引用者注），川村竹治（貴族院議員―引用者注），山岡萬之助（貴族院議員―引用者注），倉地鐵吉（貴族院議員―引用者注），岩田宙造（貴族院議員―引用者注），白根松介（前田　平成16年，表3参照―引用者注）と会合，「大政翼賛会」に関し所見を交換。(1)同会は国民全体運動を統括するとの点，憲法違反ならずや，(2)同会は治安警察法違反ならずや，(3)議員制度の根本趣旨に違反し且つ両院を置くの精神を蹂躙（じゅうりん）セズヤ，等につき意見を述べる。結局，「憲法ノ精神ニ反シ治安警察法違反ナリトノ結論ニ達シタルモ多数ハ大勢順応論者ナルカ如ク山岡，倉知，川村諸氏最急先鋒ナリ」。

　昭和15年12月14日，「日本倶楽部」で，中川健彦と出会い，「熱心ニ予ニ対シテ大政翼賛会ニ入会シ貴族院部副部長タランコトヲ勧誘」，「予ノ所信ヲ述ヘテ之ヲ謝絶ス」。

昭和16年2月6日，古島（一雄か，表9参照―引用者注），岡（喜七郎か，表9参照―引用者注），江口（定條か，表9参照―引用者注），岩田（宙造か―引用者注），塚本（清治か，表9参照―引用者注），田口（弼一か，表9参照―引用者注）6氏と内□室に会見，「大政翼賛会」に対する衆議院の意向に関し田口の報告，警保局長に対する措置についても研究。予算委員会で，岩田宙造の「大政翼賛会」に関する質問あり，論旨は(1)憲法違反論，(2)治安警察法準拠論，(3)強度の政治性の可否論。首相・内相の答弁については，(1)答弁喰い違いの感あり，(2)政府の答弁は首肯し難い，(3)政治性軽微となる，である。

しかし，以下からわかるように，河井の身近な者が「大政翼賛会」の中枢等に進んでいったようである（それぞれの日付の『日記』『河井手帳』より）。・昭和15年11月22日，関屋貞三郎を往訪，関屋が大政翼賛運動参加論を話される。・同17年6月16日，後藤文夫より，館林（三喜男か，表10参照―引用者注）を「大政翼賛会」総務課長に採用希望の申し出あり。・同18年8月18日現在，杉本良は，静岡県「大政翼賛会」の局長。・同19年1月6日，杉本良来訪，「大政翼賛会」支部局長辞任の旨報告される。・同20年3月14日，後藤文夫と会見。館林翼賛中央本部長，往訪。

また，次のように，「大社」増産講師も「翼壮」の甘藷増産指導講師になった。昭和18年3月16日，夜，（「大社」増産講師―引用者注）藤田久蔵，高平勇，井村豪3氏来訪，甘藷増産運動につき，十分な打ち合わせ。また，丸山の近況を知る。氏等は，「翼賛壮年団」の甘藷増産指導講師として辞令を受ける為上京したと云う（『日記』S18.3.16）。

河井自身は，「大政翼賛会」解散まで，総裁の下に位置づく事務総長，常任顧問・顧問，常任総務・総務という役員，中央本部事務局内の役員などの中枢にはならなかったようではある。しかし，河井の政治的立場と「大政翼賛会」「翼賛政治会」との複雑な絡まり合い，「大社」の甘藷増産活動と「翼壮」との共存関係，「大社」内の人と「翼壮」との関係（「大日本翼賛壮年団本部」発行の

＜丸山述　昭和18年9月＞や,「大日本翼賛壮年団」発行, 丸山方作校閲, 田村勉作述の『甘藷』昭和15年頃か＜筆者未見＞, という本もある）等もあったと思われ, 河井は「大政翼賛会」「翼賛政治会」の諸々の委員を務めるなど,「大政翼賛会」「翼賛政治会」「翼壮」と関係したまたはせざるを得なかった。その状況が伺える『日記』は以下である（それぞれの日付の『日記』より。以下以外は,『日記』S 18. 8. 5, S 18. 8. 9, S 18. 9. 28, S 18. 10. 13, S 18. 11. 17, S 19. 1. 26, S 19. 2. 8, S 19. 3. 1, S 19. 4. 10, S 19. 6. 24, S 19. 6. 26, S 19. 7. 26, S 19. 10. 16)。・昭和17年11月23日,「大政翼賛会」の新穀感謝祭に参列の為, 明治神宮へ赴く。翼賛会副総裁安藤（紀三郎陸軍―引用者注）中将の挨拶, 来賓惣代井野農林大臣の謝辞, 等あり。・同18年8月3日, 森口代議士より電話あり。明日,「可睡斎」に開催の翼壮主催「麦甘藷増産法指導者講習会」発会式に出席を求められ, これを諾す。・同年10月1日,「大政翼賛会」の「中央本部町内会部落会指導委員」を嘱託。・同年11月30日,「大政翼賛会」の「町内会部落会指導委員」第2回常会に出席。河井の甘藷増産運動は,「大ニ各員ノ注意ヲ惹」く。「小松原報徳社」の事蹟の説明に用いた品評会成績表は各員に配布されることとなる。その他各員より, 講習の希望あり。・同年12月8日,「大政翼賛会」総裁東條英機より,「中央協力会議員」を嘱託。・同年12月20日,「翼賛政治会」に於ける「食糧対策委員会」に出席。小平委員長より報告。翼政会で, 滝正雄に面会。甘藷増産の実況を写真で説明。隅々, 群馬県代議士木村寅太郎（表10参照―引用者注）に紹介される。同19年4月1日付で,「大政翼賛会」の東京都協力会議員（総裁東條英機）（『日記』S 19. 5. 2)。・同年5月9日,「大政翼賛会」宣伝部に出頭, 来たる26日井戸正明公の祭典に列席することを承諾し, 旅行日程作成, 旅館の世話を頼む。また,「大政翼賛会」総務部に出頭, 同会の重点運動臨時推進班委員となることを承諾。・同年11月20日,「大政翼賛会」主催「一億憤激米英撃滅運動協議会」に出席。・同年12月21日,「大政翼賛会」より金300円を給与される。・同年12月29日,「大政翼賛会」より85円を給与される。・同20年8月9日,「静岡県国民義勇隊本部」顧

問を委嘱される。
　「翼壮」は，地域で甘藷増産運動も含む食糧増産運動をした。現場で甘藷増産活動をする「大社」増産講師からは，「翼壮」との競合関係等による困難が，河井に告げられた。その状況がわかる『日記』は以下である（それぞれの日付の『日記』より）。・昭和18年11月4日，丸山方に至る。各地の状況を告げ，明年の増産を計る。この時，高平勇来訪，報徳社及び翼壮団の講師兼用に対する困難を述べられる。圃場で，丸山の実験を視る。抹取を手伝う。この時，翼壮指導部の人が気賀より来会。・同年11月7日，報徳社で，石原民次郎，藤田久蔵，高平勇3氏に面会。翼壮に於ける麦及び甘藷の増産指導と報徳社に於ける甘藷栽培指導との競合，これ正に関してである。・同年12月13日，伊藤恒治に対し，翼壮の指導者と本社の指導者との関係対策を告げ，森口会長に通告することを求める。
　こうした状況の中，昭和19年1月14日，河井は，「西遠明朗会」会長・議員仲間の森口淳三と会談し，全国での甘藷増産は，「大社」が「大社」増産講師を派遣し，地域の甘藷増産は，「翼壮」県団が県庁農業会と協力してその徹底に期するという役割分担による一応の結論を作った（『日記』S19. 1. 14）。そして，同年8月18日，「大政翼賛会」事務総長の後藤文夫を訪ね，河井は，今後「大政翼賛会」より離脱し，食糧増産運動は，「翼壮」を経ずに「大社」が単独でやっていくと告げた（『日記』S19. 8. 18）。また，同日，農商省西村彰一農政局長に，「翼壮」の食糧増産運動を認めるか否かを問い，河井の否定的見解を示し，農商省から「大社」増産講師への指導助成により，「大社」増産講師の活動充実を図ろうとした（『日記』S19. 8. 18）。
　しかし，前述のように，国民は，部落会・町内会・隣保班（隣組）に所属する限り，「大政翼賛会」とそこで推進される戦争協力とは全く無関係ではいられない仕組みになっていた（河井も，世田谷区北澤2丁目の町内会に所属）ことや，「大社」増産講師も「翼壮」から呼ばれて甘藷増産指導をする関係すなわち共存関係もあったこと，等があった。こうしたことが原因だと思われるが，河井

には，以下のように，釈然としない，苦衷を伴う状況が続いた。・昭和19年8月22日，「翼賛壮年団」に「大日本報徳社」より講師派遣の件に関し，深刻な疑問続出。去る18日後藤文夫訪問以来，未だ釈然たらず（『日記』S 19. 8. 22）。・同年9月6日，森口淳三，貴族院控室に来訪。翼壮関係事項並びに食糧増産に関し，その後の実状を告げ，「慎重公正ノ態度ヲ求ム」（『日記』S 19. 9. 6）。・同年10月24日，後藤文夫を訪問。翼壮との関係につき，「苦衷ノ存スル所」を述べる（『日記』S 19. 10. 24）。・同20年2月9日，森口代議士，第8控室に来訪。氏と翼壮との関係につき苦衷を述べる（『河井手帳』宮 S 20. 2. 9）。

こうした状況のまま，結局「大政翼賛会」は，昭和20年6月14日に解散式を迎えた。

② 「農業報国聯盟」「農業報国会」と河井弥八との関係

昭和13年11月2日，戦時農山漁村対策確立の為，「帝国農会」（③ で後述），「全国山林会連合会」「帝国水産会」など8団体により農林大臣有馬頼寧（前述，近衛文麿の側近）を会長として，「農業報国聯盟」が結成された。これは，同17年に「大政翼賛会」の傘下に入り，太平洋戦争下の食糧増産運動を推進したが，戦況の悪化と共に食糧問題が一層悪化した為，内地の食糧自給力を高める為に，同19年5月23日の「戦時食糧増産推進本部設置ニ関スル件」の閣議決定に合わせる形で，昭和19年5月22日，「農業報国聯盟」は会則を改正し，会名も「農業報国会」とした。「農業報国会」会長は，河井とも甘藷増産活動で関係がある石黒忠篤であった。同会は，農業増産報国推進隊や食糧増産隊を軍隊式編成で組織し，戦争末期の食糧増産運動を展開した。同20年6月30日，「国民義勇隊」編成に伴い，「大政翼賛会」及び傘下の諸団体と共に解散された。

河井は，昭和16年，財団法人「農業報国聯盟」常務理事となり，以後「農業報国聯盟」「農業報国会」に協力した。その状況がわかる『日記』『河井手帳』記述は以下である（それぞれの日付の『日記』『河井手帳』より。以下以外は，『日記』S 17. 3. 20，S 18. 6. 21，S 19. 4. 13，『河井手帳』宮 S 20. 6. 17）。・昭和

17年1月18日，坂田英一を訪ね，報徳社で講師派遣の内容を報告，農林省援助の態度を問い，「帝国農会」「農業報国聯盟」「農政研究会」の協力を得る相談。・同月19日，「農業報国聯盟」事務所に田中長茂を訪問，甘藷講師派遣につき聯盟の協力を求め，同氏近日九州へ旅行につき地方長官へ勧誘方を依頼。・同年10月27日，農林大臣官舎に於ける「農業報国聯盟」役員会に出席。大臣（井野碩哉―引用者注），次官，農政局長，馬政局長官，石黒理事長，田中（長茂か―引用者注）理事，後藤（文夫―引用者注）「大政翼賛会」事務総長，加藤寛治(完)，千石興太郎，小平権一（表10参照―引用者注），梅地慎三諸氏の外多数出席する。大臣の挨拶に次で，石黒理事長より，第3回「農業増産報国推進隊中央訓練要綱」を説明，各員の発言があり原案を決定。・同年12月5日，河井は，丸山を「農業報国連盟」で講演させる（『丸山日記』S17.12.5）。・同18年10月15日，農林省に開会の「農業報国聯盟」常務理事会に出席。石黒理事長より，機構改革につき「大政翼賛会」より交渉を受けたことの報告，各員所見を開陳。・同19年6月19日，「農業報国聯盟」財団結成に調印を諾す。・同20年8月9日，「静岡県国民義勇隊本部」顧問を委嘱される。

③「帝国農会」と河井弥八との関係

　河井は，以下のように，「帝国農会」に関わった（それぞれの日付の『日記』より）。・昭和17年1月18日，坂田英一を訪ね，報徳社で講師派遣の内容を報告，農林省援助の態度を問い，「帝国農会」「農業報国聯盟」「農政研究会」の協力を得る相談。・同18年1月12日，「帝国農会」の甘藷馬鈴薯増産代表者協議会（第2日）に出席。甘藷の会議終了に際し，報徳社より講師派遣の件，常設講習会開設の件を発表，各府県の協力を求める，また良苗育成法100部を道府県篤農に頒つ。丸山の説に対しては，「官憲ノ不満アル」を聴く。

　これらによると，河井は，②の「農事報国聯盟」や「帝国農会」等を通じて，「大社」の甘藷増産活動に各府県の協力を求めていたことがわかる。

④「中央農業会」と河井弥八との関係

　「翼賛政治会」は，昭和17年11月に農業団体整備案を作成した。そして，「農

業団体統合法案要綱」(部落団体加入取り止め等, 内務省の主張に近い要綱)が閣議決定され,「農業団体法」が, 同18年3月1日に成立した(同月10日公布)。同年9月に「中央農業会」及び「全国農業経済会」が全国組織として設立され, 道府県「農業会」, 市町村「農業会」も設立された。戦時統制政策の強化により, 大きな発展を遂げた「産業組合」は,「農会」等とともに「農業会」に統合され, 強制加入制の政府統制機関となった。こうした農業団体の統合には, 行政側の都合による状況対応的側面が多分にあった。

河井は, この過程の中で, 昭和18年9月15日,「中央農業会」設立委員(農林省)となり, 同年12月15日,「中央農業会」秘書森元紀美雄と,「大政翼賛会」で会見, 同会の参与たることを承諾し(『日記』S 18. 12. 15), 同20年1月9日時点で,「中央農業会」の諸類増産実行本部委員を委嘱された(『日記』S 20. 1. 9)ように,「中央農業会」の設立に関わった。ただし, 河井は,「静岡県農業会」会長職を切望されるが, これは引き受けなかったようである(『日記』より)。

⑤「中央林業協力会」「日本林業会」等と河井弥八との関係

河井は, 後藤文夫経由で,「中央林業協力会」(昭和20年5月解散),「日本林業会」(昭和20年5月31日設立)等と関わった。その状況がわかる『日記』『河井手帳』記述は以下である(それぞれの日付の『日記』『河井手帳』より。以下以外は,『日記』S 18. 6. 10, S 18. 9. 25, S 18. 12. 24, S 19. 1. 6, S 19. 1. 18, S 19. 8. 2,『河井手帳』貴S 20. 2. 28, 貴S 20. 3. 16, 貴S 20. 5. 2)。昭和16年9月18日, 後藤文夫来訪, 林業中央協力会(「中央林業協力会」―引用者注)副会長に就任受諾を懇望され,「甚困却ス」る(『日記』S 16. 9. 18)。同17年3月3日,「中央林業協力会」理事会に出席。同年8月21日,「木材統制委員会」委員(内閣)。同18年12月15日,「挙国造林促進対策委員会」を結成。同20年5月3日,「日本林業会」創立準備委員会, 山林局。同月31日,「日本林業協会」副会長。

森林資源は, 国民の生活上の必要の為だけでなく, 軍事用の燃料を作る為に

も，戦中に多量に使用されたが，河井は，植林を訴えたようである。

⑥「内原訓練所」と河井弥八との関係

「内原訓練所」（第1章―第1節，第3章―第2・3節参照）では，河井・丸山等も関わって，甘藷増産の指導・実践が行われた。例えば，昭和18年1月21日〜同月24日に，丸山が「甘藷苗床設計」，「苗床十五町計画」つくり，「苗床予定実地踏査」をし，「内原訓練所」ではその後甘藷苗床を作ったようである（第3章―第2節参照）が，これには，河井が関わっていたと思われる。以後，「内原訓練所」では，甘藷苗の大増産を行った。

⑦「大日本青少年団」と河井弥八との関係

大正10年，大阪での全国都市青年団大会での青年団の全国組織化が提案されたことが発端となり，同14年9月，男子青年団の全国組織として，「大日本連合青年団」が設立された。「日本青年館」建設計画中の内務・文部両省は，最初この成立に反対であったが，政府と民間側とが妥協し，半官半民的な指導体制での設立となった。初代理事長は，一木であった。昭和14年4月1日，朝鮮・台湾・樺太の各連合青年団を糾合し，「大日本連合青年団」は「大日本青年団」に改組・改称した。同16年，第2次近衛内閣が，大政翼賛運動を進めるなか，大東亜共栄圏建設・高度国防国家建設を旗印に，同年1月16日，「大日本青年団」「大日本連合女子青年団」「大日本少年団連盟」「帝国少年団協会」の4団体が統合され，「大日本青少年団」が設立された（「大日本青年団」は解消）。「大日本青少年団」は，従来の青年団活動の他にも，「大政翼賛会」の下で軍人援護・国防訓練をし，食糧増産運動も行った。「大政翼賛会」解散に伴い，「大日本青少年団」は，同20年6月30日に解散した。団員は，同20年5月設立の「大日本学徒隊」のなかに再編成された。

河井は，「大日本連合青年団」初代理事長が一木であった関係もあったと思われ，その流れをくむ「大日本青少年団」参与になった（『日記』S18.3.31。その他，状況がわかるものは，『河井手帳』貴S20.1.27，貴S20.5.14，貴S20.5.24，貴S20.5.31，貴S20.6.16）。

⑧ 町内会と河井弥八との関係

　河井は，居住する世田谷区北澤2丁目の町内会，町内の行事に関わることには，積極的に取り組んだ（その状況がわかる『日記』は，『日記』S 15. 9. 1，S 19. 12. 21，等多数。『日記』S 16. 8. 22，S 16. 9. 5，S 16. 9. 14の記述より，河井の影響で，北澤2丁目に青年有志の報徳社が結成された可能性もある）。

⑨ 農林省・農商省と河井弥八との関係

　河井は，農林省・農商省へのパイプは，時に意見の食い違いはあっても維持し，農林省・農商省からの丸山や「大社」増産講師の活動への協力，「大社」増産講師への資金援助（前田　平成18年，表28参照）を図った。

　河井は，政府の食糧増産が本格的になった時期には，進んで農商省に関わる仕事をした。その状況は，昭和19年6月12日，「戦時食糧増産推進中央本部参与」（農商省）（Ⅱ—⑲），同年10月23日，農商相官邸に招集された「食糧増産推進本部参与会議」に出席，島田大臣の挨拶，西村局長の食糧の20米穀年度生産，概感説明，湯河長官の同上需給計画概要の説明，次に，各員より質疑，参与を首班とする増産推進班を結成，その担当地区を指定，河井は，宮崎・大分両県に指定される（『日記』S 19. 10. 23），同年11月11日時点で，（農商省—引用者注）「戦時食糧緊急増産推進班長」（『日記』S 19. 11. 11），からわかる（上記以外は，『日記』S 19. 12. 29等）。
(ママ)

　このうちの農商省「戦時食糧緊急増産推進班長」として大分県，宮崎県に出張・指導した様子がわかる一例を，以下に掲げてみる（それぞれの日付の『日記』より）。

　昭和19年11月15日，大分県庁に出頭。食糧増産推進会議を開会。河井は，戦時食糧増産の急要を強調，各種推進要綱を説明，当局の計画及び実施状況を問う。これに対し，麦作につき北技師，真□より，甘藷作につき伊東主任技手，同上昂より，指導員増加問題につき農業会指導部長岩男仁蔵より，説明または要望あり。農器具問題，肥料用を主とする石灰増産許可問題，土地改良準備事業，食糧増産隊の効果とこれに対する配給問題，中小地主に対す

る国家の態度の適正を欠く事実問題，等続出。出席者多数。

　昭和19年11月19日，佐伯市は海軍要地で，飛行機により覚眠。「南海郡地方事務所」に出頭。所管内各町村より有力な指導者約30名と会談。河井の説明に対して，木立村長永田重太（甘藷増産報告），上野村伊勢男（麦，甘藷），重岡村小野亨（甘藷堆肥），中野村長大竹円作（報徳村長。水害復旧，食糧木材薪炭増産供出完遂），明治村一ノ瀬善之（牛馬，豚，鶏，牛使用方），佐伯市高石浅五郎（麦，青刈，大豆）等の報告及び要望あり，「甚有益ナリ」。

⑩「日本甘藷馬鈴薯株式会社」「日本藷類統制株式会社」と河井弥八との関係

　河井は，昭和20年2月6日には，「日本藷類統制株式会社」参与会（於「大東亜会館」）に出席した（『日記』S20.2.6）ので，この会社の参与になったかもしれない。

⑪「東京府食糧営団」と河井弥八との関係

　河井は，「東京府食糧営団」の役員となり活動した（『日記』S17.2.5，S17.12.21，S18.4.1，S18.4.9，S18.5.1，S18.10.10，S19.10.10，S19.12.29）。ただし，同営団における河井の発言等の詳細はわからない。

⑫「報徳経綸協会」（前田　平成16年，表4参照）と河井弥八との関係

　昭和18年10月5日，河井は，前述「報徳経済学研究会」が発展・解消したところの「報徳経綸協会」理事となった。河井は，本会でも甘藷増産活動を進めたいと考え，同19年1月18日，「日本倶楽部」で，矢部善兵衛（前田　平成16年，表4参照─引用者注），農大教授京野正樹と会見，「報徳経綸会」（「報徳経綸協会」か─引用者注）の執るべき食糧増産及び農村問題につき意見を交換（『日記』S19.1.18），といった行動をとった。また，昭和20年5月3日，「全国町村長会」，「報徳経倫協会」主催の皇国食糧充実計画及び同町村能力最高発揚に関する施策報告懇談会を開催またはそれに参加したようである（『河井手帳』貴S20.5.3）。

⑬「液体燃料対策調査委員会」と河井弥八との関係

　『河井手帳』（S20）には，「液体燃料対策調査委員会」（『河井手帳』では，「液

体燃料調査委員会」の表現もある。詳細は不明）の以下の内容が記されている。・2月9日，第4回。確保対策につき，海軍省軍需局長鍋島茂明，同第2課長秋重実恵。・2月13日，第6回。液体燃料対策について（前回の続）軍需省燃料局長難波経一。・2月20日，液体燃料調査委員会。人造石油につき。三宿好。・3月1日。国内原油増産対策。工博伊木常誠。・3月6日。酒精事情説明。軍需省燃料局醱酵工業部長　赤間文三，農商省松根課長並木龍男。・4月7日。松根油事情について。山林局松根油課長森茂雄。・4月10日。樟脳油について。国府部長。・5月1日，食糧及び液体燃料調査委員会視察旅行。農事試験場，「参松工業」，「軍需省千葉酒精工場」。

　河井が，これらに出席したか否かはわからない。これらより，戦争末期に，政府が液体燃料に如何に苦慮していたかがわかる。

⑭防空対策委員会，防空調査委員会と河井弥八との関係

　河井は，戦争末期に，防空対策委員会，防空調査委員会，防空対策聯合委員会（以上は，『日記』『河井手帳』の表現。詳細は不明。）に関わった（『日記』S 18. 11. 8，S 19. 7. 2，S 19. 11. 1，『河井手帳』貴S 20. 2. 19，貴S 20. 3. 7，貴S 20. 4. 16，貴S 20. 5. 25，貴S 20. 5. 31）。なお，河井は，『河井手帳』（宮S 20，貴S 20）に，東京空襲等の各地空襲を多数書き取った。

⑮貴族院「思想対策委員会」

　河井は，貴族院「思想対策委員会」を傍聴する等それに関わった（『日記』S 19. 12. 6，『河井手帳』貴S 20. 2. 17，貴S 20. 2. 19，貴S 20. 2. 21，貴S 20. 2. 23，貴S 20. 3. 2，貴S 20. 3. 3，貴S 20. 3. 10，貴S 20. 3. 29，貴S 20. 3. 30，貴S 20. 4. 4，貴S 20. 4. 6，貴S 20. 4. 7，貴S 20. 4. 17，貴S 20. 4. 23，貴S 20. 5. 23，貴S 20. 5. 28，貴S 20. 5. 29）。なお，『日記』S 17. 1. 31には，「思想問題研究会」に出席，の記述がある。

⑯その他

　河井は，その他にも各種の機関，団体，委員会に関わった。その状況がわかる『日記』『河井手帳』記述は以下である（それぞれの日付の『日記』『河井手

帳』より。以下以外は，『日記』S18．2．23，S18．8．28，S19．7．25，『河井手帳』貴S20．6．4，貴S20．7．11）。・昭和14年3月28日，国民精神総動員委員会委員（内閣）。・同15年10月18日，信遠三国鉄期成同盟会（正式名称は不明―引用者注。道か）参与を嘱託（会長伊澤多喜男，副会長大口喜六＜表10参照＞）・同18年2月24日，「価格形成中央委員会」委員（昭和18年2月22日付，内閣）の辞令を物価局長官より送付（同年8月26日，物価局「価格形成中央委員会」食料品部及び農林水産部委員会に出席。甘藷価格の改訂及び小麦粉等価格改訂につき審議）。・同年11月9日，信参遠鉄道期成会（正式名称は不明―引用者注）会長。・同年12月23日時点で，「大東亜農林水産協会」理事。・同19年1月14日，「鉄道運賃審議会」委員（内閣。同年1月17日，同会に出席。昭和21年2月27日，任期満了）。・同20年2月19日，航空機増産調査会。独乙の航空機増産について。航空総本部飯島正義大佐。・同年5月21日，航空機増産対策懇談会。・同年7月12日，「恩賜財団戦災援護会」参与。・同年4月19日，食糧調査委員会（貴族院か。正式な名称は不明―引用者注）。甘藷増産について西村農政局長説明（病気欠席）。

(3) 戦後の活動

① 終戦直後の活動

　天皇が，戦争終結の大詔を出した昭和20年8月14日付で，河井は「時局拾収ノ一構想」という文章（Ⅱ―㉔）を書き，これを同月26日付で麹町区紀尾井町の関屋貞三郎に「必親展　特使」と記して届けている。河井の身近な友人に，河井の本心と思われるものを宛てた貴重なものであるので，長文であるが以下に記してみよう。

「一，鈴木（貫太郎―引用者注）内閣ノ退場

　鈴木内閣ハ速ニ退場スルガヨイ，□去其レニ至ルマテニ／1．当面ノ秩序ヲ保ツコト／2．敵側ノ今後ノ遣口カ出来ルタケ柔イモノトナルヤウ方策ヲ講スルコト（ママ）／3．アトノ者カ遣リヨクシテ去ルコトテアル」

「二，後継内閣

宮様内閣ノ可否ハ問ハナイ，宮様ハ内大臣カ適当カモ知レス／内閣首班タル人ニ対シテハ少数ノ非公式ナブレーントラストヲ速ニ結成シ以下所述ノ大道ニ付確定シ新内閣ハ成立ト共ニ之ヲ国民ニ明示シ且国民ヲシテ十分ナル発意ヲ為サシメルヤウ実現シタイ今後ノコトハヨク研究シテ実行センナトハ禁物ダ」

「三，当面ノ急務
第一ハ国内秩序ノ維持テアル，即上下一致此難局ヲ乗切ルコトテアル，之カ為ニハ国民ノ心ノ持方ヲ正シク導クコトテアル即敗レタリト雖其矜リ（ほこ）ヲ失ハス希望ヲ抱カシムルコトテアル
第二ハ国民ヲ食ハセルコトテアル，即今後日本ノ経済構想ヲ大局的ニ説明シ，成ルホト之ニ依テ苦シミナカラ食ツテ行ケルトノ安全感ヲ与ヘ十分ニ納得セシムルコトテアル
第三ハ敵国ノ日本ニ対スル態度ヲシテ餘リ苛酷（かこく）ナラシメサルコトテアル」

「四，国民ノ心構
右当面ノ必要ニ効果的ニ対處シ同時ニ国家再建ノ永遠ノ基礎ヲ築ク為ニハ此降伏ノ事実ヲ如何ナル心構ニテ受取ルカ此点ニ付大ナル指導力最必要テアル
其大本ハ復讐心ヲサラリト一擲（いってき）スルコトニアル之ハ□事ノ中核テアル，即大悟一番，敗戦ハ己ノ力ノ足ラサリシヲ悔ユルニ止メ敵ヲ怨ムコトナイノカ武士道的敗者ノ道テアル」

「六，最初ノ課題
新政府最初ノ重要ナル課題ヲ列挙スレハ左ノ通リ／一，食糧ノ確保／二，通貨価値ノ維持／三，解体国軍ノ處理／四，在外派遣軍ノ處理／五，朝鮮，台湾，樺太等割譲地ノ人及企業ノ處理／六，満州支那南方諸地域ノ人及企業ノ處理／七，軍需産業ノ處理／八，戦災ノ国家補償／九，賠償ノ履行／十，荒廃都市ノ再建
以上ハ悉ク経済問題テアル，換言スレハ如何ニシテ国民ヲ食ハスコトカノ問

題ニ外ナラヌ而シテ其何レニ失敗スルモ致命的経済破滅ヲ招来スル虞ガアル」

「七，處理方策

上記ノ如キ相互関連セル課題ニ対シ處理方策ヲ立案スルハ前記ブレーントラストノ職務テアツテ其道ヲ以テスレハ之等ノ處理ハ必シモ不可能テハナイ例ヘハ食糧問題ニ付テハ今後数年ニ亘リテ従来同様ノ耐乏生活ニ甘ンシナケレハナラナイコトト国民皆勤労ヲ必要トスルコトハ勿論テアルカ　仮令数上ニ於テハ食糧ハ絶対不足ナリトスルモ敢テ打開ノ途ナレト断スル必要ハナイ

次ニ航空燃料ニ豫定サレタ薯類ノ転用，応召者復員ニ依ル人手不足ノ解消，軍需工業ノ転換ニ依ル農具肥料ノ増産トラック自転車リヤカー等製造ニ依ル輸送問題ノ解決，軍用燃料ノ解放ニ依ル漁業ノ復活等良材料モ多数アルカラテアル

第二ノ通貨問題ハ要スルニインフレ處理問題テアリ技術的ニハ通貨価値ノ何分ノーカヘノ切下，其後ノ米井ヘノリンク等ヲ含ムカ大局的ニハ上記食糧対策ト全ク表裏一体ヲナスト云フテヨイ，食糧確保ノ見透カツイテ農民カ供出ヲ拒マライヤウニナレハ

ソレカインフレノ解決テアルト言フテヨイ」（傍線は，省略）

これより，河井は，既に降伏のその日に，次の時代の構想を練っていたことがわかる。この中の「復讐」をしない（河井は，武士道精神も持っていた。また，復讐をしないことは，尊徳も重視していたと思われる＜『二宮先生語録』380，『二宮翁夜話』49＞），「食糧ノ確保」が第一，等に河井が大切にしている考え方が出ていると思われる。また，「航空燃料ニ豫定サレタ薯類ノ転用，応召者復員ニ依ル人手不足ノ解消，軍需工業ノ転換ニ依ル農具肥料ノ増産トラック自転車リヤカー等製造ニ依ル輸送問題ノ解決，軍用燃料ノ解放ニ依ル漁業ノ復活等」による食糧不足対策も想定していた点は，着目に値する。

この中の農具に関しては，既に降伏の直後の日付の『河井手帳』宮Ｓ20に，

次のような記述がある。・8月16日，落合鋳物工場を，農器具製作に転換の件，工場長に警告，(静岡県か―引用者注)経済第2部長に依頼(『河井手帳』宮 S 20. 8. 16)。・8月25日，東京鍛工株式会社，元農器具製造，近藤事務官談(『河井手帳』宮 S 20. 8. 25)。

昭和20年8月15日以降も，一時的に「大社」増産講師の食糧増産活動を停止させるということはしなかった(前田 平成15年，表17参照)。

終戦後約1か月目の昭和20年9月15日，「大社」は，早くも次のような活動をしたようである。昭和20年9月15日，三河地方報徳社講師打合会，平坂町浅岡方にて，浅岡源悦，牧島，近田，田村，天野，丸山，出席。幡豆地方事務所長事務官巻川啓，幡豆地方事務所勧業課長関根，県農業会幡豆支部長坂部亀太郎(『河井手帳』宮 S 20. 9. 15)。また，河井は，『河井手帳』宮 S 20の9月16日欄の下の欄外に，「農事講師に推薦すべき候補者」として，以下の者を記した。野中哲夫，土方村下土方，「明朗会」員。赤堀良身，土方村川久保，報徳社員。中上又三郎，土方村入山瀬，報徳社員。浅井美夫，中村西ノ谷，報徳社員。小林十一，中頸，斐太村五日市七ツ山，報徳社長。磯部政佚，豊橋飯村町茶屋。牧原保平，宝飯 形原町辻。この中には，「大社」増産講師にならなかった者もあるが，河井が，戦後に「大社」増産講師を増員して，甘藷増産活動をより強力なものにしようとした意図が伺える。実際に，河井は，戦後9名の「大社」増産講師を就任させた(前田 平成15年，表10参照)。戦中に就任した者と，戦後の9名を合わせた「大社」増産講師のほとんどは，主食が甘藷に頼らなくてもよくなって久しい昭和50年前後まで，「大社」農事講師を務めた(同上)。

② 終戦後の各種の機関，団体，委員会等の活動・処理

河井は，戦中からの流れの以下の各種の機関，団体，委員会等の活動・処理に関わった。ア.「国民義勇隊」(昭和20年6月設立)：河井は，昭和20年8月29日，国民義勇隊顧問参与会議(『河井手帳』貴 S 20. 8. 29)と，同日，国民義勇隊静岡県本部解散式(『河井手帳』宮 S 20. 8. 29)，を『河井手帳』に記した。イ．食糧調査委員会(貴族院か。状況は，『河井手帳』宮 S 20. 8. 31，宮 S 20. 9.

7，貴S20．9．22，宮S20．10．5，宮S20．12．5）。ウ．戦時森林資源造成法臨時対策調査委員会（状況は，『河井手帳』宮S20．9．4，貴S20．9．6，貴S20．9．11）。エ．思想問題調査会（貴族院と思われる。正確な名称は不明。状況は，『河井手帳』宮S20．9．8，貴S20．10．24，貴S20．11．7，貴S20．11．10，貴S20．11．24）

③ 終戦からその年暮れまでの河井の活動

　終戦から，その年暮れまでの『河井手帳』宮S20，貴S20には，例えば，次のような記述がある（それぞれの日付の『河井手帳』より）。・8月30日，「大日本報徳社」役員会。・9月23日，戦災殉難者慰霊法要。「震災記念堂」。戦勝観音像参詣。・9月27日，近畿地方総監府出頭。安井総監，猪俣警務局長，門田技師，面談（近畿地方に於ける焼け跡での甘藷増産の為の出張か ─ 引用者注）。・10月17日，甘藷供出到着。磐田郡平均350〆，最多370〆，袋井250〆。・10月20日，県社報徳二宮神社例大祭。先生逝去90年祭。今市。・11月4日，「大日本報徳社」の「常会」。甘藷増産優良町村部落表彰式。役員会。甘藷栽培座談会（受賞者を中心とす），服部，山本，浅岡，柘植（和平か，前田　平成15年，表10参照 ─ 引用者注)，天野，藤田，寺田美，石原，岩瀬，田村，近田，小柳，戸倉，寺田作。・11月14日，食糧危機突破懇談会，首相官邸。・11月18日，新城行。「日本食糧増産同志会」関係諸問題協議。・11月19日，復興対策調査委員会。・11月28日，映画，従軍記。予算委員室。・12月3日，松村農相，晩餐。常盤家。戦争犯罪容疑者59名（梨本宮殿下を含む），引き渡し要求。・12月4日，映画，従軍記。ウィリアム・コートニー，説明。・12月6日，「乙酉会」。戦争関係者9名，引き渡し要求。・12月7日，報徳社役員会。22年度事業及び同上収支予算に関する件。・12月13日，重友，帰郷。・12月19日，坂田（英一 ─ 引用者注）特産課長，訪問。国庫補助指令の促進。嘱託発令及び追加。・12月22日，報徳社。補助金下附申請の件。講師に嘱託辞令下附申請の件。・12月30日，倉真村（「大日本報徳社」第1代社長岡田良一郎の出身地 ─ 引用者注）食糧倍産指導につき，岡田分平（前田　平成15年，表10参照 ─ 引用者注）へ発信。

また，河井は，「大社」に以下の活動をさせ，平和と食糧増産に努めた。

　まず，昭和20年12月1日，機関誌『大日本報徳』の終戦号（11，12月合併号）の表紙に，「ポツダム宣言履行　平和日本建設」「道義昂揚　食糧増産」を掲げた。また，「大社」の声明文とも言える「終戦に際し報徳社員に告ぐ大日本報徳社」を掲載し，戦中における国民の行動の反省を唱えた。また，平和，食糧増産を強調した。また，「農業欄」に麦，甘藷に関する文を載せ，「歌壇」に，神戸保の「新日本建設食糧充実　甘藷増産奨励の歌」を掲載した（なお，以後の機関誌『大日本報徳』＜昭和23年2月からは，大日本を取り『報徳』と改称＞にも，食糧増産関係記事を多数掲載 — 引用者注）。

　次に，昭和20年12月3日から同月12日までの10日間，「自治振興中央会」と共催して，第1回「国民新生活報徳研究会」を行った。第1回目は，「自治振興中央会」講師と，「大社」の河井弥八（社長），佐々井信太郎（副社長），鷲山恭平（副社長），小野仁輔（講師），太田民次郎（講師），藤田訓二（前田　平成16年，表4参照）（講師），丸山方作（講師），河西凜衛（前田　平成15年，表10参照）（講師），水谷熊吉（講師），その他を講師（予定）とした。講習科目（予定）は，1．国家再建の要諦，2．常会の意義とその運営，3．終戦と町村教化に関する研究，4．平和国家建設と報徳仕法，5．青壮年と報徳生活，6．食糧増産と貯蓄増強，であった。以後，昭和25年12月4日から同月8日までの第18回「国民新生活報徳研究会」まで，合計20回の「報徳研究会」を行った（昭和23年8月20日から同月24日までの「第十五回国民新生活女子報徳研究会」，同月26日から同月28日までの「特設静岡県下中小学校教官報徳研究会」を含む）。

④　大きな動きや着目すべき動きがあった昭和21年

　昭和21年1月下旬から同年5月15日までは，日記または手帳への記述自体が見当たらない。同月16日以降の河井の甘藷増産活動の状況がわかる『日記』は，『日記』S21．5．16，S21．5．20，S21．5．23，S21．5．30，S21．6．1，S21．6．2，S21．6．4，S21．6．8，S21．6．17，S21．6．19，S21．7．4，

S 21. 7. 8，S 21. 7. 15，S 21. 7. 25，S 21. 7. 26，S 21. 8. 12，S 21. 8. 26，S 21. 8. 27，S 21. 9. 17，S 21. 9. 19，S 21. 9. 23，S 21. 9. 24，S 21. 9. 25，S 21. 9. 29，S 21. 9. 30，S 21. 10. 13，S 21. 10. 17，S 21. 10. 24，等である。このうち，大きな動きや着目すべき動きは，以下である（それぞれの日付の『日記』より）。

ア．安倍（能成―引用者注）文相に，国民学校教職員をして学校の敷地を使用し効率的な甘藷増産活動をさせようとした（S 21. 5. 16, S 21. 6. 19）こと。

イ．昭和21年6月1日に，連合国軍最高司令官総司令部（GHQ）民間情報教育部新聞課長ダニエル・C・インボーデン少佐が「大社」を訪れ，「大社」社長河井等が対応した（S 21. 6. 1）こと。

ウ．イの時にインボーデン少佐に，甘藷増産等の著書を渡し，「大社」の甘藷増産活動を説明し，インボーデン少佐が，「丸山式」甘藷栽培法の実地指導用の庭園の開墾地を見たと思われる（S 21. 6. 1）こと。なお，甘藷増産等の著書とは，麦多収穫栽培法（河西凜衛『麦の多収穫栽培法』か―引用者注），甘藷苗育方（丸山方作『甘藷良苗育成法大要』大日本報徳社，昭和17年11月頃か―引用者注），植方（丸山方作『甘藷苗の植ゑかた』か―引用者注），イモ保存法（丸山方作『甘藷の貯蔵法』大日本報徳社，昭和18年2月以前，か―引用者注）である（S 21. 6. 1）。庭園の開墾地とは，「大社」食糧増産部が，来たる4日の「常会」に於いて，甘藷栽方の実地指導を為す為，杉本（良か，前田　平成15年，表10参照―引用者注）主任，河西（凜衛か―引用者注）講師，小柳（直吉か―引用者注）・戸倉（儀作か―引用者注）・松浦（清三郎か―引用者注）諸講師で，庭園の開墾をした所である（S 21. 6. 1）。

エ．昭和21年6月2日の「報徳経綸協会」主催の会合（出席者：中川望，加藤仁平＜前田　平成16年，表4参照―引用者注＞，矢部善兵衛＜前田　平成16年，表4参照―引用者注＞，上浦＜種一か，前田　平成15年，表10参照―引用者注＞，加藤勝也，鷲山・佐々井・田辺・岡田＜分平か―引用者注＞・大村＜●一，前田　平成15年，表10参照―引用者注＞・鈴木＜良平，前田　平成15年，表10参照

―引用者注＞各理事）で，加藤仁平，加藤勝也両氏より，「皇族殿下ノ御生活ハ報徳様式ニ依ラルヘシ」との意見が出て，意見交換された（S21.6.2）こと。

オ．戦後においても，甘藷二作の研究をし（S21.6.8），和田（博雄，Ⅰ―〔備考〕参照―引用者注）農相に甘藷二作に付考慮を求めた（S21.6.19）こと。

カ．聯合国軍林業部長 William S.Swinglar，所員 Dr.Morris A.Hubermain と相談し，報徳村建設計画が出た（S21.5.20）こと。

キ．戦後における「大社」の「常会」が，大きな盛り上がりをみせたこと（昭和21年7月4日には，来会者1,000人以上）。

ク．昭和21年7月25日，氣賀重躬より，Robert Cornell Armstrong 著 Just before the Dawn（対戦国アメリカの人が，二宮尊徳に着目して著した書―引用者注）を受け取った（S21.7.25）こと。

ケ．昭和21年7月26日，内務省内「中央報徳会」にて「報徳聯合会」結成有志会を開いた（S21.7.26）こと（なお，本会の理事長は，中川望，理事は，佐々井信太郎，小野仁輔，片平七太郎，加藤仁平，草山惇造（前田　平成15年，表10参照），小出孝三（前田　平成16年，表4参照），河井弥八，等であった。また，同年9月4日に開催された「報徳聯合会」開会式には，インボーデン少佐も出席し，吉田茂（表11参照）首相の祝辞もあった―以上，引用者注）。

コ．議員等への甘藷増産指導を行ったこと。例えば，以下がある。・昭和21年8月12日，8月6日附西原亀三（表11参照―引用者注）氏書簡掛川より回送あり。秋田市高村禅雄氏より甘藷麦講師派遣希望ありしに付石原民次郎を煩したしとのこと。・同年9月25日，幣原国務相より首相官邸に招かれ晩餐を饗せらる。甘藷増産方法に付諸氏の注意を喚起。小坂順三(造)（表9参照―引用者注）に岡澤多六（表11参照―引用者注）氏を推薦。・同月30日，横川重次，星一（表10参照―引用者注）の為に甘藷増産指導を約す。

⑤　昭和22年以降の河井の甘藷増産活動

　　昭和22年10月2日，「大社」は，「大社」敷地内に「報徳農学塾」を開塾させ

た（「報徳農学塾歌」は，「大社」増産講師藤田久蔵が作詩）。設置の経緯は，「東京大学」農学部教授神谷慶治（前田　平成15年，表10参照）が，終戦後，地方篤農家及び青年と官公農業施設とが，相互に長短補う機会が必要と考え「大社」に相談したことによる。「大社」は，これを本社内に設置し，側面から援助した。本社から，小野仁輔と小柳直吉が「報徳農学塾」の経営に関わり，開塾となった。昭和23年2月，役員選挙で，神谷が副社長に，前静岡県立「引佐農業高等学校」校長中山純一（前田　平成15年，表10参照）が常務理事となり，塾の経営を本社に移した。同26年4月からは，「報徳学園」とし，女子部も併設した。この塾に河井は，所有畑3畝を貸した。また，元「掛川地区指導農場」も借りて，これらを農業実習地とし，塾生2名を常勤させ管理担当させた。『河井手帳』S22には，「掛川指導農場研究生氏名　十月二日記事」があり，17歳から28歳まで（1名の年齢は記入なし）の25名の研究生氏名が書かれてある。

　昭和24年3月，河井は，丸山方作（昭和24年4月）『これからの甘藷種栽培法附＝上手な貯蔵と加工』（大日本雄弁会講談社）の「序」を書いた。

　昭和24年12月から，「大社」は，毎日曜日に「報徳公開講座」を開催し，河井も講師を務めた。これを，同26年12月まで続けた。

　昭和26年1月19日付，京都大学教授・農学博士大槻正男，京都大学教授・農学博士片桐英郎，経済学博士高田保馬，農学博士那須浩，東京大学教授・農学博士戸苅義次（第1章―第1・3節参照），経済団体連合会長石川一郎，衆議院議員坂田英一，衆議院議員笹山茂太郎，参議院議員河井弥八，参議院議員楠見義男，参議院議員和田博雄，の11名の連名で，内閣総理大臣吉田茂，経済安定本部総務長官周東英雄，大蔵大臣池田勇人，農林大臣廣川弘禪，通商産業大臣横尾龍宛に，『いも建白書』（Ⅱ―㉝）を提出した。この冒頭文は，次のようになっている。

　「近世の我が国に於て凶作の起る度毎に，甘藷ほど大なる役割を果し来つた救荒作物はない……。過る戦争末期からの食糧非常時に於ても，我が国民をよく悲惨な飢饉より救つた功績は，第一に甘藷に帰せられねばならない。ひ

とり公のルートによる配給維持に貢献したばかりでなく，各種のかくれたルートを通じて都市民の窮乏を救つた。しかし，のどもと過ぐれば暑さ忘れるの例に洩れず，輸入食糧の増加によつて食糧事情の緩和せられるに及び次第に甘藷を軽視し，更にこれを蔑視する風潮さえも見られる……。殊に昨年のいも類統制撤廃後は，甘藷をもはや食糧としての重要性を有さない無用の長物視する風潮を生じ，その結果生産農民のいもの生産意欲を減殺し，いも関係者のいもに対する自信力と熱意とを失はしめるに至つた……。」

そして，いも類の合理的調理法并びに調理用具の研究をすると共に，この普及奨励をはかること，季節的に市場に氾濫し，腐敗しやすい生いも流通を円滑にする，生いも流通資金確保のための金融措置，等の9つの方策を要望した。冒頭文の，甘藷が「各種のかくれたルートを通じて都市民の窮乏を救つた」という一文より，河井を始めとする多くの議員や，坂田英一（昭和40年6月3日～同41年8月1日に農林大臣）・和田博雄（昭和21年5月21日～同22年1月30日に農林大臣）のような戦後に農林大臣となる戦中の官僚筋も，統制下の配給以外のこと（例えば，序章―第1節で記述のこと）を認識していたことが推察される。

⑥ 戦後の中央等での経歴・活動等と終焉

戦後，河井は，次のような経歴をたどった。昭和21年2月27日，「食糧対策審議会委員」（内閣）。同年12月19日，「治山治水議員聯盟」顧問。同22年5月17日，参議院会派「緑風会」を結成。同23年10月12日，内閣委員会委員長（総理府）。同25年6月4日，第2回参議院議員通常選挙に当選し，参議院議員となる。同27年7月12日，内閣委員会委員長（総理府）。同28年5月19日，参議院議長に就任（参議院議長は，「緑風会」からの3代目）。同年5月19日，皇室典範第28条の規定により，「皇室会議」議員。同年5月，「ボーイスカウト日本連盟」顧問。同29年10月30日，河井は，「国産愛用推進協議会」（河井が，堤＜康次郎―引用者注＞衆議院議長と，物心両面において，国産愛用推進の必要を説き，官民多数の参集を求めて設立した会＜土岐章「河井弥八先生を偲びて」，Ⅱ―㊵，p.9＞）を設立した。同31年12月6日，「文化財保護委員会」委員長。

河井は，昭和35年7月21日生涯を終えた（従二位，勲一等旭日桐花大綬章。同月22日，勅使御差遣祭粢料御下賜）。同月23日，青山斎場で葬儀が行われた（参列者：約2,000名）。同月31日，掛川市民・大日本報徳社合同葬儀が行われた（会葬者：約2,000名）。同日，掛川市の自宅で葬儀が行われた（参列者：約400名）。葬儀には，甘藷増産活動で関わった多くの人物も参列した。戒名は，「徳翁弥天居士」（以上，Ⅱ—㊳㊴）。

河井から，「大社」増産講師に選ばれ就任した人々は，河井死去後も，「大社」農事講師として，長らく地域の人々の農事指導にあたった（Ⅴ—②，他）。また，河井等が，精根こめて結成した「緑風会」からは，多くの政治家も育った。

第2節　戦中・戦後における河井弥八の甘藷増産活動の構造

戦中・戦後における河井の甘藷増産活動は，多岐にわたるが，ここでは，1.「丸山式」甘藷栽培法等の学習活動，2.「丸山式」甘藷栽培法の研究援助・促進活動，3.「丸山式」甘藷栽培法等の普及活動，4.「丸山式」甘藷栽培法の普及援助活動，の4つの観点からその構造を捉えてみよう。

1.「丸山式」甘藷栽培法等の学習活動

河井は，以下のようにして，自ら「丸山式」甘藷栽培法等を学習した。「丸山式」甘藷栽培法に直接関わらない学習でも，「丸山式」甘藷栽培法の理解に役立ったと思われる。

(1) 方　法
① 丸山方作から直接学習

まず，河井は，丸山から直接，実地指導や講演を通して「丸山式」甘藷栽培法を学習した。その状況がわかる『日記』は以下である（それぞれの日付の『日記』より。以下以外は，『日記』S 17. 10. 11, S 19. 1. 13）。・昭和16年5月2

日，大日本農会主催，農林省助成「甘藷増産体験懇談会」に出席，丸山方作・磯部幸一郎，座談会終わって来訪，座談会の状況を報告される。・同年7月12日，丸山方作より，甘藷の根の研究に対する京大学者加藤技師の意見を報告。・同17年3月6日，「千葉県農事試験場」での甘藷増産方法講習会打合会に出席，経済部長，農務課長，県技術員，試験場員，各郡市技術指導員，及び篤農家，約40名集会，丸山の講演を中心として「熱心ナル検討」。・同年11月16日，丸山宅に至る。圃場に出て，(1)苗の優劣試験，(2)各品種の収穫試験，(3)貯蔵根発育試験，(4)肥料の有無及び施肥時期試験，等を視察，「孰レモ甚有益ナル実験ナリ」。・同18年10月19日，丸山方作を訪ねる。丸山に，大臣代理農政局長視察の為来訪の由を告げ相談。丸山の案内で，田村本次郎（前田　平成15年，表10参照―引用者注）の畑を見て田村の説明を聴く。帰って，丸山の実験畑を視察，「甚有益ナル試験ノ完成ヲ見ル」。・昭和19年11月5日，西村彰一農政局長と村田技師，丸山方を訪ねる。丸山は，「根ノ研究ノ説明，品種適正試験」を説明。

② 実地試作

　河井は，河井1人で，または「丸山式」甘藷栽培法を身につけた人々と，「丸山式」甘藷栽培法で実地試作した。まず，河井は，東京の自宅（世田谷区北澤2丁目）で甘藷栽培をした（『日記』S18. 6. 21, S18. 10. 24）。次に，河井は，松浦清三郎（前述）等関係の場所（静岡県小笠郡西郷村が中心か）での甘藷栽培・収穫に加わった（『日記』S14. 9. 17・図10, 『日記』S14. 9. 30, 『日記』S14. 12. 5, 『日記』S17. 4. 8, 『日記』S18. 6. 6, 『日記』S18. 11. 7, 等）。次に，河井は，実家のある静岡県小笠郡南郷村での甘藷栽培・収穫と収穫後の意見交換等に力を入れた（『日記』S15. 11. 1, S16. 11. 6）。次に，河井は，昭和17年12月7日，昇三郎（河井の弟，前田　平成16年，表2参照―引用者注）に，村宅産の甘藷及び身不知柿を頒つ（『日記』S17. 12. 7），からわかるように，実家でも甘藷栽培をした。次に，河井は，昭和16年11月7日，掛川報徳社に至り，直ぐに甘藷栽培法試作地に赴き，収穫の状況を視察，来観者は報

徳講習員で,「一同ノ感銘甚深シ」(『日記』S 16. 11. 7),同17年11月1日,報徳社本社に甘藷掘会あるが,出動せず(『日記』S 17. 11. 1),からわかるように,「大社」(現,静岡県掛川市掛川)内または近郊での甘藷栽培・収穫にも加わった。さらに,河井は,角替利策(河井の妹ふみの夫。神奈川県横浜市。前田 平成16年,表2参照)宅の甘藷栽培も見た(『日記』S 16. 8. 31)。

その他,河井は,以下の多くの場所で甘藷栽培をした。ア.財団法人「培本塾」内(『日記』S 16. 11. 2,等)。イ.財団法人「興農学園」内(『日記』S 17. 11. 8)。ウ.「九連国民高等学校」内。エ.「池之上国民学校」内(cf. 昭和18年6月21日,池之上学校に至り,甘藷苗植え付け地を視察,昨日自然文化園より分与された苗(太白)10本を呈す＜『日記』S 18. 6. 21＞)。オ.「日比谷公園」内(cf. 昭和18年7月31日,「日比谷公園」事務所に至り,甘藷栽培の状況を視る。それより,「井之頭公園自然文化園」に木村四郎を訪ね,甘藷栽培の成績を視察＜『日記』S 18. 7. 31＞)。カ.「井之頭公園」内(cf. 昭和18年10月5日,井下公園課長に電話で,「井之頭公園」内に栽培した甘藷の成績を問う。「佳良ナラスト雖日比谷公園ニハ良作アリ」と答える。よって,日比谷で甘藷展覧会開催のことを依頼＜『日記』S 18. 10. 5＞)。キ.「報徳農学塾」「報徳学園」内。

なお,『日記』には,昭和17年11月18日,報徳社より,千葉県笹川町利根川内に500町歩の開墾適地ある由を報し来る,依って赤木に依頼してこの調査を為す(『日記』S 17. 11. 18)とある。ただし,開墾・栽培したか否かは不明である。

③ 間接学習

河井は,まず,昭和17年5月21日,丸山方作より,長崎県発行の甘藷栽培法要項を贈られ,謝状を呈す,また,台湾用の要項,甘藷貯蔵法の原稿送付を依頼(『日記』S 17. 5. 21),同19年5月10日,貴族院に調査課長を訪ね,翼壮発行の丸山著『甘藷増産早わ可り』,伊藤恒治著『麦多収穫栽培法』を受ける(『日記』S 19. 5. 10),同年6月25日,午後,丸山画の沖縄百号の1枚の裏打ち

第2章　河井弥八の生涯と甘藷増産活動　183

をする（『日記』S 19. 6. 25），等からわかるように，丸山の著書等から，間接的に「丸山式」甘藷栽培法を学習した。

次に，各地の「丸山式」甘藷栽培法の計画・報告を，『河井メモ』①や，『河井綴り』『河井日記』等に多数書き記して学習した。まず，『河井メモ』①には，以下がある。ａ．「長野県下伊那郡ノ甘藷増産実行　15. 11. 15　丸山方作氏報告」。ｂ．「昭和十五年南郷村甘藷増産成績」。ｃ．「三重県鈴鹿郡ニ於ケル種藷用両　16. 3. 27　丸山方作氏報」。ｄ．「長野県下伊那郡下條村小松原報徳社報告ニ係ル甘藷栽培成績左ノ如シ　十六年十月二十六日品評会　16. 11. 6　牧島忠夫氏報告」。ｅ．その他。次に，『河井手帳』宮S 20欄外には，以下がある。ア．「朝鮮ニ於ケル甘藷収穫第一等反当1,289〆（朝鮮農会主催甘藷多収穫競作会出品）。イ．「新潟県中頸城郡斐太村甘藷増産成績」。ウ．「山形県瀧部村（豊浦郡）成績　十月二十七日同村農業会」。エ．「群馬県多野郡美九里村甘藷生産事情　20. 4. 23　村長沢入　丈二氏談」。オ．「群馬県勢多郡荒砥村　20. 4. 26」。カ．その他。次に，『河井日記』S 21には，以下がある。ａ．「佐渡国甘藷作ノ将来」。ｂ．「東遠明朗会南郷支部甘藷坪掘成績」。ｃ．「中内田村杉森明朗会員坪掘成績」。ｄ．「岐阜県恵那郡付知町甘藷増産躍進報告」（丸山講師報告）。ｅ．その他。

その他，河井の手元に届いたことが伺える計画・報告に関しては，『日記』S 18. 1. 12，S 18. 10. 30，S 18. 11. 5，S 19. 9. 21，の記述がある。

次に，「丸山式」甘藷栽培法の実験結果を書き記して学習した。Ⅱ—㉕には，以下がある。ア．「適期遅期植付成績収穫比較（段当換算）昭和十八年」（「適期植」は，護国，農林１号，愛知紅赤，沖縄百号，坂下の品種別に，蔓と藷の成育状況が，「遅期植」は，護国，千葉１号，沖縄百号，坂下の品種別に，藷の成育状況が，観察され，一覧表にされている—引用者注）。イ．「甘藷ノ晩栽収穫調査。20. 7. 12 日本産業経済紙」，神奈川県農事試験場報告。ウ．「甘藷発育日数丸山氏農場調」と「小松原報徳社調」（「丸山氏農場調」では，護国，農林１号，愛知紅赤，三徳の品種別に，45日，60日，75日，90日，105日，120日，135日目の藷

と蔓の成育状況が，一覧表にされている。「小松原報徳社調」では，農林1号，農林2号，護国，飯郷2号，沖縄百号，愛知紅赤の品種別に，45日，60日，75日，150日，120日目の薯量と，各日目の6種平均の薯量・蔓量・薯対蔓比率が，一覧表にされている―引用者注）。エ．「水分過不及試験」。オ．「施肥試験」。カ．「日光ト蛸足トノ関係調 20.5 石井信氏報告」。キ．「種薯増殖法ノ一例」。ク．「一節苗育成法及栽培法要旨」。ケ．「丸山氏ノ甘薯栽培試験委託地 昭和十八年度」。

次に，各地見学，研究会出席を行って，学習した（前田 平成18年，表17参照）。

次に，丸山と同様，以下の甘薯増産に精力を注いだ人（丸山方作以外）の学習をした。

① 青木昆陽（序章参照）

河井は，「青木昆陽先生遺績顕彰会」の重要な位置にいた。この会の現会長によると，この会は，大東亜戦争中，陸軍では食糧の確保が大きな命題となり，甘薯により食糧確保と危機を救うことを考え，旧陸軍糧秣廠長，陸軍少将丸本が中心となり設立されたもので，初代会長丸本，農林大臣が名誉会長，河井が最高顧問であった（二瓶英二郎「甘薯先生と河井弥八社長」，『報徳』Vol. 101, No. 1168／H15.12／28〜29）。

河井は，昭和18年6月5日，目黒区長代理来訪，青木昆陽先生遺徳顕彰の為，会を組織，酒井（忠正か―引用者注）伯を会長に推戴すべきをもって，河井に顧問になることを求める，これを諾す（『日記』S 18.6.5），同年8月9日，貴族院読書室で，青木昆陽先生に関する取り調べ（『日記』S 18.8.9），同年10月12日，「青木昆陽先生功績顕彰会」に於いて，目黒「龍泉寺」に先生の墓前祭を行うにつき参列，岩瀬亮の自動車に同車（『日記』S 18.10.12），等からわかるように，昆陽を顕彰する活動をした。

② 徳川吉宗

河井は，徳川吉宗が，享保12年に鹿児島藩士落合孫右衛門に始めて甘薯を浜御殿に植えさせ，同19年に「小石川薬園」「吹上園」に試植させ，同20年に甘

諸種を諸国に頒ち，青木昆陽に培養法を教示させた話を，『日記』S21に記した。

③ 井戸正明

河井は，幕臣の井戸正明に強く引かれたようで，井戸に関わる多くの活動をした。

まず，幕臣の井戸平左衛門（正明）が，享保16年，石見国邇摩郡大森の代官(いわみのくににまぐん)となった翌年の飢饉を，薩摩に求めた芋種数百斤を海浜の諸村に植え，蔓延して石見一国に及び，民が長年の飢饉を免れた様子を，『河井メモ』①に記した。

次に，昭和18年5月6日，赤木樟一より，小笠原秀□著の芋代官切腹なる小説を借り，夕食後耽読し，河井の「所懐ト一脈通スルモノアリ感ニ堪ヘス涙読十一時近ク之ヲ了ス」，と『日記』に書いた（『日記』S18.5.6）。なお，井戸は，幕府の許可を待たずに，官庫食糧の放出や甘藷の普及をした責任をとり，切腹または病死したと伝えられる。河井が米作偏重の政府を批判しつつ甘藷増産を訴え続けたことと，井戸の行動とに「一脈通スルモノ」があって，河井は涙したのかもしれない。

次に，昭和20年5月26日，井戸正明命日，享保18年，214年目，と『河井手帳』に書き（『河井手帳』貴S20.5.26），死後の日にちまで気にかけた。

次に，昭和18年6月29日，「井戸正明公遺徳顕彰会」の設立に関して，島根県側の有力な参加を得るように井上「日本甘藷馬鈴薯株式会社」副社長に交渉，また，発会式の当日は，正統の遺族招待のことを依頼（『日記』S18.6.29），同年7月5日，「井戸正明公遺徳顕彰会」結成会に出席（於「大東亜会館」），石黒，桜内，小川，俵，河井，重政，坂田，岩瀬，井上，諸氏の外，笠岡町長，「威徳寺」住職，渡辺辯三（『日記』S18.7.5），のように，「井戸正明公遺徳顕彰会」に関わった。

次に，以下のように，井戸関係の史跡に関する行事等に参加した（以下以外は，『日記』S18.10.14，S19.4.13）。・昭和17年10月1日，井戸正明代官の墓，

陣屋に行く（『日記』S 17. 10. 1）。・同19年5月26日，大森町（現，島根県大田市大森―引用者注）「井戸神社」に至る，例祭に列す，例祭を機として甘藷増産の為，適切な施為を当局に献言。大森町青年学校に至り，中食，「井戸神社」で，生産目標達成祈願祭を行う，青年学校で，食糧増産并びに戦意昂揚大会を行う，知事の式次「亦甚強烈ナリ」，河井は，「食糧増産戦意昂揚及国民総進軍」につき講演（『日記』S 19. 5. 26）。・同21年5月23日，車中より，威徳寺（現，岡山県笠岡市笠岡―引用者注）井戸公の墓を遙拝（『日記』S 21. 5. 23）。

　次に，報徳の学習を継続して行った（前田　平成18年，表18参照）。河井にとっては，「丸山式」甘藷栽培法の学習と報徳の学習とは，表裏一体であったと思われる。

　その他，尾崎喜八「此の糧」（『文学界』17. 2号，文芸春秋社発行）を，『河井メモ』①に記す等の間接学習をした。その他にも，次のようなものがある（それぞれの日付の『日記』より）。・昭和17年4月19日，「東遠明朗会」の時，山口県農会より贈られた同会編集の「甘藷」なる紙芝居を観覧。・同年7月2日，長谷川一郎より，雑誌『武蔵野』を贈られる，その中に長谷川寄稿の（神奈川県―引用者注）津久井郡に於ける208年前の甘藷栽培に関する古文書あり，「甚有益ニシテ且興味アリ」，謝状を呈す。・昭和17年9月12日，「帝室博物館」事務官河野勝彦より，『南方草木状』（中国最古の植物誌―引用者注）の甘藷記事の本文を写し送付され，謝状を呈する。・同年9月18日，「帝室博物館」河野事務官より送られた「左（左圭―引用者注）氏百川学海」第24冊を検読，その形態を測り，甘藷記事を写す。・同18年3月7日，楠原正秀来訪，藷の乾燥片による代用飯の原料製造会社の計画を説明する。・同年3月18日，『植物名実図考』を筆写。・同年9月1日，甘藷葉柄の佃煮を作らせる。・同年12月12日，長尾徳十方に赴き，甘藷蒸切干製造の全程を見学，「甚有益ナリ」。・同19年9月6日，高知市長大野勇より，「甘藷礼讃」なる小冊子を贈られる。謝状を認め，『南方草木状』写し，平戸甘藷植初め，津久井郡同上記事，等を報告。・同20年9月22日，杉本（良―引用者注）の甘藷十徳，『河井手帳』

に書く（『河井手帳』宮S20）。

2．「丸山式」甘藷栽培法の研究援助・促進活動

河井等は，以下のようにして，「丸山式」甘藷栽培法の研究をする人（丸山，河井，その他多数）の為に，「丸山式」甘藷栽培法の援助・促進をする活動をした。

(1) 主体

主体は，① 河井弥八，② 河井弥八と丸山方作，③ 河井弥八と丸山方作と「大日本報徳社」増産講師等，があった。

(2)―1．方法その1

① カネの用意

河井は，丸山等の研究援助・促進をする為，財団法人「三井報恩会」の理事長米山梅吉（表9参照），山口安憲（前田　平成16年，表4参照）を通して，「三井報恩会」から研究費を助成してもらった（『日記』S17．3．14，S18．4．23，S18．6．24，S18．7．13，S18．10．21，S18．10．24，S19．5．11，S19．5．23。前田　平成18年，表28；第3章―第2節参照）。

② ヒトの育成・用意

昭和17年2月8日頃，「大社」は，「大社」増産講師19名を嘱託し，全国に派遣することにした（前田　平成15年，表10参照）。「大社」増産講師には，研究をさせた。

その後も，多くの「大社」増産講師を育成・用意した（前田　平成15年，表10参照）。

③ モノの用意

河井等は，研究の母体ともなる「丸山会」「明朗会」を結成したり，結成される機運を醸成し結成に導いたりして，会を通して研究できるようにした。その状況がわかる『日記』は以下である（それぞれの日付の『日記』より。以下以外は，『日記』S18．8．22，S18．8．23，S18．11．7，S18．12．12，S19．10．4，S

19.10.31, 『河井手帳』宮S20.10.10, 等)。・昭和17年1月10日, 「西遠明朗会」発会式が行われ, 長として出席, 丸山の講演, 各自の体験談あり (於 気賀町国民学校講堂)。・同年8月30日, 掛川報徳館に於ける「東遠明朗会」役員会に出席。米麦及び甘藷品評会開催の件を議決, また来月中旬に麦作講習会を開き伊藤恒治の講演を乞うことに決する。・同18年4月30日, 「駿州明朗会」発会式が開催, 招かれて出席 (於 静岡の商工会議所, 来会者：130～140名)。丸山, 森口 (淳三 ― 引用者注) 代議士, 樽井虎一, 田村勉作, 山本福吉, 等も来会。会則を議定, 会長に尾崎元次郎を推す。副会長は, 服部源太郎就任, 幹事は会長が指名依嘱し, 評議員は追って会長より選任することとする。丸山, 河井は顧問に推され, 散会。河井は, 需に応じて, 食糧増産必要論を述べ, 「駿州明朗会」の結成を祝す。次に, 森口代議士の演説。次に, 丸山の講話, 質疑応答頻出。最後に, 山本講話。・同年7月23日, 「南郷村明朗会」の「常会」。河井は, (甘藷増産にあたり ― 引用者注)「畜力使用ニ付一段ノ進歩ヲ要求ス」る。村内の畜牛 (の使用 ― 引用者注) は, 年中を通して労働目的1か月内外であろうと云う。「驚クヘキコトナリ」。

(2)―2. 方法その2
① 難しい課題, 必要に迫られた課題を与える

河井は, 丸山と, 多くの「大社」増産講師に, 難しい課題, 必要に迫られた課題を与えて研究を促進した。このあたりの様子を, 丸山は, 「(河井先生は ― 引用者注) 作物の実験を行われ, 生産技術の急所は, 専門家をして驚歎せしむる認識を持たれ, 従って空論は決して許されなかった。」(丸山方作「河井先生の追憶」, Ⅱ―㊴, p.12) のように述懐した。

では, 河井は, どのような難しい課題, 必要に迫られた課題を与えたのであろうか。以下は, 河井が課題を研究させている様子が伺えるものである。

まず, 貯蔵法の研究の必要時に, 昭和17年6月14日, 「大社」で, 甘藷貯蔵法并びに収穫取扱方に関する研究会, 丸山方作, 磯部幸一郎, 田村勉作, 井村豪, 戸倉儀作, 千葉県石井信, 出席・検討 (『日記』S17.6.14), のように貯

蔵法を研究した。なお，昭和17年2月，鹿児島から東京へ取り寄せた甘藷を多く腐敗させたことを，河井は，同18年2月22日の時点で知っていた（Ⅱ—㉙，p. 172）。

次に，「良苗」不足時等に，以下のように「良苗」仕立方法・弱苗の蘇生方法を研究した様子が伺える。・昭和17年7月13日，農事講師23名来集，去4月8日開催した第1回に引き続き，各地の報告及び研究討議，良苗仕立方法につき各自意見を本社に提出し，特別委員に於いて審議決定のうえ印行することとする（『日記』S 17. 7. 13）。・同年9月20日，掛川報徳社に出頭，甘藷健苗養成指導書編纂委員会を開く，丸山方作，田村勉作，藤田久蔵，戸倉儀作，山本福吉，服部源太郎，石井信八（石井信か—引用者注）出席，袴田幹事より意見書を寄せられた分の朗読，各重要項目につき協議決定，成案作成を丸山に委託（『日記』S 17. 9. 20）。・同18年4月18日，報徳社より，富山県知事の報告書の送付あり，その計画中に良苗育成上懸念すべきものあり，丸山に送り対策を求める（『日記』S 18. 4. 18）。・同月19日，富山県知事町村金五に対し，本年の甘藷増産計画書を寄せられたことを深謝し，劣苗補育の意見を呈する（『日記』S 18. 4. 19）。

次に，旱魃時に，以下のように「旱魃作物研究会」を開いた。昭和19年7月23日，「大日本報徳社」の「旱魃作物研究会」に出席，田辺理事，袴田主事，講師丸山方作・水谷熊吉，農事講師服部源太郎，山本福吉，寺田美佐久（前田　平成15年，表10参照—引用者注），松浦清三郎，佐藤雅雄（同上），小柳直吉，戸倉儀作，藤田久蔵，高平勇，石原民次郎，大谷英一（同上），浜名郡白須賀町田村勉作，磯部幸一郎，岩瀬八重二（同上），天野兼松，柏植和平，近藤定一（同上），近田儀一，田村本次郎，石井信，牧島忠夫，諸氏出席，意見交換，各地旱魃甚し，引佐郡，浜名西部，三河大部は降雨殆どなく，旧南郷村も大旱害を受ける（『日記』S 19. 7. 23）。なお，山口県では，旱魃があった（昭和18年2月22日より前）が，「丸山式」甘藷栽培法を確実に実行し，1,000貫を突破するものが沢山出た（Ⅱ—㉙）ことを，河井は把握していた。

次に，河井は，農業労働力の必要性が認識された頃，畜(牛)力使用を実験させた（第2節―2―(2)―1，第2節―3―(2)―1参照）。

次に，河井は，食糧難が極まった頃の甘藷3倍増産が，実際のものとなるよう勢力を注ぎ，丸山や増産講師にもそれを強く要求した。丸山は，「甘藷の三倍増産を期せん」を『大日本報徳』43. 1／19. 1～『同』43. 12／19. 12に，「甘藷の三倍増産を期す」を『大日本報徳』44. 1／20. 1～『同』44. 2・3／20. 3，に連載した。なお，昭和19年2月28日～同年3月24日の，河井と，「大社」増産講師・「小松原報徳社」社長牧島忠夫による中国への指導の時のものと思われるが，「北支ニ於ケル甘藷増産ニ関スル私案」（Ⅱ―㉛）というものが掛川市所蔵文書の中に残されている。丸山，河井の字でないと思われるので，牧島忠夫によるものかもしれない。これには，「一，内地ノ優良多収品種ノ普及」と「二，育苗法ノ改善」の私案が書かれ，それらにより，従来の収量を2倍とすることも困難ではない，3倍とすることも空論ではないと確信する旨記されている。

次に，2季作の研究もしたようである。

② 皇居，御所，「新宿御苑」，恩賜公園，等の大舞台に出す

河井は，丸山，または「大社」増産講師，または丸山と「大社」増産講師を，皇居，御所，「新宿御苑」，恩賜公園，等の大舞台に出し，「丸山式」甘藷栽培の実際を見てもらうようにした（前田　平成15年，表15；前田　平成18年，表19，等参照）。

③ 献上品に見合う甘藷を作らせる

河井には，丸山または「大社」増産講師または「丸山会」会員・「明朗会」会員に，彼らの甘藷を，皇室に献上させている様子が伺える。河井は，彼らに献上品に見合う甘藷を作らせたと考えられる（『日記』S 17. 11. 6，S 18. 11. 7，S 18. 11. 20，S 19. 12. 2，S 19. 12. 5，S 19. 12. 7，S 19. 12. 12，S 19. 12. 26，S 20. 10. 26，S 20. 11. 7，等）。

④ 帝国議事堂，議員前，等の大舞台に出す

　河井は，丸山または「大社」増産講師または「丸山会」会員・「明朗会」会員を，帝国議事堂，議員前，等の大舞台に出した。

⑤ 甘藷を，議員食堂，大きな会議の席，等の大舞台に出す

　河井は，丸山または「大社」増産講師または「丸山会」会員・「明朗会」会員の甘藷を，議員食堂，大きな会議の席，等の大舞台に出した。例えば，昭和16年11月16日，貴族院食堂に甘藷陳列（『日記』S 16. 11. 16），同月19日，衆議院食堂に甘藷陳列（『日記』S 16. 11. 19）。同19年10月12日頃，東北5県知事等による行政協議会（ここで，河井は，東北における甘藷増産方針の確定に関する協議をする）で甘藷展示（『日記』S 19. 10. 11，S 19. 10. 12），等がある。

⑥ あえて難しい地方，場所に取り組ませる

　縦に長い日本列島においては，唯一絶対という甘藷栽培法はなかった。また，内地以外の土地での甘藷栽培には，多くの研究を必要とした。丸山の「県により規定の耕種基準と一致せざる方法は，当業者を迷わす虞れありと躊躇せし所も，結局先生（河井弥八―引用者注）の誠意に服して，全国一斉に行われ，次いで台湾，朝鮮等に至るまでこれにならい，その成果を挙げ得たる原動力は，偏に先生の賜物である。」（丸山方作「河井先生の追憶」，Ⅱ―㊴，p. 13）の言葉からわかるように，丸山の躊躇にも関わらず，河井は，丸山等にあえて難しい地方，場所に取り組ませた。

⑦ 品評会・審査会を頻繁に行う

　必ずしも河井主導だけではなかったかもしれないが，河井は，「丸山会」・「明朗会」等に，品評会・審査会をさせ，河井もそれに出掛けた（『日記』S 18. 1. 31，S 18. 5. 2，S 18. 10. 25，S 18. 11. 29）。

⑧ 派遣時に各地で研究させる

　河井は，「大社」増産講師派遣時に，「大社」増産講師に各地の甘藷栽培の研究をさせた（『日記』）。

⑨ 研究者の協力を得るようにする

　河井は，昭和17年4月23日，（「京都帝国大学」の―引用者注）郡場寛博士及び今村（駿一郎―引用者注）講師の来訪，ホテル（「京都ホテル」か―引用者注）で，甘藷栽培につき談話，また砂防事業と林業農業との相関性の重要なる所以を強調，「京大ノ協力ヲ求ム」（『日記』S17. 4. 23），等のように，「京都帝国大学」研究者の協力を得るようにした。

3．「丸山式」甘藷栽培法等の普及活動

　河井は，以下のように，「丸山式」甘藷栽培法等を普及させる活動を行った。
(1) 主　体

　主体には，①河井弥八，②河井弥八と丸山方作または「大日本報徳社」増産講師，③河井弥八と丸山方作と「大日本報徳社」増産講師，があった。

(2)－1．方法その1

① 直接指導

　講演・講習・講義，実地指導を通して，直接指導した。

② 間接指導

　河井は，まず，以下のメディアを利用し，「丸山式」甘藷栽培法を普及させたまたはさせようとしたまたは普及させることに賛同した。その状況がわかる『日記』『河井手帳』記述は以下である（それぞれの日付の『日記』『河井手帳』より）。

　①著書等（以下以外は，『日記』S17. 8. 23，S18. 4. 18，S19. 6. 28，S20.
　　2. 3。著書の正式名称は，＜引用・参考文献＞の丸山著を参照）

・昭和17年8月13日，（「日本甘藷馬鈴薯株式会社」のか―引用者注）井上健彦に電話で甘藷成分分析表を送られることを求める。また井上に貯蔵法2部を呈す。・同月19日，農政局長及び坂田特産課長を訪ね，貯蔵法の普及につき依頼。・同月20日，終日家居，甘藷貯蔵法（小冊子）発送先300余名を記上，発送文案と共に袴田銀蔵へ速達を呈す。・同月22日，「帝国農会」天明郁夫を

訪ね，甘藷貯蔵方法の小冊子を呈し，同会発行の定期印刷物へ登載を乞う。天明の案内で府農会を訪ね依頼，府農会報に載せると云う。「農業報国聯盟」に田中長茂を訪ね，同様に依頼，内原道場へ紹介することを約される。「日本倶楽部」で中食，深尾隆太郎男に栽培法及び貯蔵法印刷物を呈することを約し，夕発送の用意。・同18年1月12日，「帝国農会」の甘藷馬鈴薯増産代表者協議会（第2日）に出席。甘藷の会議終了に際し，報徳社より講師派遣の件，常設講習会開設の件を発表，各府県の協力を求める，また良苗育成法100部を道府県篤農に頒つ。・同月14日，（「内原訓練所」の―引用者注）加藤所長に，「千葉県社会事業協会」発行に係わる甘藷栽培法小冊子及び石井信の甘藷苗仮植法説明を渡し，至急増刷の上会員に配付することを乞う。・同年4月17日，丸山方作に，諸苗仮植に関する石井信の方法書を送る。・同年5月4日，甘藷弱苗仕立法の印刷物を，砂防協会来会諸氏に頒つ。・同月6日，甘藷弱苗仕立直し印刷物を左記へ呈す。農林大臣（山崎達之輔―引用者注），次官，農本会出席諸氏，宮城県農務課長（以上5日），関屋貞三郎，町村警保局長，薄田警視総監，館林三喜男，松浦晋。・同月7日，薄田警視総監を訪問。甘藷苗仮植法印刷物を呈す。・同月8日，細川護立（表9参照―引用者注）候(侯)家人の新美辰馬来訪，甘藷増産につき良苗頒布の代わりに，弱苗を良苗に仕立て上げる説明書を与える。・同日，弱苗仕立て直しの印刷物を，牧島，赤沼，「井之頭公園」の「自然文化園」係員へ贈呈。

② 「大日本報徳社」機関誌

③ 各種雑誌等

「丸山式」甘藷栽培法が掲載された可能性の高い雑誌は，『婦人之友』（『日記』S17.3.15, S17.3.22），『村』（『日記』S18.2.6, S18.3.19），「生活改善中央会」機関誌『生活改善』（『日記』S18.3.19），『富士』（『日記』S18.9.21, S18.10.29），『幻燈』（S19.10.29），である。

④ 新　聞

「丸山式」甘藷栽培法が掲載された新聞は，『読売新聞』（『日記』S16.4.10,

S 16. 4. 11），『台湾日々新聞』（『日記』S 16. 7. 31），『北国毎日新聞』『北日本新聞』（『日記』S 19. 4. 22），である。「丸山式」甘藷栽培法が掲載された可能性の高い新聞は，『読売新聞』（『日記』S 15. 11. 27，S 18. 12. 22），『日本農業新聞』（『日記』S 16. 4. 2），『朝日新聞』（『日記』S 18. 7. 16，S 18. 12. 15），『長野毎日新聞』（『日記』S 18. 11. 2），『東京新聞』（『日記』S 18. 12. 29），である。

⑤ 映　画

・昭和16年11月6日，「東遠明朗会甘藷試作地」での畜（牛）力使用による収穫を，「日本映画」がフイルムに収めトーキー化（『丸山日記』S 16. 11. 11，等）。・同19年10月22日，小柳直吉来訪。袴田銀蔵来訪，昨日丸山の伝言を伝える。丸山，袴田銀蔵に伝言し，河井に「翼壮ニテ栽培法ノ映画作製ノ申出アリシニ対スル返答如何」と聞く。河井の所見を告げる（映画化されたかは不明―引用者注）。

⑥ ラジオ（以下以外は，『河井手帳』貴S 20. 3. 3，『河井手帳』宮S 20. 5. 1，宮S 20. 5. 2）

・昭和16年3月20日，丸山は，「甘藷栽培ノ体験ヲ語ル」と題して（「日本放送協会」から―引用者注）全国に放送。・同18年3月22日，「万平ホテル」に帰り，服部源太郎の「甘藷増産體験」と題する放送を聴く。・同年5月10日，放送協会に出頭，8時35分頃より，「甘藷の増産に努めませう」と題して7分間の放送。・同19年2月12日，仙台放送局の需に応じ，東北6県の甘藷増産について放送（録音）。・同20年3月6日，全国国民学校児童の為，坤徳放送。・同年5月14日，丸山の放送につき，大貝属を至て，坂田課長に通知。

⑦ 放送原稿，講演先の出版物

・昭和16年4月11日，砂防協会（「全国治水砂防協会」か―引用者注）寄贈に係る印刷物（「丸山氏放送原稿印刷物」）を250部発送。・同18年2月，「貴族院議員　河井弥八氏　甘藷増産に関する懇談会速記録　附，丸山方作氏著『甘藷良苗育成法大要』『甘藷の貯蔵法』」（大阪商工会議所），が出版され，同年3月8日，「大阪商工会議所」副会頭湯川（忠三郎―引用者注）より，50部を贈られ

る（『日記』S18.3.8等）。

　次に，丸山または「大社」増産講師を，全国中，朝鮮，台湾，中国へ派遣した。
(2)－2．方法その2
① ポジション，人脈の活用

　河井は，ポジションや，豊富な人脈を活用して，多くの組織，場所，人へ「丸山式」甘藷栽培法を普及させたまたはさせようとした。まず，ア．皇室，宮内省関係者，イ．華族，ウ．農林省・農商省，エ．内務省，オ．貴族院議員・衆議院議員，へ普及させたまたはさせようとした。次に，貴族院議員・衆議院議員を通して，その議員の出身府県等へ「丸山式」甘藷栽培法を普及させたまたはさせようとした（前田　平成18年，表26参照）。次に，「遠州学友会」等の知人を通して，「丸山式」甘藷栽培法の普及を含む甘藷増産活動が進展するように図った。その一例として，「遠州学友会」の知人湯河食糧局長官を利用したり彼と協力したりした。例えば，昭和16年12月29日，食糧局に湯河長官を訪問，内地食糧需給確保方策につき長官の所見を質し，甘藷食普及徹底の件，買い上げ価格増加の件，栽培方法普及につき協力を求める件，等を具陳し「同意ヲ得」る（『日記』S16.12.29），同17年3月19日，湯河食糧局長官を訪問，食糧事情の急迫を述べ，至急対策を講ずべきを力説，政府の措置につき説明あり，これに対し希望を陳述（『日記』S17.3.19），のような記述がある（上記以外は，『日記』S16.11.8，S18.6.12，S18.10.14，等）。

② 貴族院議員としての治山・治水・砂防の仕事の活用

　河井は，貴族院議員として手掛けた治山・治水・砂防の仕事の多くの場面（会議，出張，視察，調査，他）を活用して，多くの組織，場所，人へ「丸山式」甘藷栽培法等を普及させたまたはさせようとした。その状況がわかる『日記』の一例は以下である（それぞれの日付の『日記』より）。

ア．「全国治水砂防協会」

・昭和17年9月3日，（「全国治水砂防協会」の出張先でのか―引用者注）夕食後，赤木博士の砂防意見，山本博士の栄養食論あり，河井は甘藷増産の説明。・同

年12月3日，山梨県下砂防事業視察旅行に上る。夜，山梨県土木課長技師大岡禮三，事務官坂本増二，技師米村進之助，砂防協会長杉山幸男，等と会食，その時甘藷増産及び農村改善につき説明。・同18年4月24日，宮城県の県会議事堂に開会される「東北六県砂防協議会」に出席。知事の挨拶，内務省技師の講話あって議事に入る。河井は，知事（加藤於菟丸か―引用者注）の求めにより知事室で，甘藷増産方法指導者推薦を力説。官房長福島貞雄も，鈴木課長（農務課長鈴木武か―引用者注）を助けて，甘藷増産に努力すべき旨を語られる。

イ．貴族院調査部，貴族院食糧調査委員会

・昭和17年8月18日，貴族院調査部の地方事業調査（河井は，昭和17年7月16日から同月25日位まで，貴族院調査部中国班として，島根県，山口県を視察調査。山口では丸山方作の出迎えを受ける。この視察調査で，「防守市役所」，随行の人に「丸山式」甘藷栽培法も説明＜『日記』S17．7．23，S17．7．24，等＞―引用者注）の結果を，首相（東條英機―引用者注）・農相・企画院総裁及び内閣3長官に報告の為，首相官邸に至る。吉田茂（表9の吉田茂か―引用者注）より全体に亘る説明，松本（勝太郎か，表9参照―引用者注）・下條・西尾（忠方か，表9参照―引用者注）子・河井・安井（英二か―引用者注）・竹下（豊次か，表9参照―引用者注）・大河内（輝耕か正敏か，表9参照―引用者注）子・田口（弼一か―引用者注）より附加説明，井野農相より説明。・同19年7月4日，貴族院食糧調査委員会より，高知・岡山両県の食糧事情調査を命じられ本日より赴く（河井は，昭和19年7月4日から同月16日位まで，調査に出張。この出張で，「丸山式」甘藷栽培法等を普及，「丸山式」甘藷栽培による成果を見学＜『日記』S19．7．9，S19．7．12，等＞―引用者注）。

③ 農林省・農商省，内務省，等行政ルートの活用

④ 甘藷苗の配付

　河井は，「丸山式」甘藷栽培法で育てられた「良苗」を，多くの，組織，場所，人へ配付した。特に，華族，貴族院議員への配付は多かった（『日記』）。

⑤ 丸山方作の著書等の配付

⑥ メディア利用

⑦ 土地のある場所の利用，利用促進

河井は，土地のある場所の利用，利用促進をした。その状況がわかる『日記』『河井手帳』記述は以下である（それぞれの日付の『日記』『河井手帳』より）。利用，利用促進の際に，「丸山式」甘藷栽培法が入った可能性はある。

ア．皇居，御所，「新宿御苑」，恩賜公園，等（前田　平成18年，表19；第３章—第２節参照）

イ．貴族院周辺の土地

・昭和18年６月28日，貴族院に小林（一三，表９参照—引用者注）書記官長を訪ねるが不在。守衛有志の栽えた甘藷畑を見る。・同19年９月29日，貴族院事務局有志の甘藷作状況を視察，「相当ノ出来ナリ」。

ウ．国会議事堂周辺

・「丸山式」甘藷栽培法を，国会議事堂周辺に提唱（土岐章「河井弥八先生を偲びて」，Ⅱ—㊴，p. 9）。

エ．首相官邸

・昭和18年10月29日，首相（東條英機—引用者注）官邸に於ける甘藷作を見る。

オ．内閣関係者の官舎

・昭和18年10月６日，内閣に，稲田書記官を訪問。昨日，岩瀬（亮か—引用者注）所贈（ママ）の大甘藷を同書記官に呈す。廣橋秘書官と共に，官舎の甘藷畑を案内。畑に入り実見するに「甚豊作ナリ」。よって，収穫の適期及び方法を示して，「中央林業協力会」に帰る。・同19年６月３日，内閣に出頭，参事官大島弘夫を訪ねる。大島の需により，甘藷及び麦増産方法につき説明，一般の誤解を指摘。

カ．飛行場

・昭和18年１月２日，鈴木梅太郎博士を訪問，甘藷増産のことを話す。「第七陸軍航空技術研究所」長主計大佐・農博川島四郎，農博大嶽了，カルピス製造会社吉沢吉蔵，及び坂本綱市あり，甘藷増産のことを談す。川島大佐は飛行場

に甘藷栽培を計画，よって指導者を出すことを約す。・同月13日，「陸軍航空技術研究所」長主計大佐・農学博士川島四郎と電話で，甘藷栽培講師として磯部幸一郎を派遣のことを相談。明日，磯部往訪に決定。

キ．ゴルフ場（以下以外は，『日記』S18.12.31，S19.1.8，『河井手帳』宮S20.3.1）

・昭和19年1月17日，（千葉県内のかー引用者注）「鷹之台打球会」益田真一より，甘藷増産指導を求められる。よって，石井信を推薦，その旨を石井に通知。

ク．競馬場

・昭和21年5月16日，戸倉講師，上京。「日本競馬会」の為に，藷苗仮植育成法を説明。また，藷根につき特性を説明，栽方を指導。同会は，報徳社に対し20,000本の苗の斡旋を求め来た時既に晩(おそ)く，これに応ずる能はず。仮植育苗法の指導に出ることとする。その結果，1,000本の注文となる。16日，同会の杉山東一来訪，謝意を表され，(1)急速，仮植実行の勧告，(2)6月4日，実地経験者を本社に派遣して栽培法の実見を勧める。

　(3) 対　　象

　河井は，以下の多くの組織，場所，人へ，「丸山式」甘藷栽培法等を普及させたまたはさせようとした。対象がわかる『日記』『河井手帳』記述は以下である（それぞれの日付の『日記』『河井手帳』より）。

① 皇室・宮内省関係者（前田　平成18年，表19参照），華族（前田　平成18年，表20参照），貴族院議員（前田　平成18年，表21参照）・衆議院議員（前田　平成18年，表22参照），等。

② 大臣等（前田　平成18年，表23参照），農林省・農商省（前田　平成18年，表24参照），内務省・国務省等（前田　平成18年，表25参照），軍部，警視総監

・昭和18年8月1日，薄田警視総監を官舎に訪問。食糧増産につき援助を求める。・同19年5月18日，陸軍に医少将外垣秀重来訪。議院内で会見。甘藷食その他郷土食に関し，実験による食糧の普及につき意見を述べられる。「大体実行可能ナルヲ喜フ」。

③ 府　県

　河井が，直接当府県またはその近郊に出張，視察，調査して「丸山式」甘藷栽培法等を普及させたまたはさせようとした府県は多かった（前田　平成18年，表26参照）。この表等より，以下の特色が指摘できる。ア．当時難しいと考えられていた寒い地方（青森，岩手，福島，富山，等）にも，積極的に入っていった。イ．「丸山式」甘藷栽培法以外の栽培法がある県（例．白土松吉の「白土式」甘藷栽培法がある茨城県，穴澤松五郎の「穴澤式」甘藷栽培法がある千葉県，等）にも，積極的に入っていった。ウ．河井が住む地元東京府・東京都にも，入っていった。エ．神奈川県，静岡県のように，報徳の土壌のある県には，積極的に入っていった。

④ 中　国

　河井は，自ら中国に旅して（旅の期間は，昭和19年2月28日～同年3月24日），「丸山式」甘藷栽培法を普及させたまたはさせようとした。

⑤ 機関・施設，等（年代順）

　河井は，「宇都宮高等農林学校」，「東京農業大学」，「池之上国民学校」，静岡県下諸学校などの学校，学校以外（前田　平成18年，表27参照）にも，「丸山式」甘藷栽培法を普及させたまたはさせようとした。

⑥ 市町村

⑦ 「大日本報徳社」本社の館・出張所，支社

⑧ 「丸山会」「明朗会」

・昭和17年1月10日，「西遠明朗会」発会式が行われ，長として出席，丸山の講演，各自の体験談あり（於　気賀町国民学校講堂）。

⑨ 個　人

　河井が，「丸山式」甘藷栽培法等を普及させたまたはさせようとした個人は，以下の他多数である。「大原研究所」員農学士（京大）吉岡金市（『日記』S18. 2. 7），「東京歯科医専の長尾博士」（『日記』S19. 2. 19），「東大理学部教授岡田要」（『日記』S19. 5. 24）。

⑩ 複　合（複数の対象を1度に集めた集団）

・昭和16年10月4日，午前「丸山農場視察」，午後「磯部農場視察」（『河井メモ』①）。

・同月5日，午前「田村農場視察」。省営バス2台用意。視察者：農林省農政局長岸良一，同特産課長坂田英一，農林技師古谷謙，専売局酒精課長・参事国府種文，神奈川県農務課長・技師浅井録郎，神奈川県農事試験場長・技師富樫常治，静岡県経済部長北村隆，県会副議長森口淳三，愛知県農事試験場長・技師堀江浩，愛知県農務課甘藷主任技師鈴木孝之，長野県農事試験場技師矢田憲吉，富山県農産課長西村虎雄，宮内省御用掛福羽発三，東京女子高等師範学校教授中沢伊與吉，帝国農会幹事長東浦庄治，日本甘藷馬鈴薯会社長岩瀬亮，〃副社長井上健彦，衆議院議員俵孫一，〃小山谷蔵，貴族院議員（子）大河内輝耕，〃（男）矢吹省三，京都帝大理学部長・理博郡場寛，同講師今村駿一郎，豊橋市農会長竹内□知，磯部幸一郎，石川彦作，田村勉作，高平勇，藤田久蔵，服部源太郎，牧島忠夫，他（『河井メモ』①）。

4．「丸山式」甘藷栽培法の普及援助活動（普及阻害要因の排除活動も含む）

　河井は，以下のようにして，丸山または「大社」増産講師が，「丸山式」甘藷栽培法を普及させやすいように，きめの細かい配慮に基づく援助活動を行った。また，彼らが普及させる際の阻害要因を排除する活動にも取り組んだ（前田　平成18年，表29参照）。

(1)―1．方法その1

① カネの用意

　河井は，農林省・農商省，「三井報恩会」等から，「大社」等への資金援助をしてもらい（前田　平成18年，表28参照），普及援助活動の一助とした。

　出張の事務担当の袴田銀蔵の『袴田綴り』①（Ⅱ―㉗）に次の5項が書かれてあるが，これは，『大日本報徳社社務施行細則』第16章の終わり（第127条の次）に挿入され，これに基づいて「大社」増産講師の出張旅費が計算・支給さ

れた可能性がある。

「一，本社農事講師ガ指導ノ為メ社命ヲ帯ヒテ出張スル時ハ前数条ニ據ラズ本項以下各項ニ準據シ汽車，汽船，車馬賃日当宿泊料及慰労会ヲ併給ス

二，農事講師ガ出身地以外ノ府県ニ出張スル時ハ都道府県庁所在地ヲ基準トシテ汽車汽船賃ヲ計算シ□料ニ付金五銭ノ一往復分ト并ニ日当ハ出発ノ日ヨリ帰宅ノ日迄壱日金五円宿泊料ハ壱夜金拾円ヲ支給シ別ニ慰労トシテ壱日金五円ヲ給ス

三，各農事講師出身県内ノ旅行ニ付テハ前項ニ準シ総括シテ壱日金拾五円ヲ給ス

四，各講師カ縁故依頼ニヨリ出張ノ場合ト雖モ打合ノ上出張シタル時ハ前二三項ニ準シ旅費ヲ給ス

五，各講師ノ旅費支給ニ関シテハ出発前概算ヲ以テ旅費ヲ支給スルコトヲ得」

② ヒトの用意

河井は，以下のヒトの用意をした。

ア．宣伝・斡旋役としての河井弥八
イ．連絡・調整役としての河井弥八
ウ．派遣・調整役，出張旅費計算役としての「大日本報徳社」主任の袴田銀蔵
エ．普及要員としての丸山方作，多数の「大日本報徳社」増産講師（前田　平成15年，表10参照）

以下の記述は，河井が，多くの「大社」増産講師を使用し，普及活動の指導をしている様子が伺える記述である。昭和17年2月8日，全国へ派遣すべき農事講師に対し今回計画の意義を徹底且つ打ち合わせをする為に，「大日本報徳社」に出頭。10時，鷲山・田辺両理事，袴田幹事と講師全員（藤田久蔵除く）に接する，午後4時まで十分な打ち合わせ，また各種写真，図表，印刷物（栽培法，精農家体験談，調査資料，収穫表，等）を交付し，それぞれに旅費を支給。講師3名を追加嘱託し，手続きをする。各講師の担任先府県に対し，電報

又は書翰をもって，講習日の午前10時にはその庁に到着すべきことを社名をもって通告（『日記』S17.2.8）。

③ モノの用意

河井は，以下のモノの用意をした。その状況がわかる『日記』は以下である（それぞれの日付の『日記』より）。

ア．「大日本報徳社」本社の館・出張所

・昭和18年7月25日，報徳社に出頭。群馬県佐波郡赤堀村農会の一行13名，技手岡登四太と共に来訪，甘藷栽培につき袴田の指導を受ける。河井は，一行に加わり，西郷村の栽培地を視察。松浦清三郎を招き，徹底的に説明を聞かせる，「一同大ニ喜フ」。

イ．「大日本報徳社」本社の館・出張所での「常会」等

ウ．「大日本報徳社」本社の「常会」以外の講習会

「大社」本社の「常会」以外の講習会には，昭和16年11月6日の甘藷栽培法の特別講習会（『日記』S16.11.6），同18年7月23日の「麦甘藷多収穫栽培指導者講習会」（『日記』S18.7.23），があった。

エ．「大日本報徳社」支社

オ．「明朗会」

・昭和18年7月22日，「西遠明朗会」の「麦甘藷多収穫栽培指導者講習会」開講式が，報徳社で挙行。本会は，翼賛壮年団の主催で，「西遠明朗会」の特農者を中心とし，全国に指導を行おうとする計画である。来会者46名，講師は，麦が伊藤恒治，甘藷が丸山方作。開会に当たり，森口会長の開会趣旨説明。次に，河井は来賓として祝辞を述べる。

カ．恩賜公園等

・昭和18年6月4日，戸倉儀作と，「井之頭自然文化園」に至る。来看者100餘名，多数の名士あり。開講，苗圃検討，栽培実行。戸倉携帯の苗は，石野元治郎の所産と云う。その中50本を子爵大島陸太郎（表9参照―引用者注）に，10本を白澤保美博士に呈する。・同年10月30日，「日比谷公園」で，戸倉の現地

麦蒔指導会に臨む。「井之頭公園」に赴き，直ぐに甘藷収納の指導。麦蒔実演。両所共に出席者多数にのぼり，「熱心ニ聴講視察ス」る。

キ．メディア

　戦中の紙不足時に，丸山の著書が出版されるよう用紙の特別な配給を「日本出版文化協会」長鷹司公爵に依頼した（『日記』S17．1．30，S17．2．5）。また，「丸山式」甘藷栽培法が，新聞掲載，ラジオ放送，等がなされるように活動した。

(1)－2．方法その2

① 皇室の後ろ楯利用

　河井は，以下の記述からわかるように，皇室の後ろ楯をもらっていた。・「戦時中食糧増産運動最中天城奉伺の為め先生（河井弥八―引用者注）が参内すると皇后陛下から甘藷増産に付懸命の努力御苦労に存する成る丈けカラダを大事にして今後も引続いて運動して呉れとのお言葉に添え象牙の彫物を御手づから下さった即ち餅搗で臼に杵笊に糯米小さなお供え餅三四個実に精巧の彫物を絹のフクサに包み箱に納めた御物であった」（Ⅱ―㊵）。・昭和17年4月29日，宮内省に於ける旧奉仕者の奉祝会に出席，侍従長の案内で大奥に参進，河井は第3班として拝謁。「陛下ヨリ甘藷増産如何ニ付御下問ヲ蒙ル即食糧増産ノ一要目トシテ甘藷増産運動ノ大要，増産目標，増産顕著ナルヘキ県名等ヲ奉答ス清水中将，山縣公ヨリモ申上リ予ハ更ニ麦増産方ニ付テモ上奏ス天城甚□シ恐懼感激ニ堪ヘス」（『日記』S17．4．29）。・同18年3月6日，皇太后陛下より，御便を遣わされ，「予カ甘藷栽培ニ熱心ナルノ故ヲ以テ御思召ト共ニ御品ヲ賜ハル」（『日記』S18．3．6）。

　その他，＜前田　平成18年，表19＞，第2章―第1節で前述の昭和18年11月22日，同月27日の状況もあった。こうしたことは，「丸山式」甘藷栽培法を普及しやすくしたと思われる。

② 行政による保証利用

　河井は，「大社」増産講師が活動しやすくなるように，以下の行政による保

証をもらうように活動した。その状況がわかる『日記』『河井手帳』記述は以下である。

ア．農林省の「食糧増産委員嘱託」（昭和18年6月頃か）
・昭和18年6月18日，農林次官に面会，丸山，伊藤，小沢等を，食糧増産委員嘱託の件を決定した由を聴く。また，甘藷麦増産講習会開催計画を告げ，所要経費の支出を約される（『日記』S18．6．18）。

イ．農商省の「戦時食糧増産推進中央本部事務嘱託」（昭和20年2月頃か）
・昭和20年2月7日，河井は，農商省農政局長西村彰一から，農商省「戦時食糧増産推進中央本部」の「戦時食糧増産推進中央本部事務嘱託」という辞令を32枚受領（『河井手帳』貴S20．2．7）。・同月23日，河井は，「戦時食糧増産推進中央本部事務嘱託」の辞令伝達式を，報徳社で行ったようである（『日記』S20．2．23）。

ウ．農商省の「戦時食糧緊急増産推進本部指導員」（昭和20年4月頃か）

エ．農商省の「戦時食糧増産推進中央本部嘱託」（『河井手帳』宮S20．8．5欄下。昭和20年8月より以前か）

オ．農商省の「戦時食糧増産本部嘱託」（『河井手帳』宮S20．8．5欄下。昭和20年8月頃か）

なお，河井は，「大社」増産講師が活動しやすくなるように，鉄道乗車券特発，身分兼出張証明書発給を要求し，鉄道乗車券特発が実現した（第1節ー2ー⑲で前述）。

③ 闘病中の一木喜徳郎社長の支え利用

河井は，闘病中の一木社長の声を，「大社」増産講師に伝え，それを「大社」増産講師等の支えにしていた。

④ 河井弥八自らが，誠意をもって活力ある指揮をとる

⑤ 河井弥八自らがもりたて役をする

⑥ 「大日本報徳社」増産講師への気づかいをする

河井は，昭和17年12月7日，恩賜の野菜を，鷲山恭平，田辺三郎平，山崎常

磐（前田　平成16年，表１参照―引用者注），丸山方作，石野元治郎，小柳直吉，大村留吉に頒つ（『日記』S17.12.7），昭和18年７月23日，伊藤恒治は，高松宮殿下より有栖川宮（記念―引用者注）厚生資金にて御奨励金を下賜，祝賀式を行う，「何ノ施設ナカリシモ実ニ感激ノ会合ナリヤ」，森口の趣旨及び紹介演説，河井の祝詞，伊藤の謝辞（『日記』S18.7.23），等からわかるように，丸山と増産講師への気づかいをし，彼らの労をねぎらった（上記以外は，『日記』S17.3.2，S18.6.22）。また，増産講師周辺人物の墓参り等も行った。こうした気づかいは，河井が，周囲の人望を集め，周囲から甘藷増産活動に協力される一因であったと思われる。

(1)―３．方法その３

河井は，普及阻害要因の排除活動（前田　平成18年，表29参照）をした。

(2)　対　　象（普及援助活動をする際の普及の対象）

① 皇室・宮内省関係，貴族院議員・衆議院議員，等

河井は，皇室・宮内省関係，貴族院議員・衆議院議員，等からの派遣要請に対し，適切な「大社」増産講師を選定し，講師が出張・指導しやすいように，事前の準備・当日の手伝い・事後の処理，等を多数行った。例えば，以下のような催しに対して行った。・昭和16年３月20日，「日本倶楽部」で，黒田（長敬，前田　平成16年，表３参照―引用者注）大膳頭，野村主膳監，杉本良，小山谷蔵（表10参照―引用者注），土岐嘉平，女高師教諭中澤，等来て，丸山の説明を聴く（『日記』S16.3.20）。・昭和16年12月15日，「日本甘藷馬鈴薯株式会社」社長岩瀬亮の主催の会で，「衆議院農政研究会」代議士（14名），貴族院議員（４名），「大政翼賛会」（５名），「東京聯合婦人会」代表村上秀子・前田若尾，「日本諸類統制株式会社」関係者（43名）等89名に丸山を紹介，夕食の上，丸山の講演（於　三信ビル「東洋軒」）（『河井メモ』①，『日記』S16.12.15）。

② 国の行政

③ 府　　県

河井は，丸山や「大社」増産講師が各府県に出張・指導しやすいような配慮

をした。

④ 朝鮮，台湾，中国

　河井は，丸山や「大社」増産講師が内地から朝鮮，台湾，中国に出張・指導しやすいような配慮をした（『日記』S17.8.5，S18.7.2，S18.8.20，S19.1.24，S20.2.15。Ⅱ―㉘，p.14）。

⑤ 機関・施設，等

⑥ 市町村

　河井は，市町村からの派遣要請に対し，適切な「大社」増産講師を選定し，彼らが出張・指導しやすいようにした。例えば，以下のものがある。昭和18年4月14日，「東京市健民局公園部」長井下の需により，戸倉（儀作か―引用者注）と家を出て，井之頭公園へ赴く。甘藷増産方法実地指導会を開く。井下の挨拶に次いで，河井が本指導の目的を説明。戸倉儀作が栽培法の要領につき説明。動物園に苗場を作り，種藷の伏せ込みまで指導。園内の一部に畑を作り，苗の植え方并びに畦立方法，麦作の畦を利用する方法等を示す（本日の会合は，白根＜保美か，表11参照―引用者注＞博士の紹介による。出席者：山県（有道か，表9参照―引用者注）公，細川（護立か―引用者注）侯代，西尾（忠方か，表9参照―引用者注）子代，保科（正昭か，表9参照―引用者注）子，大島（陸太郎か―引用者注）子，向井（向山均か，表9参照―引用者注）男，三須（精一か，表9参照―引用者注）男，鈴木（貫太郎か―引用者注）男夫人の紹介した群馬県人4人，清水・大村両中将，石原少将，白澤・上原両博士，田中八百八，三矢紹介の人，館林の紹介者2人，東京女子大農場主任，東亜農業研究所員，府立大女農業主任，その他60～70人）（『日記』S18.4.13）。

⑦ 「大日本報徳社」本社の館・出張所，支社

⑧ 「丸山会」「明朗会」

⑨ 個　人

　河井は，昭和20年4月27日，大阪の中山より電話，焼跡地甘藷栽培指導者4,5名急派の件（『日記』S20.4.27）を受け，対応した。

第3節　河井弥八の甘藷増産活動に関する諸問題と河井弥八の評価

1．河井弥八の甘藷増産活動に関する諸問題

　河井の甘藷増産活動に関しては，諸問題が生じた。以下に，それらをみてみよう（詳細は，＜前田　平成18年＞）。

　(1)　国の推奨する方法と「丸山式」甘藷栽培法との相剋の問題

　第1節―2―(1)―⑫で前述の昭和18年1月20日の『日記』にあるように，農林省当局は，「苗数反当三千本ヲ下ラサルヲ安全トス」としていた。これに対して，「丸山式」甘藷栽培法は，高畝・「良苗」（丸山の言う良苗は，「」付で表記）・疎植法（畝幅4尺，畝高1尺2寸～1尺3寸。「良苗」使用で1反の苗数1,000本代から2,000本位か）であった（前田　平成15年，資料1）。ここに，両者の考え方の相剋があった。

　河井は，前述のように，「良苗」には大きくこだわり，苗の規格の基準を政府に決めさせたり，「不良苗」の横行等に目を光らせたりしたが，必ずしも河井の思い通りにはいかないこともあった。

　(2)　「丸山式」甘藷栽培法受け入れを断った府県

　河井が押し進める，各府県への「丸山式」甘藷栽培法普及に対して，その受け入れを断った府県もあった（前田　平成18年，表26中の△参照）。その他，河井との話し合いに要領を得ない県，丸山または「大社」増産講師とは別の人を講師にする県，等もあった。

　(3)　方法としての「丸山式」甘藷栽培法が適合しにくい県，地域の問題

　河井は，戦中・戦後の食糧難という緊急事態に，広域で通用すると考えた「丸山式」甘藷栽培法を，性急に完成させかつ広域に普及させることに全力を注いだ。しかし，そこには，以下等のような無理も生じたと思われる。① 縦に長い日本列島においては，甘藷のように多少粗暴に扱っても大丈夫な作物を，1人が考えた栽培法で栽培することは難しかったと思われる。② 戦争が，「丸山式」甘藷栽培法を長年かけてじっくりと各地で検証する時間を与えなかった。

③台風の通り道である地域では，高畝や植えた苗・甘藷そのものが，強風で飛ばされることがあった。④砂丘地帯では，高畝自身を作りにくかったと思われる。⑤当時1軒5反（約5ヘクタール）位の広さの土地で甘藷栽培を行った埼玉県三芳地方では，生産農家でも銃後を守る人々の手作業で高畝を作るのは困難だったと回顧されている（井上浩氏が聞き取りした結果の井上氏談）。⑥千葉や関東の小作の農作業の状況からしても，「丸山式」甘藷栽培法は，困難なことが多かった（竹股知久氏談）。

(4) 官吏主導に対する農家の反発の問題

河井・丸山の「丸山式」甘藷栽培法指導は，両者の『日記』より，全体的にみて，周囲に対して手厚かった。また，河井・丸山は，「大社」農事講師に言動を注意させていた。また，農家出身の河井は，皇室，貴族院議員・衆議院議員，府県知事，等の力も借りて「丸山式」甘藷栽培法を普及させようとしたが，単に農家を知らずに上意下達式に甘藷増産を進めようとしたのではなかった。

しかし，「丸山式」甘藷栽培法指導が，一旦河井・丸山・「大社」増産講師の手を離れ，行政指導または「翼壮植え」（前述）指導のルートに乗った時には，様子が変わった（例．生産農家に，高圧的・強制的に「丸山式」甘藷栽培法を行わせた，等）可能性もある。

(5) 「丸山式」甘藷栽培法による反当たりの収穫量の測定に関する問題

官吏が立ち会う正式な収穫の競進会（審査会）による反当たりの収穫量の測定方法は，1反の面積の中で，縁にあたる部分の2畝・2株分は除いた（周縁効果を除いた）土地の対角線上の真中と真中から離れた所2か所の合計3か所に，それぞれ4坪または5坪の土地を取り，そこの収穫量を測定することにより，反当たりの収穫量を計算するものであった（竹股知久氏談）。しかし，①「丸山式」甘藷栽培法による収穫量の測定が，全て官吏立ち会いの正式な競進会によったかどうか，②河井や「丸山会」「明朗会」の人等が，収穫量測定の際に，正式な方法を取ったかどうか，③上記2畝・2株分も含めて反当たりの収穫量を出したのではないか（「丸山式」甘藷栽培法は，高畝・疎植法であ

った為，2畝・2株分が除かれると，不利になった可能性はある），等の疑問が残る。

(6) 写真の撮り方または写真の見せ方に関する問題

河井は，「丸山式」甘藷栽培法を説明する際に，収穫の写真を見せて説明したこともあった。それを見た人々は，収穫量の多さや粒揃いの大藷が鈴なりになっている様子に，しばしば驚いた（『日記』等より）。しかし，写真の撮り方または写真の見せ方に関する疑問が入る余地があるという問題がある。

(7) 「大日本報徳社」内部の報酬等の問題

「大社」農事講師（戦中においては，多くが「大社」増産講師―引用者注）に対する報酬，旅費等が，「大社」講師と「相違甚シ」（「大社」増産講師の方が多いということか―引用者注）とする非難が「大社」講師側から起こったが，河井は，鷲山恭平・田辺三郎平両理事，袴田銀蔵主事と対策を相談し，結局「一時的事業トシテ已ムヲ得サルモノト認ムル」に決した（『日記』S17.7.13）。

(8) 仕事辞退の希望者の問題

河井が重要な位置にいる組織において，仕事辞退の希望者があった（『日記』S18.4.2，S18.4.4，S18.4.21，S18.5.24，S19.4.14）。理由が不明確なものも多いが，これらは河井の仕事が全て順調に進んだのではない一面を示すものとも考えられる。

(9) 「明朗会」の一人歩きの問題

「丸山会」「明朗会」等は，河井が丸山と知り合う（前述の昭和13年4月3日か）前から，有志により結成されていた（第3章―第1・2節参照）。当初は，有志による自発的な農業研究会の側面が強かった「丸山会」「明朗会」等が，比較的広域の「明朗会」が結成されていく過程の中で，河井・丸山が望む望まないに関わらず，これらが一人歩きしこれらに次第に政治的な性格も加わっていった可能性がある。

戦後だと思われるが，森口淳三代議士，伊藤恒治，田村勉作あたりの西遠州の人から，「大日本明朗会」を解散して，丸山ではなく田村勉作（丸山の弟子

ではなく,「独自ノ技能」をもった「丸山氏ト同等ノ地位」にあると主張)を甘藷指導主任にして,「日本食糧増産同志会」を結成したいと,河井に来談があった＜昭和20年の11月13日か―引用者注＞(『河井手帳』宮Ｓ20欄外)。この時の河井の回答は,「明朗会ノ運動ハ時局便乗的政治運動ニ堕セリ報徳社ハ然ラス　(報徳社側には「明朗会」に対する―引用者注)対立意識毫末もなし　食糧増産指導ハ□寔最高ノ道義運動ナリ　報徳教義ノ実行ナリ」(同上)であった。河井は,「明朗会」が,時局便乗的政治運動に堕した事を指摘している。そして,「大社」の甘藷増産活動を始めとする食糧増産指導を,「最高ノ道義運動」「報徳教義ノ実行」とみており,これを「大社」単独でも進めることに最も大きな意義を見い出していた。

⑽　戦後における報徳への反発・批判の問題

戦後,学校教員から報徳への反発・批判が起きたようである。河井は,学校教員の報徳への「皮相的理解」(Ⅱ―㉞)を逆に強く批判した。河井は,「大社」の人を招聘するに際して,「報徳出勤ハ無責任ナル法螺吹行脚ニ非ス。流行興芸者ノ如キ招聘ヲ忌ム」(『河井手帳』宮Ｓ20欄外)のように,単なる「流行興芸」にさせないようにしていた。

２．河井弥八の評価

浅野哲禅は,「品格ある有徳の御仁であった。」(大洞院主　浅野哲禅「慕　河井大先生」,Ⅱ―㉟,p.18)のように河井を「有徳」の人として評価した。

甘藷を始めとする食糧増産活動については,まず,老体・病体に鞭打ちながら,河井の期待に応えるよう努力し続けた丸山は,短い言葉で次のように述べている。

「先生(河井弥八―引用者注)の食糧対策の支障なく遂行せられたことは,実に国家の幸福でありました。」(丸山方作「河井先生の追憶」,Ⅱ―㊴,p.13)

また,河井等に指名され,麦増産の為の「大社」増産講師を務めた「大社」

参事河西凜衛も，次のように「餓死する者一人をも出さずに世を救」ったと回顧した。

　「今や時代が変り，総てが利益追求に計算されての施策が行われ，農村の行く方も定まらない昨今の様相でありますが，今一度あの当時を振り返って考えて見る時，将来の方策も自ら湧いて来る思いが致します。／昭和飢饉に於ける河井（弥八―引用者注）先生の食糧増産は幸いに餓死する者一人をも出さずに世を救いました。そして私共は其の御恩顧に酬ゆる事もなく今日を鞭々として居る事を恥しく思います……。」（河西凜衛「河井先生と食糧増産」，Ⅱ―㊴，p. 52）

中央における戦前派政治家としての河井に対しては，「先生の愛国は決して戦後派によって非難される軍国主義的侵略国家の再現を希望するような反動的愛国ではなく，独立国家の国民ならば誰でももたなければならぬ祖国を大切にし，祖国を誇る人間自然の愛情であります。」（高瀬荘太郎「河井先生の追憶」，Ⅱ―㊴，p. 6），「今日から見ればかっての戦前派政治家には封建主義の欠点があったとも言えましょうが，金を愛し，金のために節操を売るような根性の腐った政治家は少なかった。」（同上），等の評価がある。

また，中央における戦後の河井の政治活動については，前述「遠州学友会」出身で「天真会」会員の黒田吉郎は，「新聞や雑誌で洩れ承る数々の逸話は，青年天子に献身奉仕する氏（河井弥八―引用者注）の強固な忠誠心を物語るものが少なくない。／今世界は民主自由と，共産統制の二大陣営に分かれ，政治に経済に，事毎に其の覇を争っているが，……，恐らく双方の長所を執って正しい中道を行こうと心がけられた事と推察し申上る外はない。」（黒田吉郎「愛国の士河井先生」，Ⅱ―㊴，p. 49），のようにみていた。

昭和30年8月25日，「大社」が「二宮尊徳先生百年祭」を開催するに際して，「大社」は，「特に食糧増産に対しては深き造詣と経綸とを持たれ献身的努力を傾倒されて増産救国の真面目を発揮され」た，「あらゆる悪條件を克服して社務を統理典掌し社運の伸張に努力せられた」，「参議院議長の要職にあられ祖国

再建の為に常に憂国の赤心を捧げて夙夜政務に盡瘁せられ」ている，等の理由で河井に「特別有功賞」を授与した（Ⅱ—⑳）。

第4節　戦中・戦後における河井弥八の甘藷増産活動の考察

　河井の甘藷増産活動には，大きく次の2点が指摘できよう。
ア．戦争遂行目的の国策と一線を画すことは難しい。
　戦中における河井の甘藷増産活動は，河井が「大政翼賛会」の中枢に入ることを拒否しつつ，河井なりに身を置くべきポジションを考えつつ活動したとは思われる。しかし，前述のように，当時の時代状況からして，多くの人がそうであったように，「大政翼賛会」「翼賛壮年団」等に関わらざるを得なかったと思われる。また，河井は，昭和19年11月7日，島田俊雄農商務（相—引用者注）へ，甘藷による無水酒精製造を進言した（『日記』S19. 11. 7。前述）。したがって，少なくとも戦争末期には，河井さらには「大社」の甘藷増産活動には，戦争遂行目的の国策強力になった側面があったと言えよう。
イ．事実として，日本人の飢えを救うことに何らかの貢献はした。
　複雑な戦争当時にあって，政府（の方針）をも動かし，甘藷増産活動をして人々の飢えを救ったまたは救おうとしたという事実だけは見逃すことはできない。特に，米作偏重主義を是正するよう帝国議会で訴え続けた点，国レベルで食糧用甘藷増産の志気を盛り立てた点は注目に値し，この仕事を河井がやらなければ，食糧に関する事態は違っていたかもしれない。

第3章　丸山方作の生涯と甘藷増産活動

次に，丸山方作の生涯と甘藷増産活動をみてみよう。

第1節　丸山方作の生涯と人生観・農業観

まず，丸山が，どのような生涯を送り，どのような人生観・農業観を抱いていたのかをみてみよう。

1．丸山方作の生涯

丸山は，慶応3年，八名郡下川村大字牛川（現，愛知県豊橋市牛川町）に，矢野慶助の次男として生まれた。丸山が生まれた東三地方（東三河地方－引用者注）は，明治初年頃から，豊橋の旧名の吉田にちなんで名づけられた吉田藷の産地となり，これを名古屋，伊勢，京阪地方に移出した。当地方では，明治20年頃までは甘藷が畑の主要作物であった（以上，丸山　昭和13年，p.26；丸山　昭和17年2月，pp 55～56）。牛川近くの飯村（いむれ）の甘藷は，現在有名と言う（丸山幸子氏談）。

学制スタート時に，「正太寺」（後，生涯大きな感化を受けることになる大河戸挺秀が住職）の構内に仮設された小学校に入学した。9歳で母を失うと，「仰も余は九歳にして母を失ひ，為に隠然余の精神を刺撃せられ，余は事毎に必ず無常転変の世なることを感ず。爾来幸にして父兄の善き導きと大河戸師の良き教へとを蒙りて，深く心胆に感銘し，早く一念帰命のいわれを聴問獲得して心身共に安きを覚ゆるに至れり。」（Ⅲ－㊾），のように大河戸が重要な存在となった。

愛知県選抜の士官学校の受験候補者3人の1人として上京・受験するが，失

敗した。従兄弟の大口善六（表10参照）も，受験志願者の１人であった。

明治19年８月，東京麻布「学農社」（津田仙主催）に入学した。丸山は，後に津田仙から「『君も士官学校に入つて人を殺す道を勉強するよりも農業を学んで人を活かすことをやつてはどうか』／と云はれ大に農学を研究しようとした……」（杉本　昭和26年，pp.13～14）と語った。

丸山は，若い頃，大河戸や津田の影響で宗教にひかれた。彼は，述べている。

「仰も大悲の恩徳は偏ねく十方の世界を覆へり。然れども，其化を蒙らしめ其恩を知らしむるは，人より人に導くにあらざれば，我等凡夫を暁すの法なかるべし。依之，余は心力の及ぶ丈け，資力の許す限りは，学術を研究し事業を勉励して，大に宗教に尽すことあらんと欲せし……」（Ⅲ－(56)）

「……，陸軍士官学校に入るの志を発せしよりは，思へらく，彼地に至れば容易に仏教を聞くこと能はざるべしと。依て，入学の志の起りしよりは，一層必死に仏教を聴問せり。」（Ⅲ－(56)）

しかし，選んだのは宗教家ではなく，農者それも通常の農夫より一歩先行く農者であった。丸山は，「……，当今の世体は一種変則の状況を現し，僧侶の言は却て無宗教者や書生輩の尊信せざるところにして，啻に老翁老姥の信仰するのみなれば，学識卓絶なるの士，上に立ちて此世体を一変せしむるに至るまでは，此弊を除くこと能はざるべし。然れば無宗教者，青年輩をして宗教に導入するの法術なし。依而，余は先づ農業農学を兼ね究め，農業上に於いては通常農夫より一歩上進したるの農者となり，而して間接に人を導くの法を施すことを欲せり。」（Ⅲ－(56)），と述べている。

丸山は，青年時代から，農学の専門誌を講読したようである。講読したのは，津田仙主催の農業雑誌，農商務省発行の『農商工報』，「大日本農会」の『大日本農会報』等（『日記』等）であった。

丸山は，若い頃から老農を訪ねたり，老農宅に泊まったり，老農との書簡のやり取りをしたりして学び，実地に基づく研究をすることを欠かさなかった。そのことの背景にある考え方は，「余は仰で先進の門を窺ひ，伏て各地の農況

を察し，学理を基とし各地の老農の説を以て補注し，従来為し来れる該実地の経験等を対照し，学理と実地を兼ね行ひ，大に此辺の改良進歩を図ることに尽力す。但し……学理は惟実業の案内者たるの心得なり。結局余の意見にては，其力を用ふること，実地に七分，学理に三分の割合なり。」(Ⅲ-56)，にあると思われる。

明治20年，愛知県が船津伝次平を招聘し，船津が県下を巡回講義した際には，丸山は彼に随行した。丸山が，船津に随行した頃，報徳の道に熱心な八名郡長服部直衛と農務課長鈴木平五郎は，丸山に八名郡の農事巡回講師となることを推奨した。丸山は，農務課長鈴木から，富田高慶著『報徳記』を貰って読んだ（杉本　昭和26年，p.38）。

明治24年には，有志組織の郡農林会ができた。さらに「三河農会」も設立され，会長古橋源六郎（報徳精神の持ち主。現在の愛知県北設楽郡在住），副会長太田甲八，等と連絡をとり農業団体発展に寄与した。同25年には，愛知県八名郡農事技師，愛知県南設楽郡農事巡回教師となった。

明治27年11月16日，愛知県南設楽郡新城の老農丸山久太郎の長女なをと婚姻，丸山家の者となった。この時，丸山家には欠けた茶碗が1つしかないという状態であった（丸山幸子氏談）。

明治30年12月9日，帝国農家一致協会普通同盟員に承認された。

明治33年3月，静岡県「榛原郡農会」教師，同年4月，静岡県「榛原郡農事巡回教師幹事」嘱託となった。愛知県から静岡県榛原郡に赴任となった経緯は，以下のようである。

「……榛原郡の農業には又一種特異の風格特色があり都(郡)民も特に熱心有力な指導者を迎へやうと望んで居つた。そしてその人選を農商務省に委嘱したのである。時の本省農産課長は有名な伊藤悌蔵氏であつた。課長は西ケ原農事試験場に相談した。西ケ原では，愛知県安城に支場があつて，静岡県も安城の指導区域であつた。静岡県は農事熱心で，出張してもなかなか鋭い質問責に遭ふので，町田場長か直井技師の外は敬遠して滅多に静岡県には出掛けな

いことにして居つた，忌門である。榛原郡も亦同じであるから，うか〳〵出掛けられないと云ふ訳で，さて人選の結果，丸山先生ならよからうと云ふことになつて先生に白羽の矢が立つた……」(杉本　昭和26年，p.18)

この「榛原郡農会」教師時代に，丸山にとって重要な人物となる榛原郡の飯田栄太郎(前田　平成15年，表10参照。以下，飯田と略称)に出会ったと思われる。飯田は，明治30年，「小仁田報徳社」社長，大正元年2月，「大社」常務委員，大正4年11月，「勝間田報徳社」設立，大正5年3月，「中報徳社」社長，大正13年5月10日〜昭和14年4月15日，「大社」理事，という経歴をもつ報徳社の重要な人物である。飯田家文書『歴誌』によると，明治34年，飯田が丸山と同行し講習会に出席した記述がある。また，『日記』には，飯田に関する記述が多数ある。

丸山が榛原郡に在職中で，「大社」の人となっていなかった明治35年2月には，丸山の故郷である東三地方には，「遠社」の「豊津出張所」(現，愛知県豊川市)が設立された(これは，後豊川市内を移転後，現「東三出張所」＜大正12年からか。所在地は現在の豊橋市＞となった)。

丸山は，榛原郡における篤農講習会により各町村の中心人物養成に尽力した。この頃，「静岡県農会」は，農政学者高橋昌(横井時敬と同窓)を同会顧問として迎え入れた。丸山が，高橋と議論をしたことが契機となり，丸山は高橋の知遇を得，同会勤務を懇望された。『日記』によると，丸山は，以後末長く書簡で交流した。

明治36年8月，丸山は「静岡県農会」より「静岡県農会」技師を嘱託された(〜大正8年)。「静岡県農会」技師の時期，丸山は，多くの報徳社の人々または報徳社の人になる人，報徳関係の人に出会っている(＜前田　平成15年，表10＞は，昭和元年1月〜同25年3月における「大日本報徳社」の役職員であるが，この中の人々とも出会っている)。なお，この表に表われていない人としては，以下の人と接していた。庵原郡庵原村の西ケ谷可吉(『日記』M44.5.18 等)。駿東郡富士岡村竈の小林秀三郎(『日記』M44.5.18 等)。花田仲之助(『日記』M

45.5.4等)。横井時敬(『日記』M45「金銭出納録」)。金原明善(『日記』M45.10.14。第2章 – 第1節参照)。二宮徳(『日記』M45.11.7，T2.4.7）)。細田多次郎(『日記』T2.3.28)。田沢義鋪(『日記』T2．11.10。表9参照)。井上友一(『日記』T3.5.30)。高林維兵衛(『日記』T3.7.22)，等。また，明治45年12月1日には，「報徳会」(後,「中央報徳会」と改称)機関誌『斯民』5冊等代を，(静岡市のかー引用者注)「吉見書店」に支払って(『日記』M45．12．1），その後も『斯民』を購入(『日記』)していたから，報徳の学習もしていたことがわかる。

「静岡県農会」技師の時期，丸山は，静岡県内を東奔西走して仕事をした(『日記』)。また，この間，「静岡県農会」主催「高等農事講習会」，農村経営調査（農家経営の実態調査），という大きな仕事をした。前者は，前述の伊藤悌蔵創案のもので，米麦作を主とし，製茶と養蚕を主副業とし，その基礎となる生理，土壤，肥料，経済，栽培，病虫害等の講師を委嘱し，各郡役所所在地を会場に順に開催した講習会であった。県下篤農家，精農家が多数受講した期間約30日，1日約6時間の講習会であった。丸山は，計画，幹事役，引き受け手のない科目の担当をこなした(『日記』等)。この講習会により，丸山の静岡県下における人脈がひろがった様子が伺える。後に「大社」役職員になる飯田・田辺三郎平・一木藤太郎，後に「大社」増産講師になる藤田久蔵・山本福吉・田村勉作・高平勇・石原民次郎（以上の人物は，前田　平成15年，表10参照）も受講した。

大正3年2月25日，丸山は，帝国農会役員表彰を受けた(『日記』T3.2.25,『日記』T3「補遺」)。

大正7年に，丸山は，静岡県志太郡農業技師（内閣辞令）となった。この時の郡長は，飯沼一省であった。飯沼は，大正7年6月25日，「斯民会」という農事研究会を発会させ(『日記』T7.6.25)，『斯民会報』を編輯し農業の参考資料とすることに努めた。丸山は，同日の日記に，『斯民会報』は，丸山の「手ニ成」り作成の旨書いており，事実，『斯民会報』の原稿作りに精力を注いだ(『日記』)。飯沼は，後に静岡県・広島県・神奈川県知事になり，内務次官

になるが，丸山は，静岡県志太郡農業技師時代以降も飯沼と末永く交流した（『日記』）。また，丸山は，農業技師として飯沼と連絡を取りつつ自転車で長距離，山道を東奔西走して仕事をした（『日記』）。

大正8年5月24日に，養父久太郎が死亡した（『日記』T8.5.24）。

大正10年8月30日，従七位に叙せられた（『日記』T10.11.21）。

大正12年4月7日，退職辞令（3月31日付）を受領した（『日記』T12.4.7）。

大正12年4月29日，静岡県から愛知県豊橋市花田南島に転居した（『日記』T12.4.29）。同15年1月1日現在も，同地に在住した（『日記』T15「住所人名録」）。大正14年12月22日，静岡県引佐郡三ヶ日町福長に柑園を購入した（『日記』S14.12.22）。いつから南設楽郡新城町の自宅に戻ったかは不明であるが，昭和4年1月1日現在，新城町に在住（『日記』S4「住所人名録」）している。

昭和5年4月3日に，「第一回丸山会」を開催した（『日記』S5.4.3）。以後，多くの「丸山会」が，各地に結成された。

いつから，丸山が自宅の丸山「研究圃」に甘藷畑を作ったかは不明であるが，昭和8年5月26日の『日記』に，柿園内へ「甘藷研究作地整地」，とあるから，この頃かもしれない。

丸山は，「大社」講師になる以前の昭和8年10月25日に，（磐田郡でのか―引用者注）「報徳聯合会」で，「甘藷ノ経済的増収法」を講述した（『日記』S8.10.25）。これ以降も，「大社」講師になる以前に，「大社」支社で講演・講話をした。

昭和9年には，「東京市中第一流ノ果物商店」が，「丸山会員ノ生産品（「丸山柿」―引用者注）ヲ歓迎要望スルニ至」り（『日記』S9「年晩所感」），丸山は，これの取り引きもした。彼は，柿は地上になる甘藷，甘藷は地中になる柿とし，「甘藷増産のヒントは実は柿の栽培から得られた」と述べた（杉本　昭和26年，p.63）。こうした所に，作物の性質を洞察する鋭さが伺える。

なお，丸山は甘藷の研究者・指導者であるだけでなかった。昭和11年，榛原郡金谷町菊川字松島に山本福吉が，丸山指導の下に米増産の為に結成した「真

生会」(後述の「丸山会」「明朗会」等の1つか)は，丸山の計画で良結果をもたらした。このやり方は，静岡県内の静岡市高松，志太郡高州・東益津・稲葉・葉梨・広幡，安倍郡服部，中南両藁科，有渡，等の諸村，島田市，等に波及した（杉本　昭和26年，p21）。丸山の水稲栽培の技術は，丸山選出の「丸山旭」が，「供出米受検の品種名にも沢山現われて来た時もあ」り，山本福吉他，藤田久蔵，昭和38年度静岡県米作1位の村田忠吉，等を輩出する位のものであった（堀内　平成11年9月，p.30）。

　昭和10年12月5日付で，丸山は「大社」講師を委嘱された。前述の飯田が，「大社」に丸山を入れたと思われる。そのことが推測できることとして，次のようなことがある。ア．「大社」講師になる直前の昭和10年11月1日，丸山は，飯田栄太郎案内で，「大社」の「掛川報徳館」に行き，図書館で「二宮先生遺書ヲ覧」た（『日記』S10.11.1）。イ．昭和10年12月10日，「大社」講師嘱託辞令（12月5日付）と飯田栄太郎理事の書状を受信（『日記』S10.12.10）。ウ．丸山は，昭和13年2月，『根本改良　甘藷栽培法』を「大社」から出版した。その発刊の動機は，飯田の「熱誠なる慫慂(しょうよう)」（丸山　昭和21年，p.191）であった。

　丸山は，昭和10年12月16日，「大社」において，庶務係戸塚の紹介で事務員一同に面会，挨拶をし，「携帯ノ甘藷図」を示した（『日記』S10.12.16）。「大社」講師としての初出勤と思われるこの時，丸山が甘藷に没頭している様子が報徳社の人々に伝わったと思われる。

　丸山が「大社」講師になった時には，既に数えで69歳に達していたが，彼は，「大社」講師としての仕事を数多くこなした。甘藷関係に限っても，甘藷に関する講演・講習・講義，実地指導，研究会開催，原稿作り，等のそれぞれを数多く行った（『日記』）。

　最初の3回までの「常会」での講演時の様子は，以下であった。①「土地利用に就て」（於　「東三出張所」），飯田栄太郎と面会（『日記』S11.1.10）。②「甘藷作の改良法」（於　「川崎報徳館」），後，飯田栄太郎宅訪問（『日記』S11.2.12）。③「農業経営」（於　「志太出張所」）。最初は丸山の出身地東三地方

で，飯田も加わって行った。2回目は，榛原郡榛原町川崎という飯田の地元で行い，終わると飯田宅に訪問するという段取りだった。3回目は，静岡県における丸山最後の赴任地である志太郡で行った。

　最初の3回までの「大社」機関誌『大日本報徳』への投稿論文は，以下であった。①「甘藷多収穫　栽培の要領(1)」(『報徳』35.2／S11.2／18～20)。②「甘藷多収穫　栽培の要領(2)」(『報徳』35.3／S11.3／25～27)。③「甘藷多収穫　栽培の要領［3］」(『報徳』35.4／S11.4／15～17)。これらのように，丸山は，政府がまだ甘藷増産に乗り出す以前から，甘藷多収穫を研究し執筆していた。

　昭和13年2月24日，丸山の後から，丸山にとって重要な人物となる河井が，「大社」副社長（昭和13年2月24日～）として「大社」に入社した。では，丸山が，「大社」社長一木喜徳郎（表9参照）と同副社長河井に初めて会うのは，いつであったか。昭和13年4月3日の『日記』には，「掛川報徳館」で，飯田栄太郎，副社長佐々井信太郎の紹介で，社長一木喜徳郎，副社長河合（河井弥八－引用者注）に面会，後，二宮佐藤両先生の祭典式，午後，一木の訓示，河合（河井―引用者注）の新任の挨拶，佐々井の講演，と書かれてある。飯田，佐々井の紹介とあること，河井の井の字が，合と間違って記述されていること，等から，この時が一木・河井との初対面であることはほぼ間違いないであろう。しかし，次の小野仁輔（前田　平成15年，表10参照）の次の述懐によると，丸山は，それ以前から河井に甘藷で着目されていたようである。

　「志太出張所の社長会の時も，私が（河井先生の―引用者注）のお伴をして出掛け，講演の前座をつとめたのだが，その話の中で，私の報徳社が，当時丸山先生の稲作及び甘藷の増産指導を受けていたので，その経過と成績について話した。先生は……，非常に感銘を深くせられた模様で，帰りの汽車の中でも，丸山先生のことを尋ねられた。おそらく丸山先生のことについて承知せられたのはこの時が最初ではなかったかと思われる。それから間もなく増産運動に乗り出されたのである。／時恰も支那事変が勃発（昭和12年7月

―引用者注）して半ヶ月，漸く時局は多事ならんとしている時である。」
（小野仁輔「おもいしのぶゝに」，Ⅱ―㊴, pp. 29～30）。

　丸山は，河井に強く支持されつつ，この「大社」講師時代に甘藷研究・普及活動に邁進した。この時代には，交際する人物の数も，中央，地方を問わず多くなった。

　丸山は，以下のように多くの表彰もされた。昭和15年1月15日，高松宮附宮内事務官古島六一郎から「有栖川宮記念厚生資金」を以て銀製花瓶壹個を受けた（その時，「幾年も藷に捧げし真心の雲井に通ふ今日の嬉しさ」＜杉本　昭和26年, p.69＞と和歌を詠む）。同27年1月1日,「大社」名誉講師（～同38年6月16日＜亡＞）第1号。同32年11月3日，愛知県から産業功績者として表彰。同38年，愛知県新城市名誉市民。

　昭和38年6月16日，丸山は，新城市で永眠した（墓は，新城市「最勝院」）。数えで97歳であった。死ぬまで，丸山を師とした者は多かった。丸山は，息の長い農業研究者・指導者であった。特に，甘藷を代表とする同一課題の研究を長年続けたことは注目される。丸山が,「最後の老農」と言われる所以であろう。

2．丸山方作の人生観・農業観

　丸山が，以上の人生の中のいつから報徳思想を受け入れ始めたかは不明であるが，静岡県・愛知県等の報徳の土壌がある地域で活動をする中で，自然に受け入れ始めていったと思われる。

　まず，丸山の農業観をみてみよう。それは，報徳思想と強く結びついていた。

　丸山は，甘藷に限らず，米，麦，柿，蜜柑，蔬菜，等多くの農作物の研究をした。それら農作物を,「……無数の植物界中，人類の生活に便利な物を選み，一層人の需要に適応するやうに進化せられた物を，作物と名づけ」る（丸山　昭和13年, pp. 1～2）,「農作物が全然製造品と異れる所以は，近代の如く科学が進歩しても，未だ人工を以て之を生産することを得」ない（同上, p.2）,の

ように見ていた。

丸山は，この農作物が示す法則は，「……，必ず先づ其種苗を大地に授け，爰に温熱，空気，水分等の自然要素と融合して，生命の活動を萠め，爾後間断なく，同化作用に依つて融合一体となり，次第に体質を増大し，其極開花結実を終れば，漸次異化作用（同化と反対の作用）に移り，生命を種子に伝へて死に至る，斯の如く無始以来宇宙の実質不増不減の中に於て，千変萬化窮まりなき神秘微妙の法則は，不可思議にして想像の及ぶ能はざる，天道の偉大な働きである。」（丸山　昭和13年，p.2。振り仮名は，省略）のように，「天道」の偉大な働きであるとした。

「天道」は，尊徳においては自然または自然のはたらきとして捉えられた。丸山は，人為のみでことを進めるのではなく，無心になって自然に対峙すれば，それが無限の真理を人間に現わしてくれると考えたと思われ，著書『生理応用甘藷栽培法』に，ペスタロッチ『隠者の夕暮』の一節「人よ人為を去れ，而して無心になつて大自然に対せよ。自然は無限の真理を次々と汝の前に現示するであらう。」（丸山　昭和17年2月，p.7）を掲載した。

では，自然に接することの多い農業を，丸山はどのような作業と捉えたのであろうか。彼は，次のようにこれを尊徳が言うところの「天地の化育を賛成する」（『二宮翁夜話』117―引用者注）こと，「天道」に「人道」を加えること，であるとした。

「……農は天地の化育を賛（たす）くる尊い仕事とも解せられる，されば此の業に従事する者は，大自然と融合一体の心を以て，国家社会を弥栄にする神業への奉仕参加でなければならぬ，斯くして自他共に恵まれ延ひて世界人類への貢献ともなるものと信ずる。」（丸山　昭和13年，p.3）

「二宮尊徳先生は『天地や無言の経をくりかへし』と詠まれたが，作物も自然も悉く事実を以て吾人に教訓を与へ，年々歳々栽培の成績を眼前に現はして反省を促される，然るにこの暗示を解る力を持たぬ人は空しくこれを見逃し，幾年其仕事を繰り返すも只徒らに歳月を経過するのみである。／真にこ

の訳を会得した上は，作物は自然を語る天籟であり，田園即修養の道場となり，おのづから自然の法則に順応しつゝ，作物としての機能を発揮させることが出来る。／抑ゝ作物は広大無数に在る植物の内から，人生必須の生活資料を得る為に特に選み出された小部分の種族であるが，農業はその力に頼つて，無機物を有機物に変化させる天地の化育を賛ける仕事である。」（丸山　昭和17年2月，pp. 4～5。振り仮名は，省略）

「……，農業は則ち天道に循つて，人道を竭すところに成り立ち，其進歩発展も亦斯の如くにして遂げ得られる職業」（丸山　昭和13年，p. 1）

農業をこのように捉える丸山は，また農業を永続的なものと考え，先人の労苦に感謝し，謙虚に心身鍛練しつつ改良し，後の人に譲るべきものと考え，次のように述べた。

「……，（作物が―引用者注）現在の形態に化育せられるまで，幾百千年に亙る数多先人の労苦を偲び，其恩徳を謝すると共に，更に改良の歩を進めて，之を後の人に譲るは，吾人当然の務めなりと感ずる。」（同上，p. 2）

「……，天道は一點の虚偽をも許さぬから農地は則ち心身鍛練の道場であり，吾人活動の根源であり，而して趣味も慰安も亦此の内に存在するものと確信する，甚だ未熟なる一農夫ですら此の業を楽む，世間数多の練達の士は真に尊い業務なることを感謝せらるべき」（同上，p. 4）

では，丸山は，農業の究極的な姿をどのようにみていたのであろうか。丸山は，「作物と作人とが渾然一如」（丸山　昭和17年2月，p. 7），「大自然と融合一体」（丸山　昭和13年，p. 3）等と述べているが，作物すなわち自然と，人間が一つになることを究極的な姿とした。

農業技術に関しては，丸山は，次のように捉えた。まず，伝統的農法に則って，勤勉に働くことに対して，「伝統的農法を反復するのみに止まる農法は仮令勤勉なるも，精神的活力の無いもので，未だ農者の本分に徹底したものとは謂ひ難い」（丸山　昭和13年，p. 3）のように，伝統的農法の反復だけではいけないとした。しかし，科学を万能としたかというと，それも違い，「科学の力

は偉大である，宇宙の萬象悉く科学に依りて其本体を知ることを得，農業の技術も亦科学に立脚すべきは当然であるが，科学は永久に進歩の過程にあるもので，只之れのみを以て総てを解決せんとするは難」（同上，p.3）いと述べた。丸山は，「……四時作物を対手として農地に精勤し，恰も親が子を撫育する如き慈愛を作物に傾注することに依て，自然は無言裡に拠準すべき道を暗示して業者を導くもの……，故に忠実に誠意を捧ぐる者は，自ら天道に適ふ……，併し其人に科学の素養があれば，暗示を覚り易い……」（同上，pp.3～4）のように，勤勉さと科学の両方の素養があって，自然の暗示がわかり，「天道」に適うことができるとした。

以上のような農業観をもつ丸山は，甘藷をどのように捉え，それをどのようにしたかったのであろうか。彼は，甘藷を「今一層人類に役立ち，非常時局にも活躍するやう致したく，甘藷に代つて之を弁解し」（丸山　昭和13年，p.4）たいものとして捉えた。すなわち，勤勉にかつ科学の力を借りて甘藷に対することにより，甘藷自身が教えてくれることを理解し，甘藷を人類や非常時局に役立てたいとした。しかし，現実には，「農家は自己に便利なる作り易い側面のみを認め，現在のやうに粗放な取扱ひに陥り，遂に彼（甘藷―引用者注）の長所を採用することに心付かない」（同上，p.5）と言う。彼は，「従来の如き千遍一律の習慣に拘泥することなく，其地適応の方法を考究し，従来の数倍にも増収の余地を有し，諸作物に超越せる生産力を利用して，人類生活に有用な物資に変化させるには実に適当な作物なり」（同上，p.12）とした。彼が甘藷に着目し，甘藷増産に大きなエネルギーを注いだ理由の1つに，この視点があったことが挙げられよう。

丸山が，「良苗」使用（後述）や，甘藷が最大限に多産できるようにしてやることにこだわり一歩も譲ろうとしなかった背景には，以上の思想的裏付けがあったと考えられる。

次に，丸山の人生観をみてみよう。それを成り立たせていた重要な要因には，周囲への感謝の念があった。例えば，昭和10年には，「人間をして不幸ならし

むるは不平不満不足の念より甚しきは無く人間をして幸福ならしむるは感謝報恩の念より大なるは無し　人生徳に入るの第一歩は実に此念の長養にありトハ羅馬ノ賢帝マルクス，アウレリウス，アントニイウスの静思録を読む毎に痛切に感する　法多蘇峯　10.9.11　」(『日記』S 10)，という文章を『日記』に綴っていた。また，同23年7月28日〜同年8月28日に，長期入院をした頃，「無理な望みを抱かず分を守つて与へられた使命を果すことを努め常に高尚なる理想に向つて進むならば如何なる環境に在つても心は光風霽月（せいげつ。雨の後の晴れ渡った空の月─引用者注）の如く晏如として無碍（むがい。さまたげがないこと─引用者注）の境地に住することを得おのづから感謝の生活となる。」（丸山　昭和24年，p.198），のような言葉を述べた。丸山の「丸山式」甘藷栽培法づくりへの情熱や老体・病体を押しての甘藷増産活動は，このような感謝の念を抜きにして捉えることはできない。

以上の人生観や農業観を根本的なところでもっていた丸山は，戦中・戦後の激動を体験した後，晩年孜孜黙黙と畑を耕しつつ，以下にある言葉を語った。

「静岡県三ヶ日町の彼の蜜柑園にて来訪の某氏を案内しつつ／人間より植物の方がよほど利口です。だんだんみかんに教えられて，この頃は大分よいものがつくれるようになりました。」（小出　昭和33年，p.180 ）。

「甘藷の研究によつて与えられし感想と題して／人間の能力は量り難く，作物の生産力また偉大なり，然るに浅薄なる自己の経験と知識とがそれを制限して，正しき認識を誤まり，希望と確信とを妨げる。」（同上）。

「人間より植物の方がよほど利口」や，人間の「浅薄なる自己の経験と知識」が「希望と確信とを妨げる」の言葉にみられる人間の良からぬ点とは，作物・自然が示すことを大切にせずに，戦争を起こすことと無関係ではないかもしれない。

最晩年には，ノートに次の言葉を書き綴り子孫に伝えようとした。

「人間には何時死んても悔ひなき準備が必要……今日の一日を死際の一日と心得るときに恥を残さぬは可りでなく尊き為(を)さねばならぬ……宇宙の永遠に

比べて人の一生は餘りにも短いされば短き命を意義深く力強く生きん為には明日の日を待たず　今日より取りかゝれ／感謝は信仰の第一歩……真の感謝は……心の中で神に為すべきである。……衣食住は皆神仏の恩沢である　我等は各々本分を尽し，それに奉仕するのが当然である，それをば報酬と引替への仕事だと思ふのは大間違である，更ニ一歩を進めてその材料，空気，太陽にまで考へ及べば宇宙に帰依し宇宙正法を信じて感謝の活動をせずには居られない筈である　かうして宇宙は我が家となる」（＜昭和37年？＞8.12記，Ⅲ―㊳）。

大きな仕事を成した丸山は，最晩年，農作物や自分を育んだところの宇宙という我が家に帰っていこうとしたのであろうか。

　なお，丸山は，戦中に戦争遂行の考え方を全く抱かなかったとは言えない。例えば，昭和11年6月10日，「三ヶ日町青年団一夜講習会」で「甘藷用途　液体燃料ノ必要ヨリ其原料トシテ　及挿苗法」を講話した（『日記』）。また，同年8月14日，飯沼一省（前述―引用者注）による丸山宛の暑中見舞に「甘藷増収ノ件　液体燃料原料トシテ国策上ノ重要件」と書かれてある旨，日記に記した（『日記』S11.8.14）。また，昭和17年2月，著書『生理応用　甘藷栽培法』冒頭に，「大政を翼賛することは，日本帝国臣民たる者の身命を捧げて奉仕すべき当然の行為で，戦時平時の別なく肇国以来一貫した我国独特の臣民道である」（丸山　昭和17年2月，p.1）と書いた。なお，同18年2月1日には，丸山は「大政翼賛会」の「愛知県協力会議員」にもなった（『日記』S18）。

第2節　戦中・戦後における丸山方作の甘藷増産活動

　次に，戦中・戦後における丸山の甘藷増産活動を，主に，「丸山式」甘藷栽培法の研究活動と，「丸山式」甘藷栽培法の普及活動の2つの観点から捉えてみよう。

1．「丸山式」甘藷栽培法の研究活動

「丸山式」甘藷栽培法の研究活動を，(1) 主体，(2) 方法，(3) 場所，の3つの観点からみてみよう。研究活動においては，丸山が自宅を，丸山以外の人々が土地を提供した。また，丸山と丸山以外の人々は，自費で研究活動をしたことが多かったと思われる。ただし，『日記』（S18）には，昭和18年7月15日，財団法人「三井報恩会」から，「研究助成金」2,000円を受領，とあるから，研究助成もあったと考えられる。また，同20年6月19日には，農商省補助金3万円があったようである（『河井手帳』宮S20.6.19）が，これが研究助成かはわからない。

(1) 主 体
① 丸山方作

『日記』によると，丸山は，南設楽郡新城町の自宅で，自ら甘藷を管理し，研究活動を行った。そのことを，晩年まで続けた。

② 丸山方作と丸山方作以外の人々

丸山主導ではあるが，丸山は丸山以外の人々も加えて研究活動を行った。

第1に，丸山は，戦中以前であるが，静岡県内職員時代（明治33年3月〜大正12年3月）にも，静岡県内の人々と甘藷栽培の研究活動を行い，講話等に甘藷を出していた。以下は，その一例である。・大正8年2月1日，静岡市国吉田の会合で，「甘藷馬鈴来歴　気候　食料的価値」を話す（『日記』T8.2.1）。・同月2日，榛原郡吉田村の講演会で，「馬鈴・甘藷ノ食料価値」を講演（『日記』T8.2.2）。・同年4月10日，志太郡六合村の講習で，「甘藷……苗仕立法」を話す（『日記』T8.4.10）。・同月13日，志太郡東益津の講習会で，「甘藷　謄写物説明」（『日記』T8.4.13）。これらの研究活動は，後の「丸山式」甘藷栽培法の研究活動にも役立ったと思われる。

第2に，丸山は，「甘藷栽培研究同志者」と研究活動を行った。「甘藷栽培研究同志者」（以下，同志者と略称）とは，丸山が共同で甘藷栽培法の研究をした仲間である。丸山は，昭和13年3月現在，小沢豊（前田　平成15年，表10参照

―引用者注），磯部幸一郎（同上），山口喜一，森谷博（同上），田村勉作，福田昭，藤田久蔵，の7名を挙げた（丸山　昭和13年，pp.96～97）。また，昭和17年2月現在，小沢豊，磯部幸一郎，岩瀬八重二（前田　平成15年，表10参照－引用者注），近田儀一（同上），森谷博，竹内嘉平，浅岡源悦（同上），柘植和平（同上），天野兼松（同上），富田賢一，小山文作，近藤定一（同上），牧島忠夫（同上），服部源太郎（同上），田村勉作，藤田久蔵，井村豪（同上），大谷英一（同上），木俣照一，福田武雄，高平勇，戸倉儀作（同上），松浦清三郎（前田　平成15年，表10，第2章―第1節参照―引用者注）（他5名），山本福吉，村田正蔵，寺田美佐久（前田　平成15年，表10参照―引用者注），石井信（同上），杉村宗一郎，の33名を挙げた（丸山　昭和17年2月，pp.189～190）。33名の住所別では，静岡県18名，愛知県12名，長野県1名，千葉県1名，三重県1名，であった。

　丸山は，有志と共同で甘藷栽培法の研究をすることは，昭和13年以前から行っていた。丸山の『日記』には，次のような共同研究活動が表われている。ア．大正14年7月4日，「神奈川県農事試験場」に注文の「試作用甘藷苗」到着。試作地の件で，小沢豊，豊橋市西山の伊藤政七，平川の田中祐次の所に出張（『日記』T14.7.4）。イ．昭和5年8月7日，宝飯郡御津町の安達勇次郎始め「研究試作人」10数名出席で，順次実地をみる（『日記』S5.8.7）。ウ．同6年2月24日，「宝飯郡農会」で，「甘藷小沢式栽培法」を謄写原紙に認める（『日記』S6.2.24）。以後，豊橋市飯村町の小沢豊との交流盛ん（『日記』）。エ．同8年5月26日，柿園内へ，「甘藷研究作地整地」。小沢豊，来訪（『日記』S8.5.26）。オ．同11年9月8日，研究作地で甘藷摘心（『日記』S11.9.8）。カ．同12年7月3日，田村勉作へ甘藷栽培研究者依頼（『日記』S12.7.3）。キ．同年9月7日，森谷廣三郎の「森谷試作地」を訪れ，稲・甘藷等実地検分（『日記』S12.9.7）。以後，森谷廣三郎の甘藷を見ること盛ん（『日記』）。

　第3に，丸山は，「丸山会」「明朗会」（第2章―第1節参照）等の人々と研究活動を行った。「丸山会」「明朗会」の嚆矢は，『日記』によると，恐らく昭

和5年4月3日に開催された「第一回丸山会」(9時40分～午後3時過。於　愛知県豊川町元町の石黒材木店。愛知県八名郡古田豊平が提唱)と思われる。すなわち，丸山は，「大社」講師時代以前から，既に研究団体を作っていた。丸山は，古田が「丸山会」とする名をはばかり，「豊山会」としたかったと思われ，『日記』(S5.4.3)には「豊山会」と記した。この時の参会者は，古田豊平，岡村元治（他3名），大井慶次，大谷政夫，加藤千代（他1名），柴田，磯部政一（佚，前田　平成15年，表10参照─引用者注），磯部幸一郎，丸山方作，であった（『日記』S5.4.3）。『日記』(S7)によると，昭和7年現在の「丸山会」会員は，24名であった。「丸山会」は，各地で数多く作られた（初期のものは，＜前田　平成15年＞参照）。「大社」講師となってからは，以下のように，静岡県内に大きな「明朗会」ができた。a．昭和16年2月20日，「東遠明朗会」結成。b．同17年1月10日，「西遠明朗会」結成（於　気賀町学校。会長森口淳三＜表10参照＞。参加者250名）。c．同18年4月30日，「駿州明朗会」結成（於　静岡市本通商工会議所。顧問河井弥八，丸山方作，会長尾崎元次郎。参加者250名）。d．同24年10月18日，「伊豆明朗会」結成（於　三島市「三島大社」）。これらの他に，昭和19年頃，「全日本丸山会」設立の動きもあったが，河井弥八の考えにより，実現しなかったようである（『河井日記』S19）。また，「大日本丸山会」設立の話もあった（前述）。なお，「丸山会」の研究・学習の対象は，必ずしも甘藷だけではなかった（『日記』）。また，「丸山会」会員・「明朗会」会員全てが，甘藷を作ったかは確認できない。後述の丸山・河井を中心とした「大社」の甘藷増産活動の展開にあたっては，彼らの支持基盤がまずあったと考えられる。

　第4に，丸山は，「大社」本社・支社の人々と研究活動を行った。その代表例が，後述の河井との研究活動であった。また，丸山を講師に招聘し，「丸山式」甘藷栽培法を研究する「大社」支社の人々も多かった。

　第5に，丸山は，「甘藷栽培試験委託」者と研究活動を行った。「甘藷栽培試験委託」者とは，丸山が，甘藷栽培試験委託をした人（以下，委託者と略称）である。＜前田　平成15年，表11＞は，昭和18年度における丸山方作の「甘藷

栽培試験委託」の状況である。これによると，委託者は，古谷文一郎，神谷理□，田村本次郎（前田　平成15年，表10参照－引用者注），白井金一郎，近田儀一，牧原保平（同上），浅岡源悦，柏植和平，天野兼松，近藤定一，田村勉作，山本福吉，牧島忠夫，小南栄次，三尾□平，今井歳房，他であった。試験地は，愛知県9か所，静岡県2か所，長野県1か所，岐阜県1か所，試験地面積は，6.4町であった。委託事項は，土質対品種，育苗，多収法，苗対株数，整地，肥料，生理的研究，土地対品種，貯蔵，品種特性，特殊栽培研究，品種，であった。また，『日記』には，「甘藷研究地二十一ケ所ニ対スル試作設計書」（『日記』S 18.6.4），「甘藷研究地担当者26名」（『日記』S 18.7.9）の記述もある。なお，丸山と，同志者，「丸山会」会員・「明朗会」会員，委託者，河井等の周辺人物による甘藷栽培・貯蔵等に関する研究データは，丸山の著書（後述），「大社」機関誌，『河井日記』『河井手帳』『河井メモ』『河井綴り』等に記されている。

　第6に，丸山の研究活動の途上では，多くの研究者が彼の研究活動を支えた。丸山は，「京都帝国大学」教授・理学博士郡場寛，同大学今村駿一郎，同大学芦田譲治に，植物生理学上からの指導を与えられた（丸山　昭和24年，p.197）。『日記』には，他の「京都帝国大学」の教官も登場する。この京大グループに丸山を紹介したのは，「静岡県農会」の加藤省三（前田　平成15年，表10―「服部源太郎」参照）技師であった。丸山が，京大グループに接触した始めは，『日記』によると，昭和16年5月25日と思われる。京大グループは，数多く丸山宅を視察し，研究し，研究用の苗等を持ち帰った（『日記』）。また，丸山は，京大グループの人と，頻繁に書簡のやりとり等もした（『日記』）。東京方面では，小野武夫博士が丸山に協力した（杉本　昭和26年，p.57）。「鹿児島農事試験場」の丸山政彦は，丸山の研究に共鳴して，「甘藷の根の進む経路の研究が出来たら恐らく甘藷栽培の革命であろう」（同上）と述べた。「丸山式」甘藷栽培法を批判する時，その理論が使用された（後述）ところの「東京高等農林学校」教授の伊東秀夫（前，「興津園芸試験場」。後，東北大学教授。第1章―第1節参

照）も，丸山宅に来訪し，「生理学的ノ研究ニ大ナル共鳴」をした（『日記』S17.4.23）。丸山は，静岡県内職員時代も新城町の自宅に戻ってからも，しばしば「興津園芸試験場」に立ち寄った。こうしたことから，間接的にも伊東も丸山の研究に影響を与えたと考えられる。丸山は，昭和17年7月31日〜同年8月14日（『日記』S17.7.31，S17.8.1）に，台湾視察に行った。その際に，「台湾農事試験場」の嘉義場長平間荘三郎（甘藷の品種研究で日本の第一人者と言われた人物）は，研究発表全部を丸山に贈った（杉本 昭和26年，p.57）。

その他，『日記』に登場する農事試験場の場長・技師等は数多い。

(2) 方　法

丸山は，『日記』，著書等によると，以下の方法で研究活動をした。

① 情報収集の方法

これには，ア．直接観察，イ．聞き取り，ウ．書簡等による調査，エ．図書，「大日本農会」「帝国農会」「日本園芸会」「興津園芸試験場」等の機関誌等の取り寄せ，オ．図書館，資料のある場所への通い，があった。

② 研究の方法(1)

研究の方法の1つめとして，ア．観察（掘り出し・写真撮影・描写），イ．実験（顕微鏡，化学薬品，等使用もあり），があった。アに関して，丸山は，甘藷を傷つけずに掘り出し，正確に美しく描写し，また土に戻して元通りに育てる技術をもっており，これら技術も周囲から尊敬されていた。

③ 研究の方法(2)

研究の方法の2つめとして，ア．事例研究，イ．統計研究，ウ．比較研究（ａ．品種間の比較研究，ｂ．同一品種での内的・外的条件による比較研究）があった。

(3) 場　所

① 丸山方作の自宅

丸山は，新城町の自宅を，柿園，甘藷の「研究園」，等とした。ここが，後に，国会議員，歴代の農林省農政局長，県知事，大学の研究者等を始め，多く

の人々が視察する（『日記』）ことになる所であった。
② 丸山方作の自宅以外
　丸山は，同志者の土地，「丸山会」会員・「明朗会」会員の土地，「大社」本社・支社の人々の土地，委託者の試験地，農事試験場の土地等，自宅以外の土地での「丸山式」甘藷栽培のデータを参考にして研究活動を行った。丸山の著書に表われている土地としては，例えば，ア．静岡県志太郡徳山村，イ．小沢豊の愛知県豊橋市飯村町，ウ．「中川研究会」のある静岡県引佐郡中川村，エ．磯部幸一郎居住の愛知県豊橋市飯村町，オ．小沢豊を通して知る，山形，秋田，岩手，青森，新潟，カ．「小松原報徳社」（社長牧島忠夫）のある長野県下伊那郡下條村，キ．小野吉次居住の新潟県岩船郡山辺里村，がある。丸山は，場所が遠くても，良い種藷または種藷からとれる「良苗」を，自宅以外に送付または持参して「丸山式」甘藷栽培法で栽培してもらっても研究ができるという特色を生かしたと思われ，日本全国中にそれらを送付または持参し，書簡等で栽培結果の報告を求めた（『日記』）。したがって，丸山が栽培結果の報告を求めた場所は，全てが研究活動の場所と言える。

２．「丸山式」甘藷栽培法とそれによる反当たりの収穫量

(1)「丸山式」甘藷栽培法
　では，甘藷研究活動を通して，出来あがっていった「丸山式」甘藷栽培法とはどのようなものであったのか。＜前田　平成15年，資料1＞によると，「丸山式」甘藷栽培法は，「良苗」を育て，高い大畝を作り，「良苗」を水平植で植え，反当たりの苗の植え付け本数を少なくし，植え付け前後に細心の注意を払い，苗の各節に藷を着けるようにして増収を目指す方法であった。①「良苗」使用，②高畝使用，③水平植，④粗植，⑤塊根になりやすい条件に注意を払う，⑥塊根形成後も悪変化を導く条件を避ける，等を特色とした。「丸山式」甘藷栽培法に使用する「良苗」とは，＜前田　平成15年，資料1・表12中＞のようなものであった。丸山によれば，1尺2寸～1尺5寸（約36.4cm～約45.5cm─引

用者注）の「良苗」は，「植傷み少く，挿苗直後に藷となるべき根が出るから安全に確実」（丸山　昭和13年，p.63）であった。また，丸山によれば，「丸山式」甘藷栽培法は，収益が見込まれると言う（前田　平成15年，表13参照）。

(2)　「丸山式」甘藷栽培法による反当たりの収穫量

次に，「丸山式」甘藷栽培法による反当たりの収穫量は，どのようなものであったのだろうか。＜前田　平成15年，表14＞は，「丸山式」甘藷栽培法による反当たりの収穫量の増加等を示したものである。これによると，反当たりの収穫量は次第にあがり，全国平均 300貫半ば（Ⅰ—㊿）という時期に，1,000貫を越えることはめずらしくなく，2,000貫以上を記録することもあった（ただし，公的な競進会での第三者による収穫量測定が少ない点は指摘できる）。多くの戸数による平均では，500貫〜700貫前後に落ち着いていた。

3．「丸山式」甘藷栽培法の普及活動

次に，「丸山式」甘藷栽培法の普及活動を，(1)主体，(2)方法，(3)対象，の3つの観点からみてみよう。

(1)　主　体

① 丸山方作

丸山は，健康である限り，高齢であっても自ら出向いて普及活動を行った。そのことを，晩年まで続けた。

② 「丸山式」甘藷栽培法を身につけた人

昭和17年2月8日頃，「大社」は，「大社」増産講師19名を嘱託し，全国に派遣することとした。この時の19名は，＜前田　平成15年，表10＞の①増と書かれた者である。丸山と大きく関わってきた人物が，多数採用されていることがわかる。同19年2月から，「大社」は，より多くの「大社」増産講師で北海道，東北，関東，北陸，東海，近畿，四国，中国，九州，朝鮮の各庁に応じて甘藷と麦作の増産実地指導にあたった。「大社」増産講師は，＜杉本　昭和26年＞によると38名であった。丸山によると，40余名であった（丸山方作「河

井先生の追憶」，Ⅱ—㊴，p.13)。「大社」増産講師の田村本次郎によると，約48名であった（田村本次郎　昭和38年，p.15)。現在確認ができる者が，＜前田　平成15年，表10＞中の43名である。住所別では，静岡県19名，愛知県14名（うち豊橋市6名)，新潟県3名，長野県3名，千葉県2名，京都府1名，不明1名である。前述の「静岡県農会」の「高等農事講習会」受講者，「第一回丸山会」参会者，同志者，昭和18年度委託者のいずれかであった者が，24名（55.8％）であった（「丸山会」会員・「明朗会」会員等を加えれば，より多くなると思われる)。丸山と大きく関わってきた人物を多用したのは，「大社」副社長河井の丸山への信頼・配慮が大きいと思われる。

　なお，「大社」増産講師以外でも，「丸山式」甘藷栽培法を身につけた人々が，直接的・間接的に「丸山式」甘藷栽培法を普及させたことは，容易に推測できる。

③①と②の複合

　丸山は，「丸山式」甘藷栽培法を身につけた人を同伴して普及活動を行った。

(2)　方　法

①直接指導

　丸山が，直接出向いて，講演・講習・講義，実地指導をした例は多かった。また，新城町の丸山の自宅等には，「丸山式」甘藷栽培の視察・調査者が多かった（『日記』)。視察・調査は，連日・連夜の時も多くあった。丸山は，実地指導をするなどして丁重に対応した。このあたりの状況を，同じ町内で身近に見ていた「大社」増産講師の田村本次郎は，「一株一貫目もある甘藷を二株づつ，幾組の視察者がきても，村へ帰って説明のできるように現物をもたせて説明材料にさしあげた……。／又視察の方々は，みな熱心な人たちでありましたから，先生のお話を聞いて，『是非実際に栽培しておる，農家の人の物を見せて欲しい』とのことにて，丸山先生は多忙の中をもいとわず，毎日毎日私の家と，私の畑とへ御案内をするのであり，殆んど朝から晩迄お出になった……。」（田村本次郎　昭和38年，p.15)，のように述懐した。

② 間接指導

ア．メディア利用

　ａ．著書等

　丸山は，＜引用・参考文献＞の丸山著書のように，数多くの著書等を執筆した。これら以外の著書も，『日記』『報徳』によると，以下のものがあったようである。・『明朗漫筆』昭和15年4月頃か（『日記』S15.4.20。筆者未見）。・「甘藷栽培要領」，「内原訓練所」の「増産本部」発行（『日記』S18.2.8。筆者未見）。・「甘藷栽培早わかり」翼壮本部発行（『日記』S18.7.18，S18.8.2。S18.8.3。筆者未見）。・『多収穫用　甘藷苗の作りかた』（『報徳』45.3／S23.3に転載）。・『甘藷苗の植ゑかた』（『報徳』45.4／S21.4に転載）。

　ｂ．「大日本報徳社」機関誌

　丸山は，「大社」機関誌に，「丸山式」甘藷栽培法に関する数多くの論稿を書いた。

　ｃ．各種雑誌等

　丸山は，各種雑誌等に，「丸山式」甘藷栽培法に関する数多くの論稿を書いた。雑誌等の論稿と思われるものは，以下である。・兵庫県津名郡尾崎村役場のもの（『日記』S11.4.10）。・「長崎県農会」用のもの，鎌田共済会発行（『日記』S17.3.15，『河井日記』S17.5.21）。・「愛知県農会」の甘藷栽培法（『日記』S17.3.16，S17.3.19）。・「婦人の友社」のもの（『日記』S17.3.29）。・甘藷会社（「日本甘藷馬鈴薯株式会社」か―引用者注）社報（『日記』S17.12.17，S18.1.30）。・熊本県『みずほ』（『日記』S22.12.9）。・日本青年連盟のもの（『日記』S23.1.20）。・『農友』（『日記』S23.4.8）。・『報徳青年』（『日記』S25.3.28）

　ｄ．説明書き

　丸山は，「丸山式」甘藷栽培法がわかりやすく書かれた説明書きを書いたようである。

　甘藷苗の郵送時には，これを添付したりもしたようである。

　ｅ．郵便物・書簡

丸山は，郵便物を利用し，全国各地からの要請に応じ，甘藷苗の郵送（竹股知久氏談によると，これは難しい作業）による普及活動を行った。これは，実地指導ができない場合でも有効な手段となったと思われる。丸山の著書・説明書き等をつける場合もあった。甘藷苗は，同志者の小沢豊等から注文する場合も多かった（『日記』）。また，丸山は，ほぼ毎日のように書簡のやりとりをした（『日記』）。現時点で，書簡の内容はつかめない（掛川市所蔵河井家文書の中に，丸山による河井宛書簡1通を筆者が確認）が，「丸山式」甘藷栽培法に関する記述が多数あることは『日記』より容易に推測できる。

　f．映　画

「東遠明朗会甘藷試験地」での畜（牛）力使用による収穫を，「日本映画社」がフイルムに収めトーキー（筆者，未見）化し全国に宣伝した（『報徳』41.1／S17.1／36，『日記』S16.11.11）。『河井メモ』によると，昭和16年11月6日の撮影と思われる。甘藷増産研究地とは，河井の実家（静岡県小笠郡南郷村上張。現掛川市上張）またはその近隣である可能性が高い。

　g．ラジオ（昭和17年3月20日）

丸山は，以下のようにラジオを通しても普及活動を行った。・昭和16年3月20日，日本放送協会のラジオ放送に出演（『日記』S16.3.20）。・同20年3月27日，岡山県で放送されたか（『河井手帳』宮S20.3.27）。

　h．講演先の出版物

前・後述の，「神奈川県尊徳会」，大阪商工会議所，等の講演先の出版物が普及に役立ったと思われる。

イ．「大日本報徳社」増産講師派遣

丸山以外の「大社」増産講師は，精力的に全国中を廻った（第2章等参照）。

（3）対　象

丸山等による，普及活動の対象は数多かった。普及活動の対象を窺うことができる資料として，＜前田　平成15年，表16・17＞をみてみよう（普及活動の対象を伺うことができる，皇室，帝国議会議員，国の行政，研究者，等と丸山方作

との関係に関する記述については，前田　平成15年，表15参照）。＜前田　平成15年，表16＞は，昭和10年12月〜同25年における丸山方作が主に「丸山式」甘藷栽培法で関わった道府県等である。これによると，丸山個人だけでも，北は北海道，岩手県から，南は鹿児島県，沖縄県，さらには，朝鮮，台湾までの普及活動エリアであった。＜前田　平成15年，表17＞は，昭和20年1月〜同年9月における「大社」増産講師等の食糧増産活動の為の出張である。これには，「丸山式」甘藷栽培法の他にも，麦の増産の為の出張も含まれている。河井の出張は，含まれていない。これによると，北は，青森県三戸郡，秋田県，宮城県，新潟県から，南は，岡山県，広島県，山口県教育会，高知県，大分県にまで出張した。甘藷の本場である茨城県（当時，白土松吉の「白土式」が知られていた県），千葉県（当時，穴澤松五郎の「穴澤式」が知られていた県）にも出張していた点が着目される。朝鮮にも，出張した。「大社」本社・出張所・館，支社の「常会」等にも出張した。その他の年の増産講師等の出張の一覧は，故袴田銀蔵（前田　平成15年，表10参照）宅の袴田家文書中で見つからなかったが，『河井日記』『河井手帳』『河井メモ』『河井綴り』等からおおよその状況がわかる。なお，両表は，「丸山式」甘藷栽培法等の普及活動エリアを示すものであり，「丸山式」甘藷栽培法の実際の普及エリアを示すものではない。

　上記＜前田　平成15年，表15・16・17＞の3つの表を基に，「丸山式」甘藷栽培法の普及活動の対象を捉えてみよう（典拠は，それらの表中）。

① 皇室，帝国議会議員，等

　甘藷栽培で大きく着目された他の篤農家と比較して，丸山に特徴的なことは，皇室，帝国議会議員から求められて，彼らに頻繁に「丸山式」甘藷栽培法を教えていたことであろう。これは，前述の河井の人脈によるところが大きい。昭和15年1月15日に，丸山が「有栖川宮記念厚生資金」を受けて以来，丸山と皇室，帝国議会議員との交流が盛んになったと思われる。

　河井が，皇室，帝国議会議員と丸山とをつなげている様子は，＜前田　平成15年，表15＞から知ることができる。例えば，昭和19年9月23日には，河井が，

関谷貞三郎と（宮中の ― 引用者注）「秋季皇霊祭」に参列し,「丸山氏ノ寄セラレタル甘藷葉柄栽培実験写真ヲ懐ニシテ礼拝シ誓テ甘藷ノ増産ヲ期シ」た。また，昭和16年12月15日には，河井の計らいで丸山を招いて，議員80余名に対する講話，晩餐を行った。

　丸山が皇室に求められている様子は，＜前田　平成15年，表15＞の，天皇・皇后，高松宮，宮内省，帝室林野局及びその周辺と丸山等との多くの交流をみればわかる。例えば，河井は甘藷増産の事に関して天皇・皇后から質問を受け，皇后から「一層この事業に精進する様に」の言葉を受けている（S19.4.15の項参照）。また，丸山は昭和18年3月8日に，河井から，退院に向け，「皇太后陛下御下贈ノ野菜鳥等小包」を受信している。

　丸山による，皇居，御所，「新宿御苑」，恩賜公園，等への甘藷苗の植え付けに関するもののみを＜前田　平成15年，表15＞より挙げると以下のようになる。ア．昭和16年4月9日，各宮家，宮内省内匠寮，帝室林野局，学習院などの有志50名の前で，「丸山式甘藷栽培法」の講話・試作（於「新宿御苑」）。イ．同19年6月7日，丸山（随行1人），「引佐農学校」校長中山純一（前田　平成15年，表10参照―引用者注），「引佐農学校」教諭・「大社」講師河西凜衛（前日，中山と河井宅宿泊）（前田　平成15年，表10参照―引用者注）が，大宮御所の奥庭（現在の東宮御所の辺り）の約1アール（30坪）の土地に，皇太后陛下用の甘藷苗を植えた。ウ．同月8日，井之頭「自然文化園」で，「甘藷栽培法ニ関スル」説明，実地指導。エ．同20年6月17日，同月19日，大宮御所で，甘藷苗の植え付け。オ．同23年4月12日，宮城内「庭園係事務所」に行き，「苗床設置」。カ．同年6月10日，「御座所焼跡」で植え付け方法を示した。事務所に帰り，苗床の隣に「整地植付の見本」を作った。キ．同24年10月20日，高松宮両殿下を，「駒場明朗農場ニ奉迎」。農場は，森口淳三経営のもの。

　昭和天皇の皇居における稲作は，河井のアイデアで始められた（高橋　平成6年，p.256）が，丸山は，皇居における甘藷苗の植え付けを多く行った。

　丸山が帝国議会議員に求められている様子は，＜前田　平成15年，表15＞の，

丸山と帝国議会議員との多くの接触により伺える。比較的大がかりなものとしては，S 16.12.15，S 23.6.9のものがある。

　元静岡県安倍郡長で丸山とも旧知の貴族院議員の田澤義鋪（前述）は，「河井君の甘藷質問演説は議会の呼びものですよ。毎会朝，ソラ河井の質問だと皆待ち受けて傾聴して居るんですよ」（杉本　昭和26年，p.43）とも述べている。また，戦中・戦後において，「大社」増産講師等が，農具をかついで，帝国議事堂（昭和11年11月7日竣工式）・国会議事堂内を歩いたことは，現在「大社」でも語りつがれている。昭和28年以降と思われるが，河井が「参議院議長公舎の床に丸山氏の画かれた藷の軸」（佐々井信太郎「河井先生を痛惜する」，Ⅱ—㊴，p.4）を飾っていた。これらより，丸山は，帝国議会議員・国会議員に知られていたと思われる。

　戦中・戦後における帝国議事堂・国会議事堂の前は，通路以外はほとんど甘藷畑であったと言われているが，「丸山式」甘藷栽培法による甘藷畑もあった可能性はある。

② 農林省・農商省等の行政

　昭和15年1月15日に，丸山が「有栖川宮記念厚生資金」を受けると，農林省・農商省等の行政も丸山に大きく着目したと考えられる。

　丸山は，農林省・農商省等の行政から求められて，農林省・農商省等の行政による甘藷増産への協力をした。そのことは，直接的・間接的な「丸山式」甘藷栽培法の普及活動ともなった。

　ここでは，農林省・農商省等の行政による甘藷増産への協力の状況を，＜前田　平成15年，表15＞から明らかにし，考察してみよう（典拠は，その表中）。

　まず，農林省・農商省等の行政による甘藷増産への直接的な協力の状況をみてみよう。

　昭和16年5月1日〜同月2日，丸山は第1章で前述のように，全国の精農家が集められた「大日本農会」主催，農林省助成「甘藷増産体験懇談会」（於「農林大臣官邸」）に出席し，「丸山式」甘藷栽培法を示した。この年以降，河井

が発端を作って，農林省・農商省等の行政の人々（付随して，それ以外の人々も加わった場合もある）が，「丸山式」甘藷栽培法を知る為に，丸山の自宅等への大がかりな視察をするというケースがみられる（前田　平成15年，表15；第2章－第1節参照）。その1回目が，昭和16年10月3日から同月5日の視察である。この農林省・農商省等の行政の人々による丸山の自宅等への大がかりな視察には，＜農林省・農商省等の着目・視察＞対＜丸山と「丸山式」甘藷栽培法を身につけた人の対応＞という構図がみられる。

　丸山は，国家政策を担う人々と関わった，周囲への感謝の念が強い，等の理由で，戦争遂行の意図が絡んだ農林省・農商省等の行政による甘藷増産にも協力したまたはせざるを得なかったと考えられる。丸山の協力が，間接的にでも戦争遂行目的の国策協力になった例として，昭和17年11月13日～同月14日の，燃料用の酒精工場，澱粉工場，食糧統制機関，等の視察等が挙げられよう。以後も，丸山は以下のように協力した。同17年12月16日，井野碩哉（表10参照）農林大臣官舎で懇談会が開会，出席。同18年1月6日，農林省農政局特産課長坂田英一（第1・2章参照）を主とした「甘藷増産研究懇談会」が開催（於　藷会社＜「日本甘藷馬鈴薯株式会社」か―引用者注＞），出席。同月11日～同月12日，「帝国農会甘藷増産懇談会」が開催（於　有楽町「帝国農会」），出席。同年7月23日，農林省「甘藷馬鈴藷研究委員会委員」嘱託。同月27日，「大日本翼賛壮年団」（本部長山田龍雄）の「決戦食糧増産運動指導部講師」。同年10月7日～同月8日，「農林省甘藷馬鈴薯研究委員会」が開催，同委員として出席。同月23日，農林大臣の代理の石井英之助農政局長が丸山の自宅に来訪，対応した。同19年11月5日，西村彰一（前田　平成16年，表4参照）農政局長と村田技師が，丸山の自宅に来訪，「根ノ研究ノ説明，品種適正試験」の説明。同20年2月5日，丸山他31名の「大社」講師（等か―引用者注）が，「戦時食糧増産推進中央本部事務取扱」嘱託。このようになったのは，河井の働きかけによる所が大きかった（『河井日記』，前述）。この役職により，「大社」増産講師の活動は，国家に保証されることになったと考えられる。

なお，丸山が農林省・農商省等の仕事をする際には，前述の農林省農務局特殊農産課長・農林省農政局特産課長・農商省農政局特産課長坂田英一が窓口になって，坂田と丸山がやりとりをした場面もある。

次に，農林省・農商省等の行政ではないが，農林省・農商省等の行政と大きく関わる機関・施設等と丸山との関係をみてみよう。まず，丸山は，農林省内「農業報国聯盟」にも協力した。例えば，＜前田　平成15年，表15－S17.12.5＞のような記述がある。次に，丸山は，加藤完治（第1章－第1節，第2章－第1節，第3章－第3節参照）の「内原訓練所」における甘藷増産活動に協力し，「丸山式」甘藷栽培法（大苗床設置方法も含む）を多くの人々に教えた。丸山と「内原訓練所」との関係は，昭和16年10月9日の『日記』に，農林省農政局長岸良一から，礼状並「茨城県内原訓練所ニ講演之為出張依頼之件」を受信，とあるから，農林省ルートから生じたと思われる。この書簡受信後の，同年12月4日には，おそらく始めての「内原訓練所」への出張を行った。その時の状況は，『日記』によると以下のようであった。午前，東京の河井弥八邸に行く。夜，茨城県の「内原訓練所」で，講話（出席者：推進隊員7,500名）。後，木村季雄・牧島両先生，女子部生徒等と「国民高等学校女子部」に行き，同校に宿泊。翌日帰宅。

その後，丸山は，「内原訓練所」の人々の熱心さにひかれたようで（『日記』には，そこの人々に対する「熱烈」「熱心」という言葉が登場する），何度か「内原訓練所」に出張した。出張等の状況は，『日記』S17.12.25，S18.1.4～S18.1.5，S18.1.13～S18.1.14，S18.1.21～S18.1.25，S18.2.6，S18.2.8，S18.9.16，等からわかる。

これらによると，次のことが言える。ア．丸山が，「内原訓練所」で加藤と会ったのは，昭和18年1月4日のようである。イ．前述の昭和18年1月11日～同月12日の「帝国農会甘藷増産懇談会」の翌日に内原に行き，同月13日には，丸山は，「内原訓練所」での仕事を終えた後，加藤と親しいところの「石黒（忠篤か，表9参照－引用者注）別邸」に泊まっている。このことは，ａ．国の

行政と「内原訓練所」との関係（特に石黒を介した）が強い点，b．丸山も一時期，その関係の中に入った点，等を示している。ウ．昭和18年1月13日，河井・牧島忠夫・磯部幸一郎という「大社」の人々も，「内原訓練所」入りしたので，「大社」も「内原訓練所」と関わったことになる。エ．内原での「丸山式」甘藷栽培法の普及活動における対象者の規模は，大きかった。また，昭和18年1月21日〜同月24日に，丸山が「甘藷苗床設計」，「苗床十五町計画」つくり，「苗床予定実地踏査」をし，「内原訓練所」ではその後甘藷苗床を作ったようである。したがって，「丸山式」甘藷栽培法は，「内原訓練所」が広域に送った甘藷苗の大増産に影響を与えたことは十分に考えられる（ただし，後には加藤完治は，「丸山式」甘藷栽培法を批判するようになった＜後述＞）。

　丸山は，昭和18年1月4日〜同月5日，同月13日〜同月14日，同月21日〜同月25日，等の「内原訓練所」での甘藷指導を終えた後，同年2月18日〜同年3月18日まで，長期入院している（この時以外の体調不良もあった。『日記』）。その後の昭和18年9月16日に，内原「日本国民高等学校」の木村，牧島両教諭が，直接丸山宅に来訪（『日記』S18.9.16）したが，以後丸山は，「内原訓練所」との関係を控えたようである。

　なお，『日記』には，農林大臣・農商大臣以外の大臣が関わる場面・物もいくつか記されている。

③ 道府県

　道府県の対象は数多いが，一部を以下にみてみよう。＜前田　平成15年，表16＞は，昭和10年12月〜同25年における丸山方作が関わった道府県等である。これによると，道府県レベルにおいては，丸山個人だけでも，北は北海道，岩手県から，南は鹿児島県，沖縄県までが普及活動の対象であった。

④ 朝鮮，台湾，中国

　丸山等は，昭和16年8月21日〜同月28日，朝鮮出張をした。また，丸山等は，昭和17年7月31日〜同年8月14日，台湾出張をした。また，河井等は，昭和19年3月1日〜同月24日，中国に出張した。

⑤ 機関・施設，等

　機関・施設，等の対象は数多いが，一部を以下にみてみよう。

ア．「神奈川県尊徳会」

　昭和16年9月8日，丸山は，神奈川県に出張し，「丸山式」甘藷栽培法を講演した。同18年10月，「神奈川県尊徳会」は，丸山方作先生口述『丸山式甘藷増収法』を出版した。

イ．「千葉県立農事試験場」

　昭和17年3月6日，丸山は，「千葉県立農事試験場」の甘藷増産方法講習会で講演した（『日記』S17.3.6，『河井日記』S17.3.6）。

ウ．大阪商工会議所

　昭和18年1月18日，河井は，大阪商工会議所「甘藷増産に関する懇談会」に出張し，丸山の「丸山式」甘藷栽培法を強く推薦した。昭和18年2月，大阪商工会議所は，『貴族院議員　河井弥八氏　甘藷増産に関する懇談会速記録　附，丸山方作著「甘藷良苗育成法大要」「甘藷の貯蔵法」』を出版した。

⑥ 市町村レベル

　市町村の行政，市町村レベルの団体，から招聘されて，丸山が「丸山式」甘藷栽培法を指導するケースが多数あった。

⑦ 「大日本報徳社」本社の館・出張所，支社

ア．「大日本報徳社」本社の館・出張所での「常会」等

　「大社」は，その前身の「遠社」を含めて，本社の「常会」（呼称は複数）を明治8年11月の設立当初から行ってきていた。そこでは，農業上の知識・技術と報徳思想・報徳仕法等の講演・講習・講義が行われてきていた。こうした伝統をもつ本社の館・出張所での「常会」において，丸山は，講演・講習・講義，実地指導による普及活動を行った。例えば，昭和21年6月4日，「大社」において，丸山は午前の講演，午後の甘藷の実習を行い，1,200～1,300名以上が出席した（『日記』S21.6.4）。昭和10年度における「大社」の所属社数 788社，本社員数 5,292名，社員分布は，静岡県内4市13郡に 4,459名，1道3府34県に

833名（Ⅴ―③, pp. 1～2）であった。同16年度における「大社」の所属社数877社，本社員数5,755名，社員分布は，静岡県内4市13郡に4,740名，1道3府36県に938名，台湾に2名（Ⅴ―④, pp. 1～2）であった。所属社（支社）による「丸山式」甘藷栽培法・甘藷苗の受け入れ，所属社の社員による機関誌の「丸山式」甘藷栽培法に関する数多くの論稿（後述）の講読，等による波及は，大きかったと推測される。

イ．「大日本報徳社」本社の「常会」以外の講習会等

「大社」本社・支社には「常会」の他に，「大社」本社の講演・講習・講義，大会，研究会，祭典，があり，丸山はこうした場でも実地指導した。

a．「第六回自治振興常会指導者練成会」（昭和16年11月6日）

昭和16年11月6日には，「大社」で行われた「第六回自治振興常会指導者練成会」会員に対し，丸山が「甘藷増産方法ニ関スル講演」をした後，静岡県掛川市南郷村上張（現，静岡県掛川市上張。河井の自宅またはその近隣か）に設立の「東遠明朗会甘藷試験地」での畜（牛）力使用による収穫が見学された（以下，『河井メモ』）。日本映画社は，これを撮影し，丸山は「藷苗ノ植付方法」を実施し説明した。来集者は，貴族院議員（男）高崎□彦，衆議院議員木檜三四郎（表11参照―引用者注），陸軍少将石原常太郎，久連国民学校校長大谷英一（前田 平成15年，表10の大谷か―引用者注）を含め300～400名であった。ここから，「大社」の組織力，河井の人脈，「丸山式」甘藷栽培法への国家レベルの着目，等が伺える。

b．「大日本報徳社」の「全国甘藷増産指導員講習会」（昭和17年か）

「大社」は，「全国甘藷増産指導員講習会」（昭和17年か）を開催し，丸山は，ここで講師を務めた（『原野農芸博物館図録 第11集 さつまいもと文化―伝播と人物誌―』昭和53年）。これは，＜前田 平成15年，表15＞中の昭和17年10月26日～同月28日のものと思われる。

c．「大日本報徳社」の「食糧増産講習会」（昭和18年9月10日～同月14日）

昭和18年9月10日～同14日，「大社」は，「全国甘藷増産指導員講習会」を開

催し，丸山は，ここで講師を務めた。受講者は「実際栽培家65名」で，群馬県選出衆議院議員木檜三四郎が精農青年1名を率いて講習に加わった（『報徳』42. 10／18. 10／39）。

ウ．「大日本報徳社」支社

　丸山は，「大社」支社（それと行政，団体等が関わるケースも多数）から招聘されて，「丸山式」甘藷栽培法を指導するケースが多数あった。また，昭和12年5月26日の『日記』には，飯田が，「報徳社（「大日本報徳社」本社か―引用者注）ヨリ全国ノ支社ヘ分配ノ甘藷苗発送準備」の為来訪し，丸山は飯田と飯村町小沢豊方へ行き「約五十ケ所ヘ発送手続キヲ為」す，とある。この50か所から，さらに近隣の報徳社の支社（所属社）へ，この甘藷苗またはそれにより作られた甘藷・甘藷苗が普及したことは推測できる。

　なお，「大社」本社・支社の活動には，報徳社単独の場合もあれば，行政，町村長・官吏，民間が関わる場合もあった。後者の場合は，町村レベルの普及につながったと考えられる。

⑧「丸山会」「明朗会」

　丸山は，「丸山会」「明朗会」を通じて，「丸山式」甘藷栽培法を普及させた。

⑨　個　人

　丸山は，上記①～⑧に出てこない多くの個人にも，「丸山式」甘藷栽培法を普及させた。

第3節　「丸山式」甘藷栽培法への批判と丸山方作の評価

1．「丸山式」甘藷栽培法への批判

「丸山式」甘藷栽培法へは，多くの批判もあった。以下に，項目別に批判をみてみよう（詳細は，＜前田　平成15年＞）。

(1)　粗植に関する批判：農林省農事試験場児玉敏夫による批判（昭和24年8月）

児玉は，ア．「反当植付本数（沖縄100号・太白）」で3,500～5,000本植えが大体において，「反当収量（貫）」が多収穫となる，イ．丸山式は失敗すると，減収の程度がかなり大きく現われ，成功しても目立つほどの好結果を示さない，ウ．ワキ芽が出る場合は成功するが，出ない場合は失敗するから，始めから苗の数を十分に植え込んだほうが安全，等から，児玉は丸山の粗植を批判した（児玉　昭和24年，pp. 40～41）。

　丸山は，苗床面積当たりの苗の本数を要求して多植方式で育てるいわゆる「関東式」と呼ばれる方法とは相容れない立場を取り続けた（堀内　昭和11年9月，p.30，他）。丸山は，「関東式」で使用する苗を「線香苗」（堀内　昭和11年9月，p.30），「萌し」のような苗（丸山　昭和24年，p.97）と言って批判した。前述のように，「良苗」使用に，思想的裏付けさえもったと考えられる丸山が，絶対的に譲れない立場であったと思われる。

　丸山は，単なる植え付け本数ではなく，苗の長さ・目方・節間平均長・茎太さが関わるところの植え付け本数を問題にしていた（前田　平成15年，表12・13参照）。これが，丸山が表現するところの，使用する苗の「実質」であった。

(2)　早期塊根形成理論に関する批判：伊東秀夫等の研究・理論による批判

　丸山は，ア．塊根形成ならびに決定は，発生の比較的初期に起こる，イ．細根から塊根への移行はほとんどない，としていた。しかし，伊東秀夫・土屋四郎（農商省園芸試験場）は，＜伊東・土屋　昭和19年＞の論文において，「挿苗後一旦生じた塊根を摘除して，再び此の蔓を挿植すると，再び塊根を生ずる」(p.204)，「新塊根と判定せられるものを，其の発生を認むると同時に速かに総べて摘除し続けると，塊根摘除の際残され，当時肥大せざりし，初めに生じた根（古根と呼んで，再挿植後生ずる新根と区別する）の伸長部位が肥大して塊根となる」(p.204)という実験結果による理論を示した。この理論は，丸山の上記ア，イを，完全にではないが反証するものであった。これで，「丸山式」甘藷栽培法が批判されることもあった。

　伊東の実験のように，自然に甘藷栽培をしている中で，土中に埋まっている

塊根部分のみ摘除されるまたは摘除され続けるということは，まずあり得ない。また，丸山の表現は，「比較的初期」とか，「殆ど……ない」という幅をもたせた表現である。したがって，塊根になりやすい条件に注意を払うという文脈から示したア，イのことは，理論上完全な正解でなくても，実際の栽培時に比較的有効というところであろう。

(3) 塊根形成の外的要因重視の理論に関する批判：伊東秀夫の研究・理論による批判

丸山は，「この（塊根決定までの — 引用者注）あいだは甘藷の本能性による動向よりも，土壌そのほか環境の物理的関係によつて支配せられるものと思われる」（丸山 昭和24年，p.37）と述べ，植え付け前後の塊根になりやすい甘藷の外部の条件に注意を払った。これに対し，伊藤は，丸山の理論を引用・重視しつつも，「『肥沃な地で，水分もあり，したがつて活着もよい場合』は，肥料成分（特にチッソ成分の影響が強い）が多量に吸収される。これは，ツル先きの育ちを促進することになる。（中略）そうすると，葉で同化作用をおこなつてつくる同化生成物の量は，常に先端部の育つ方へとられてしまい，根の方へはまわつてこないから，根が肥つてイモとなれない（根が肥ってイモとなる，ということができない — 引用者注）のである。したがつて，内部の栄養状態できめられ……，外部の事情が強制しているのではない。」（伊東 昭和24年，p.82）と述べた。

伊東の文章は，内部と言いつつも，その前に，「肥沃な地で，水分もあり」と述べ，既に外部の要因を話に出している。とすると，伊東自身も，外部の要因を認めており，外部か内部かは，「鶏が先か卵が先か」の論争にしかならないと思われる。

(4) 肥料に関する批判：農林省農事試験場児玉敏夫による批判（昭和24年8月）

児玉は，丸山が，「肥料に関しては，あまり重要視されていない」，「サツマイモが土地から吸い上げて畑の外にもち出す肥料養分よりも，少な目に施肥す

るのがよい」としているとし，畑を痩せさせる問題を指摘した（児玉　昭和24年，p.42）。しかし，これは，誤解であった。誤解は，丸山の言い方の微妙さを児玉が捉えていなかったことによると思われる。丸山は，決して肥料を無視していない。丸山の言い方は，「肥沃な土地は栽培法が適当な場合に限り多収に便利なれども，其方法を誤れば蔓のみ繁茂して（甘藷が実らず―引用者注）失敗に陥り易い」（丸山　昭和13年，p.52），かと言って「瘠地若くは無肥料作が可なりと判断するは，未だ認識の不足」（同上）というものであった。また，彼は，「挿苗後其発育の初期は可溶性の肥料，殊に窒素質が過剰に存在する場合は蔓の徒長に傾くから，瘠地で無い限り無肥料状態に近い方が誤りなく，排水を良くして，日光温熱を強く受けるやうにして，早く栄養の貯蔵機関たる塊根の膨大を促し，蔓と藷と併進する様に仕向ける」（同上，p.57）と述べた。また，「千両の肥より一時の季節」という「古くからの戒め」を用いつつ，挿苗期の温度を重視した（同上，pp. 66～68）。彼は，恐らく蔓の繁茂と蔓の徒長への対策，蔓と塊根のより良い状態，戦中の肥料不足，等を考慮しつつ，「肥料問題よりも」「土壌の理学的性質」（同上），「肥料学よりも，土壌学を心がけるように」（丸山　昭和24年，p.113）という言い方をしたと思われる。さらに，「連作地は概して作り易く，年を重ぬるに従ひ蔓の量が減じて藷の歩合が多くなる，但し結局は藷の収量も亦漸減を免れ難い，依て適量に肥料を与へて之を補はねばならぬ」（丸山　昭和13年，p.54）とも述べていた。

(5) 労力に関する批判：「千葉県農事試験場」による批判

昭和17年，「千葉県農事試験場」は，「丸山式」甘藷栽培法と「標準栽培法」（千葉県あたりで行われていた方法か―引用者注）との労力の比較を行った（児玉　昭和24年，pp.64～65）。それによると，「苗床」（管理を含む），「整地」・「畦立」，「定植」，「摘芯」・「追肥」，「中耕」，「収穫」において，「丸山式」の方が「所要人員」が必要で，特に「苗床」（管理を含む）においては，「丸山式」7人，「標準」1.5人と「所要人員」に大きな開きが出た。また，「整地」・「畦立」においては，「丸山式」3.5人，「標準」2人と「所要人員」に開きが出た。また，

「除草」は同じ「所要人員」,「荷造」は「標準」の方が多い「所要人員」となった（同上，pp. 64～65）。

丸山は,「丸山会」の豊橋市飯村町の磯部幸一郎の調査の結果, 丸山式では, 人力のみで「育苗」「施肥整地」「苗切取, 植付」「管理」「収穫運搬」に延べ16.0人の労力しか必要ないこと, 畜力使用で, 時間短縮, 労力減少ができること, を示した（丸山 昭和17年2月, pp.153～154。丸山 昭和24年, pp.195～196）。また, 労働賃金まで含めて改良法（「丸山式」甘藷栽培法）の1貫目当生産費の試算を出し, その優位性を示した（前田 平成15年, 表11参照）。

(6) 特に植え付け前後の念入りな管理に関する批判：農林省農事試験場児玉敏夫による批判（昭和24年8月）

児玉は,＜児玉 昭和24年＞で,「丸山式では大部分の作業が, 塊根の分化を, どんなにうまくおこなわせるかに集中されている」(p.43)とし,「良い苗を育て, 大畦を採用して」「はやぎきの肥料をもと肥としないこと, 苗の取りおきによつて良い天候を待ち, または乾そう時の活着を良くする操作, 水平植の採用, 植付け後の土かけと, 土おしの加減, 灌水, 日オオイなど, すべてこのことにかかつている」(p.43)とみた。そして,「大面積にサツマイモを栽培する農家にとつては, 植付けに際して, このような念入りな注意と手間をはらうことは, 実際上不可能」(p.44),「念入りな管理をしなければ成り立たないことは大きな欠点」(pp. 44～45)とした。

甘藷にとってよい条件を整える論理と, 上記の人間にとっての簡易性を追求する論理とは相容れなかったと思われる。

(7) 生藷生産に重点を置くことへの批判：農林省農事試験場児玉敏夫による批判（昭和24年8月）

丸山は, 特に国家の甘藷増産運動時代には, 多収穫をめざし, 重量のあるいわゆる「大藷」の生産をめざした。昭和21年,「九州支場」は,「イモの大小, 皮の色の濃淡と切干歩合」を調べた（児玉 昭和24年, p.44）。それによると, 切り干し歩合は,「大藷」は「小藷」に比較して低く, 切り干し藷生産という

観点に立ったら,「小藷」の方が適していた。児玉は,同24年8月に,農家経営の観点から,「大藷」の「生イモ」を多く生産することがよいか疑問を出した（児玉　昭和24年,p.45）。

しかし,この言葉は,昭和25年3月31日のいも類の統制撤廃まであとわずかという食糧事情が好転してきた頃のものである。甘藷に対する時代のニーズは変転するものであり,丸山個人の責任ではない。

(8) 理屈がないと決めつけた上での批判：農林省農事試験場児玉敏夫による批判（昭和24年8月）

児玉は,「丸山式」甘藷栽培法を,篤農家が行う「篤農法」という一括りの中に入れて,「篤農法に欠けていることは」「理くつがない」,「このように経験だけに頼つていては,各農家が同じように永年の経験によつて,多くの手間と経費をかけて,良い方法を見つけなければならないことになる」（児玉　昭和24年,p.66）とした。

しかし,丸山は,日本の道府県各地,朝鮮,台湾等で実験したデータをもって,各地域におけるきめの細かい方法を明示していた（丸山　昭和21年,昭和24年,等）。甘藷に対して多額の資金をもつ農林省農事試験場,地方農事試験場と比較して,当時,「大社」等という組織力はあったものの,自らの研究心から自分で研究材料等を買い（ただし,前述のように研究助成があったこともある）,ここまでやりえた人物がどれほどいたかということにも注意する必要があろう。

(9) 静岡でのやり方と決めつけた上での批判：加藤完治の批判（昭和19年頃か）

加藤は,愛知県小沢（豊か―引用者注）,茨城県白土（茨城県那珂郡湊町の白土松吉か―引用者注）,静岡県三井（前述「甘藷増産体験懇談会」出席者の静岡県駿東郡愛鷹村の三井隆次郎か―引用者注）の3人を「甘藷の大先生」とかそれぞれを甘藷栽培の横綱,張出横綱,大関とか呼びながらも,内原の「競争圃」で栽培実験をさせ（昭和19年か）,反当たり500〜600貫の成績になったことを用

いて,「我ら日本農民は,日本政府が多大の資金を投じて経営しておる農事試験場の試験成績を参考にして,自分の田畑にこれを活用し」(加藤　昭和44年,p.288)と強く言うようになった。そして,この実験を失敗と決めつけて,静岡でのやり方として,坂田英一等周囲に伝えたようである。

このことは,「丸山式」甘藷栽培法を根拠なく悪いと吹聴する基にもなった可能性がある。しかし,上記実験は,ア．丸山自身が行った栽培ではない,イ．前年が,10年ぶりの気候不順で競争用の甘藷の育苗に支障があったと考えられる,ウ．小沢が,あらかじめ土地が痩せていることを指摘している,等正確な実験であったかの疑問点が多い。また,加藤は,丸山が病気で内原に来られなかった(前述)ことを根にもっていたようである。

この加藤の批判は,批判の為の批判である可能性が高い。そのことを示すものとして,まず,丸山が『日記』(S18.9.16)に書きとめたように,内原「日本国民高等学校」の木村,牧島両教諭が,直接丸山宅に来訪し,「育苗は丸山式　予定ヨリ五割多ク出来タ」と述べていたようである。次に,内原「日本国民高等学校女子部」の木村季雄は,河井弥八宛に,(昭和18年か)11月14日付で送った書簡に,「丸山先生ノ作リ方ヲ指導シテ作ツタ附近農家デハ何レモ好成績ヲ挙ゲ反当千三百〆千六百〆ノ収穫ヲ得タ者モ有之」(『河井手帳』宮S20)と書いていた。河井は,この書簡をもって,「加藤完治氏ハ丸山氏ノ方法ハ甘藷増産上無力ナルコトヲ吹聴スト□此手紙ハ内原ヨリ加藤氏ノ攻撃ノ虚妄ナルコトヲ立証スルモノトシテ注意ヲ要スルモノナリ」(『河井手帳』宮S20)と手帳に書き残した。

2．丸山方作の評価

丸山より早く亡くなり丸山も深く悲しんだ,丸山にとって忘れえぬ人飯田は,丸山を次のようにみていた。

「……丸山方作氏は,現時稀れに見る農事改良家である。而して,実際家にして決して机上の空論に終始することを欲しない。理論と実行とを並進せし

めて，吾国現下の行詰まれる農家経営に一大光明を齎さんとする農道の先覚者である。／氏は，夙に静岡県農会の技師とし令名噴々たるものあり，後辞して，専ら農道の研鑽に是勗む。就中柑橘の栽培，稲作改良，甘藷多収穫栽培法の研究に於て，今や氏の名は全国的に喧伝さるゝ所，実に山沢に生きる篤学の士である。」（飯田栄太郎「序」，丸山　昭和17年2月，p.1）

　生前から，丸山に対して，多くの謝恩会や記念品贈呈等が行われていた。それに関することを『日記』から拾ってみると，以下のようなものがある。ア．昭和15年4月21日，「高松宮殿下表彰記念謝恩会」に，家族一同出席（於「豊橋市立図書館」，出席者：河井弥八，大口喜六，大河戸□秀等 200余名），記念品贈呈式あり。後，小野仁輔，大口喜六の講演。後，晩餐（出席者：50余名）。夜，服部と懇談。イ．同18年12月20日，長野県下伊那郡下條村「小松原報徳社」社長牧島忠夫宅に出張，記念品贈呈される。ウ．同21年3月18日，志太郡徳山村有志から，記念品代 270円の収入。エ．同年12月4日，報徳社「常会」後，丸山に対する謝恩会（河井弥八挨拶，講師総代石原の感謝，新潟県人の感謝，佐々井信太郎の祝意，等）。オ．同22年3月4日，小笠郡日坂村で講述（前に，寄贈の甘藷を積む。助役・農事会長の挨拶あり。「丸山ニ対スル感謝ノ辞」あり。出席者：300名）。金谷町新町の滝沢清が，杉本良（前田　平成15年，表10参照－引用者注）の依頼で丸山の肖像を写す。カ．昭和22年4月4日，「大日本報徳社」の「二宮佐藤両先生祭典」に出席，「甘藷増産功労表彰」を受け，感謝状を「大日本報徳社」の農事講師一同より贈られる。式後，「甘藷増産重要條件」を陳べる。キ．同24年1月8日，「陛下ヨリ御下賜御煙草（百本入）」を小包にて拝受（宮内府業務課庭園係長斎藤春彦の感謝状と共に案内）。ク．同年1月30日，「寿像贈呈式」，報農協会主催「謝恩会」執行，河井弥八，京大今村駿一郎の講演，夜10時半まで懇談会（於　小坂井町の酒井真郎宅，出席者：河井，今村，愛知・静岡・岐阜3県の代表者60名余）。また，昭和27年1月1日には，「大社」は丸山を「大社」名誉講師第1号とした。これらは，戦争遂行目的の国策協力への思いとは違うレベルでの感謝の表われではないだろうか。

杉本良は，戦後，「先生のやうな人は現世では富貴もなく地位もなく，少しく食糧豊富となれば又其の恩沢をも忘れ果てゝまさに現世において酬ひらるる処甚だ少き如くであるが，自身は嬉々として研究，実践につくして熄む時を知らぬその高風まさに百世に生くる達人と仰ぐべきの士と謂ふべきであろう。」（杉本　昭和26年，p.64）のように述べた。

「西遠明朗会」会長で戦中の衆議院議員であった森口淳三は，「昭和三十五年十一月吉祥日」，現，静岡県引佐郡細江町に，次のような碑を建立した（現在は，丸山勝利・幸子氏宅近くの，愛知県新城市の「桜淵公園」内に移動）。

「明朗翁丸山方作先生鶴齢九十五を数ふ今も尚土に親み作物を友とし杈を田園に曳かる其の人となりや純一素朴温厚篤実にして和光同塵の境地を開拓す　過ぐる大東亜戦争に際し吾等丸山門下の千有餘人は大日本明朗会を結成して甘藷と麦による戦時食糧増産の国民運動を展開した丸山農法に依る甘藷の生産は頗る顕著なる成果をあげ未曾有の大量生産に成功を収めた当時戦局の亜(悪)化と共に食糧の欠乏は実に言語に絶する悲惨の極であつた之の秋我等八千萬同胞の命をつないだものはこの甘藷の絶対量であつた　先生こそは我等国民の命の親と云ふ可きである　この先生の大徳と其の功業に報ゆるため吾等一同は先生に贈るに　聖農の尊称を以てし之れを児孫に遺さんとす是れ正しく民の声にして天の聲ならん先生の如きは天爵享受の聖者と謂ふ可し本銅像は全国各地の同志諸君の誠心と浄財に依り明朗会発祥の本地に建立せるものにして只々報恩感謝の一端のみ茲に本像の縁起由来を石に刻し銘を録して念を千歳に留む／昭和三十五年十月十七日／撰文　聖農丸山翁顕彰会々長森口淳三」（Ⅲ—(55)）

麦増産の為の「大社」増産講師を務め，丸山の近くで身近に丸山を感じてきた河西凜衛は，昭和39年９月１日，次のように丸山の業績を回顧した。

「私は今，終戦直後，辞表を懐にし乍ら，静岡市の焼野原に，甘藷を植えて，藷を食べずして，蔓を喰べ，昼の御飯は遂に頂けず，毎日朝晩は雑草入りの雑炊に，漸く飢を凌いだあの頃を想う。／然も戦いには敗れたが，遂に餓死

する者も見ずに終戦となり，幾変遷の後に，今日の日本の隆盛を見ている。（中略）今日，人々は兎もすれば，食糧の大切な事を忘れ，指導者は，口を開けば，農業の近代化といい，主産地形成といい，唯利益に走らんとしている。／日本の現状は，果して満足すべき状態なのか，世界は果して安全たり得るのか。／食管会計の赤字が，日本の将来を暗くしている時，私は十年前の苦しかった，食糧難の時代を，今一度思い起せと叫ぶものである。／それは又丸山翁の魂の呼声ではないであろうか。」（河西　昭和39年10月，p.18）

第4節　戦中・戦後における丸山方作の甘藷増産活動の考察

丸山または「丸山式」甘藷栽培法の功績を，いくつかの観点から捉えてみよう。

(1)　質的観点：甘藷の質の向上

甘藷の質を言う場合は，良い新品種の発見が最も大きいが，丸山はこれを行っていない。

(2)　量的観点：反当たりの収穫量の増加

「丸山式」甘藷栽培法は，反当たりの収穫量の増加に貢献した（前田　平成15年，表14参照）。

(3)　空間的観点：栽培エリアの拡大

遠近問わず丸山の周囲だけでも，「丸山式」甘藷栽培法を行う者が多かったから，栽培エリアは拡大したと思われる。

(4)　時間的観点：甘藷の退化の防止

「丸山式」甘藷栽培法を行う者が，多くの「良苗」で多くの甘藷を育て，良い種藷を残し，それで「良苗」を作り，また多くの甘藷を育てたことは，甘藷の退化を防止したことになった。

(5)　肉体的観点

特に戦中・戦後における空腹感の解消に貢献した。

(6) 精神的観点

　丸山が良い甘藷の豊作に努力し人々の「食を成り立たせる」ことに邁進した姿は，戦争で動植物・人を殺すのではなく，生かす（報徳的に言う，全ての徳を生かす）こと，平和を射程に明日に希望をつなげること，等を暗に示したと思われる。

　戦中・戦後における甘藷生活を嫌った人々にも，早く戦争を終わらせて，米を主食としたいという気持ちを起こさせるという，逆説的な意味での貢献もしたかもしれない。

(7) (1)～(6)の複合的観点

　上記(1)～(6)のうち，いくつかが複合した観点からも，功績があったと思われる。

　一方，丸山は戦中において，以下の意味で戦争遂行と全く無関係ではいられなかった。

ア．量はわからないが，「丸山式」甘藷栽培法で栽培された甘藷が軍事用の燃料用酒精原料になった。

イ．戦争遂行をする人，組織等と無関係ではいられなかった。

終　章　本研究のまとめと今後の課題

　第1章から第3章をまとめると，以下のようになる。

　わが国では，エネルギー政策・燃料政策の流れの中で，昭和11年頃から軍事用を大きく含むところの液体燃料確保としての甘藷増産政策が，本格的に始まった。甘藷増産を受けもつ農林省は，ガソリン・アルコール混用の動きにほぼ全面的に協力したと思われる。同13年12月3日，農林省農務局特殊農産課を設置（初代課長坂田英一）し，藷類専任職員を設置し，一課で研究奨励・普及を一元的に推進した。この設置には，当初，人々の食糧増産・食糧確保というより，燃料用酒精原料確保対策の側面が強かった。昭和14年頃から，食糧政策としての甘藷増産も開始された。

　出発から燃料用酒精原料確保であったから，戦中における政府の大がかりな甘藷増産は，人々の飢えを救うという意味プラス総力戦・食糧戦を支えるという意味プラス液体燃料確保としての意味という3重の複雑な意味があった。

　戦中，政府は甘藷の配給統制を行った。その流れは，以下である。(1) 昭和14年から，「輸出入品等臨時措置法」による「原料甘藷配給統制規則」に基づいて，甘藷は"原料（用）として重視"という形の統制を受けた。(2) 同15年10月より，6大都市並びに北海道向けの甘藷，6大都市並びに関門地方向けの馬鈴薯という食用いも類については，「青果物配給統制規則」（昭和15年7月10日，農林省令第56号）に基づき，青果物として統制された。(3) 同16年8月に至り，緊迫した食糧事情に対処し，各種重要原料としての需給を調整する為，原料甘藷のみでなく，藷類一般の自由販売を禁止した。(4) 同年8月20日，「国家総動員法」に基づく「生活必需物資統制令」による「藷類配給統制規則」を公布（農林省令第67号）し，これに根拠を置いて，甘藷は"主食としての統制"に入った。「原料甘藷配給統制規則」は廃止された。生産者は，同一市町村内

に居住する者が自家用に供するものの販売および地方長官の指定する特別の場合を除いては，原則として統制機関以外に販売禁止という内容であった。(5) 同 18 年 8 月，「諸類配給統制規則」の一部改正により，統制品目の追加，統制方式の計画化を図るとともに，供出完了後の当該市町村外への自由販売が認められた。(6) 同 19 年 4 月以降は，米麦と同様に，甘藷は"食糧営団を通じての配給制"に入った。(7) 同年 10 月には，「諸類配給統制規則」から「食糧管理法」へと切り替えられて，甘藷の"主要食糧としての統制"が強化され，米麦と同様の最強度の統制対象の地位をもたされた。そして，戦後の混乱した食糧危機の時まで，主要食糧としての地位を保った。

戦中前期の昭和 15 年，農林省は，「食糧増産指導中央本部」(後，「食糧増産技術中央本部」) を設置し，国家規模による全国一斉の組織的指導体系を整備し，それまでにない大がかりな食糧増産への道を開いた。また，戦中前期，農林省は，① 制度を整えることによる食糧増産・食糧確保，② 技術を高めることによる食糧増産・食糧確保，③ 精神を統一することによる食糧増産・食糧確保，を行った。

昭和 17 年度から「総合配給」制度が採用され，昭和 17 年から麦類，同 18 年から甘藷・馬鈴薯が代替食糧として配給されるようになった。しかし，「総合配給」といっても結局，「代用食」「混食」であった。

昭和 18・19 年の時期になると，戦況の悪化により輸入米の輸送が難しくなり，米だけで主要食糧をまかなうことが困難になった。かかる不足を補うために投入されたのが麦類・諸類・雑穀（内地産・外国産）といった代替食糧であった。代替食糧としての甘藷は，増産可能性，単位土地面積当たりの供給カロリーの高さ，不足するまたは不足が予測される肥料に大きく頼らなくてもよいこと，等から重視されたと考えられる。

昭和 19 年 5 月 23 日，「戦時食糧増産推進本部設置ニ関スル件」を閣議決定した。農商省に「戦時食糧増産推進本部」を設置した。これには，増産推進運動体として発展することが構想されたが，既存の「食糧増産技術中央本部」以

来の指導体制との関連が整理されず,十分機能したとはいえない状態であった。

戦中後期における集荷・配給以前の問題としてヤミがあったが,甘藷は,ヤミ取り引きにも使用された。

昭和20年度に入ると,昭和19年内地産米の不作と植民地米輸入量の減少が重なり,満州産雑穀を含めた代替食糧による補充も及ばなくなる。その結果,食糧需給のバランスが一気に崩れる。昭和20年からの食糧危機は,同22年まで続いた。食糧危機は,政府の食糧政策の失敗も大きかったと考えられる。

加瀬和俊は,甘藷の生産量は,1930（昭和5―引用者注）年代後半から敗戦前後の間,ほぼ10億貫を維持している（加瀬 平成7年,p.287）としている。甘藷は,過少申告されたと考えられること,生産農家以外でも栽培できたこと,等により,甘藷の実際の生産量はより高かったと思われる。燃料用酒精原料にまわった甘藷を考慮しても,甘藷は,食糧危機に力を発揮していた様子が伺える。

戦後の昭和21年度には,昭和20年内地産米の大凶作に加えて,植民地米・満州産雑穀の輸移入が途絶し,危機はさらに深刻化した。国民の食糧に対する不満として,昭和21年5月12日,世田谷区「米ヨコセ」区民大会デモが行われ,赤旗が初めて坂下門をくぐった。同月19日,食糧メーデー（飯米獲得人民大会）が開催された。

戦後の食糧危機にも甘藷は活躍した。しかし,昭和25年3月31日,いも類の統制撤廃（法律第54号）がなされた。

戦中から,政府は,甘藷の反当収量を伸ばしている現場の技術をもった人にも頼った。ここに,丸山方作という民間人が入る余地があった。政府は,様々な対策により,甘藷増産に取り組んだ。この対策による指導者の中に,丸山や丸山と関わる「大社」増産講師が入ることもあった。

丸山の甘藷栽培は,上記の液体燃料確保対策と無関係の所から出発したものであった。例えば,大正8年2月2日の榛原郡吉田村の講演会で「馬鈴・甘藷ノ食料価値」を講演していた。また,昭和8年10月25日に,「報徳聯合会」で,「甘

諸ノ経済的増収法」を講述していた。また，「大社」講師（昭和10年12月5日）になってからの昭和11年3月等に「丸山式」甘藷栽培法を他県の人々に指導していた。

　食糧問題に強い関心をもち，華族出身者が多い宮中界，貴族院議員の中にいても，「静岡の農民」たることを自認していた河井は，「大社」副社長として丸山を「大社」講師として抱え，丸山の甘藷栽培の力を信じ，「大社」の組織力を使い，「丸山式」甘藷栽培法を全国に普及させるよう活動した。河井個人でも，「丸山式」甘藷栽培法等の普及活動，「丸山式」甘藷栽培法の普及援助活動を行った。なお，「大社」は，その前身の「遠社」（明治8年11月～）時代から，無料で人々に農業上の知識・技術と報徳の教説を教えていたが，河井・丸山の「大社」での活動はその長年の伝統の上のものと解釈できる。

　河井には，皇室の後ろ楯があり，多くの人脈があった。また，「丸山式」甘藷栽培法は，丸山を中心とした研究会「明朗会」「丸山会」の人々や「大社」の人々によっても研究され支えられた。また，河井は，「大社」増産講師を組織（昭和17年2月8日頃～）して，全国に「丸山式」甘藷栽培法の指導をさせた。

　「丸山式」甘藷栽培法は，大きな存在感をもつことができたと思われる。例えば，行政マンの技術指導者からそれが取りあげられ実験されるほどであった。また，皇室，多くの貴族院議員・衆議院議員からそれが着目された。また，貴族院議員・衆議院議員を通して，その議員の出身府県等へ入っていくこともあった。また，茨城県「内原訓練所」でその指導が行われた。さらに，「翼賛壮年団」のいわゆる「翼賛植え」になることもあった。なお，「丸山式」甘藷栽培法は，官側の技術・栽培法と対立することもあった。

　河井も丸山とその周辺も，報徳を背景にもっていたが，本研究では「丸山式」甘藷栽培法と同時に報徳も浸透したか否かは言及できなかった。

　結論として，次のことが言える。

ア．戦中における政府の大がかりな甘藷増産は，上記の3重の複雑な意味があった。戦後においては，人々の飢えを救うという意味が強くなったと考えられ

る。

イ．戦中における「大日本報徳社」等の甘藷増産活動には，戦争遂行目的の国策協力になった側面があった。

ウ．戦中・戦後における「大日本報徳社」等の甘藷増産活動は，近代日本における報徳社の活動の長年の伝統により培われたところの，農業，食の本質的意味を踏まえた活動でもあったという側面を見落とすことはできない。

農業，食の本質的意味とは，以下のものである。

a．農業，食が，一時代，一国家，一制度，一団体，一農民，等で完結するものではなく，（人間が存在し，かつ食物が存在する限りにおいて）永続的に行われること。

b．農業が，人類発生以前からあり，行われてきている所の「天地の化育を賛成する」ことであること。

c．農業が，その出発或いは本質において非営利的なものであること。

したがって，戦中・戦後の食糧統制下において，「丸山式」甘藷栽培法を学んで，自給自足をした人々がいることも看過できないと思われる。

以上のようにみてみると，戦中・戦後における甘藷増産の歴史は，"人を生かす"という側面と"人を殺す"という側面の両面を映し出しているのである。

本研究の今後の課題であるが，表1の※のない箇所は，ほとんど言及できなかった。特に，都道府県，郡市町村の箇所は重要だと思われるが，史・資料の制約があった。今後表1の※のない箇所を明らかにする課題が残されている。

引用・参考文献

『赤澤仁兵衛実験　甘藷栽培法』(大正2年4月)，埼玉県比企郡農会，農研所蔵「日本農業研究所文庫」．

阿部泰次(明治30年1月)『甘藷問答　全』有隣堂，農研所蔵．

アメリカ合衆国戦略爆撃調査団(昭和25年)『日本戦争経済の崩壊』日本評論社．

石井宗吉(昭和24年)『丸山先生とその栽培法』講談社，農研所蔵．

石原民次郎の文章(「百才翁追悼資料」中)(昭和38年9月)『報徳』1963年9月号(第61巻)，大日本報徳社．

伊藤喜一郎編輯(昭和16年10月)『甘藷栽培の達人　甘藷増産体験談記録』大日本農会，農研・新城図書館所蔵．

伊藤武夫(平成3年)「満州事変後の液体燃料政策」，『立命館産業社会論集』67，立命館大学産業社会学会．

伊藤武夫(平成6年)「ガソリンとアルコール混用政策の開始─戦時液体燃料政策の一齣」，『立命館産業社会論集』81，立命館大学産業社会学会．

伊東秀夫・土屋四郎(農商省園芸試験場)(昭和19年)「甘藷の塊根形成に関する研究(1─2)」，『園芸学会雑誌』第15巻第2・3・4号，園芸学会(東京帝国大学農学部内)．

伊東秀夫(東北大学教授・農博)(昭和24年8月)「栽培の理論と実際」，農業朝日編集部編『サツマイモつくり』朝日新聞社，pp. 67～106，元農林省農事試験場研究官竹股知久家所蔵．

大石嘉一郎編(平成6年)『日本帝国主義史3　第二次大戦期』東京大学出版会．

大竹啓介編著(昭和59年12月)『石黒忠篤の農政思想』農山漁村文化協会．

大山謙吉(昭和22年8月)『指導組織の整備，部落農業団体の活動促進等に依る増産の推進』(田邊勝正編集)，農業技術協会，農研所蔵「和田文庫」．

岡田知弘(平成15年)「農業資材」，戦後日本の食料・農業・農村編集委員会編『戦時体制期』(戦後日本の食料・農業・農村　第1巻)，財団法人農林統計協会，pp. 79～112．

掛川市史編纂委員会編(平成4年3月)『掛川市史』下巻，掛川市．

加瀬和俊(平成7年)「太平洋戦争期食糧統制策の一側面─食糧生産＝供給者の行動原理と戦時的商品経済─」，原朗編『日本の戦時経済─計画と市場─』東京大学出版会．

加瀬和俊(平成15年)「農業団体の組織と事業」，戦後日本の食料・農業・農村編集委員会編『戦時体制期』(戦後日本の食料・農業・農村　第1巻)，財団法人農林統計協会，pp. 229～260．

片柳眞吉(昭和17年)『日本戦時食糧政策』伊藤書店．

加藤完治（昭和44年）「甘藷に学べ—試験場の技術を尊重せよ—」,『加藤先生　人・思想・信仰』下巻（『加藤完治全集』第4巻），加藤完治全集刊行会事務局，（元の資料は『弥栄』246号，昭和19年2月）。

加藤完治（昭和44年）「石黒忠篤大兄」,『加藤先生　人・思想・信仰』下巻（『加藤完治全集』第4巻），加藤完治全集刊行会事務局。

『華北交通株式会社社史』（昭和59年），華交互助会。

河西凛衛（昭和39年8月）「食糧救国の父　丸山方作翁とその技術(1)」,『報徳』1964年8月号（第62巻），大日本報徳社。

河西凛衛（昭和39年9月）「食糧救国の父　丸山方作翁とその技術(2)」,『報徳』1964年9月号（第62巻），大日本報徳社。

河西凛衛（昭和39年10月）「食糧救国の父　丸山方作翁とその技術(3)」,『報徳』1964年10月号（第62巻），大日本報徳社。

河西凛衛（昭和58年11月）「大宮御所へ甘藷植付奉仕」,『報徳』Vol.82 No.927，大日本報徳社。

『甘藷作の変遷過程』（昭和24年10月），農林省農業改良局研究部，農研所蔵「北海道支所」資料。

『甘藷馬鈴薯について』（出版年月不明），（日本甘藷馬鈴薯株式会社々長岩瀬亮「藷類配給統制の実施について」，農林省特産課長坂田英一「甘藷馬鈴薯について」合冊），日本甘藷馬鈴薯株式会社，農研所蔵「日本農業研究所文庫」。

「貴族院議員　河井弥八氏　甘藷増産に関する懇談会速記録　附，丸山方作氏著『甘藷良苗育成法大要』『甘藷の貯蔵法』」（昭和18年2月），大阪商工会議所（懇談会は，昭和18年1月18日），河井修家所蔵，（懇談会は昭和18年1月18日）。

木坂順一郎（昭和62年10月）「大政翼賛会」，国史大辞典編集委員会編『国史大辞典』第8巻，吉川弘文館。

木坂順一郎（昭和62年10月）「大日本翼賛壮年団」，国史大辞典編集委員会編『国史大辞典』第8巻，吉川弘文館。

木原芳次郎・谷達雄共著（昭和22年11月）『科学的に見た最近十年間の食糧の変遷』（田邊勝正編集），農業技術協会，農研所蔵「和田文庫」。

近畿化学工業会醗酵部会編（昭和25年7月）『甘藷工業』富民社，農研所蔵。

楠本雅弘・平賀明彦編（昭和63年）『戦時農業政策資料集』第1集第4巻，柏書房。

小出孝三（昭和33年）『郷土を興した先人の面影—その思想と業績—』日本自治建設運動本部，新城図書館所蔵，（序は石黒忠篤）。

国立教育研究所編（昭和49年3月）『日本近代教育百年史　第八巻　社会教育　2』国立教育研究所。

古城坤三・松尾昌樹，他共編（昭和30年7月）『日本に於ける甘藷の文献目録〔昭和27年末現在〕』浪速大学農業短期大学部，農研所蔵。

児玉敏夫（農林省農事試験場技官）（昭和24年8月）「篤農法・慣行法の解剖」，農

業朝日編集部編『サツマイモつくり』朝日新聞社，pp. 34～66，元農林省農事試験場研究官竹股知久家所蔵．
坂田英一（昭和20年1月）「藷類の増産に就て」，『村と農政』昭和20年1月号．
坂田英一顕彰会編（昭和55年6月）『農民の父　坂田英一』坂田英一顕彰会，坂田武彦家所蔵．
佐々木喬鑑修，野崎保平編纂（昭和25年8月）『甘藷・馬鈴薯の文献集』農政懇話会，農研所蔵．
参謀本部編（昭和42年）『杉山メモ　上』原書房．
新名丈夫（昭和51年）『海軍戦争検討会議記録』毎日新聞社．
静岡県編（平成5年3月）『静岡県史　資料編20　近現代五』静岡県．
清水市史編さん委員会編（昭和61年8月）『清水市史』第3巻，吉川弘文館．
清水洋二（平成6年）「食糧生産と農地改革」，大石嘉一郎編『日本帝国主義史3　第二次大戦期』東京大学出版会，pp.331～368．
清水洋二（平成15年）「労働力」，戦後日本の食料・農業・農村編集委員会編（平成15年）『戦時体制期』（戦後日本の食料・農業・農村　第1巻），財団法人農林統計協会，pp. 55～78．
清水彌吉（昭和24年9月）『甘藷倉庫貯蔵の要点とキュアリング方法』富山県生産農業協同組合連合会，農研所蔵「日本農業研究所文庫」．
『社会福祉法人静岡県育英会創立20周年記念誌』（昭和40年か），社会福祉法人静岡県育英会所蔵．
社団法人日本園芸中央会編，農林省監修（昭和25年1月）『甘藷馬鈴薯増産技術の基礎』社団法人日本園芸中央会，農研所蔵．
食糧庁（昭和44年12月）『食糧管理史　総論I（昭和二十年代の上）』．
食糧庁（昭和45年4月）『食糧管理史　各論I（昭和20年代　価格編）』．
食糧庁（昭和45年4月）『食糧管理史　各論II（昭和20年代　制度編）』．
杉本良（昭和26年）『われ飢ゑざりき　丸山方作先生の風格と甘藷増産運動の顧望』自費出版，「掛川信用金庫」会長杉本周造家・河井修家所蔵，（丸山親交者杉本による丸山からの聞き取りによる記述）．
杉本良（昭和49年9月）「さつま芋の花」，『百花自叙伝　花と老後』自費出版，「掛川信用金庫」会長杉本周造家所蔵．
静中静高百年史編集委員会編（平成15年復刻）『静中静高史I　明治11年～大正15年度』静岡県立静岡高等学校同窓会．
全国農業会編集（昭和23年7月）『農村闇価格に関する調査　昭和18年7月—昭和22年12月』全国農業会，農研所蔵「和田文庫」．
大霞会編（昭和55年8月）『内務省史』第3巻，原書房．
太平洋戦争研究会編（平成12年）『面白いほどよくわかる太平洋戦争』日本文芸社．
高橋紘（平成5年6月）「解説　神格化のきざし　昭和の大礼」，高橋紘・粟屋憲太郎・

小田部雄次編『昭和初期の天皇と宮中　侍従次長河井弥八日記』第1巻,岩波書店.
高橋紘（平成6年9月）「解説　創られた宮中祭祀」,高橋紘・粟屋憲太郎・小田部
　雄次編『昭和初期の天皇と宮中　侍従次長河井弥八日記』第6巻,岩波書店.
竹股知久（昭和50年6月）「民間篤農家の多収技術に学ぶ」,坂井健吉編『サツマイ
　モのつくり方』農山漁村文化協会,元農林省農事試験場研究官竹股知久家所蔵.
『田沢義鋪選集』（昭和42年3月）,田沢義鋪記念館.
田中申一（昭和50年）『日本戦争経済秘史』日本戦争経済秘史刊行会.
田邊勝正（昭和23年10月）『現代食糧政策史』日本週報社,農研所蔵「和田文庫」.
田村勉作（昭和18年9月）『甘藷―増収の工夫と実際―』篤農協会,農研所蔵「日
　本農業研究所文庫」・掛川市所蔵.
田村本次郎（昭和38年9月）「恩師丸山方作先生の思い出」,『報徳』38年9月号,
　大日本報徳社.
千葉県海上郡海上町　穴澤松五郎翁顕彰事業実行委員会（平成8年7月10日）『穴
　澤松五郎先生五十年祭―郷く土の偉人・昭和の青木昆陽―』（於　穴澤松五郎翁生
　家前（安置所・記念碑前）,「千葉県立大利根博物館」所蔵.
鳥海靖（昭和60年10月。第1版第1刷は昭和58年2月）「河井弥八」,国史大辞典
　編集委員会編『国史大辞典』第3巻,吉川弘文館.
戸苅義次（昭和22年10月）『甘藷栽培の諸問題』農林技術協会.
中島汀編輯（昭和22年1月）『甘藷馬鈴薯の病蟲害』日本甘藷馬鈴薯株式会社,農
　研所蔵.
西部幸男（平成8年）「昭和史におけるイモ類作の背景」,昭和農業技術発達史編纂
　委員会編『昭和農業技術発達史』第3巻,農林水産技術情報協会.
新渡戸稲造著・矢内原忠雄訳（平成14年6月。第1刷は昭和13年10月）『武士道』（岩
　波文庫33-118-1）,岩波書店.
『農業地域区分に関する方法論試案―東京都甘藷作地方に関する考察―』（昭和25年
　4月）農林省農業改良局研究部,農研所蔵.
農林省特産課長坂田英一（昭和17年10月以降）『甘藷馬鈴薯について』,日本藷類
　統制株式会社（昭和21年8月）『藷類統制会社廃止論を駁す』,農研所蔵.
農林省特産課特産会二十五年記念事業協賛会編（昭和38年）『特産課特産会二十五
　年誌』農林省特産課特産会二十五年記念事業協賛会,農特所蔵.
『農林水産省百年史』刊行会（昭和55年3月）『農林水産省百年史　中巻　大正・昭
　和戦前編』,『農林水産省百年史』刊行会.
『農林水産省百年史』刊行会（昭和56年1月）『農林水産省百年史　下巻　昭和戦後編』,
　『農林水産省百年史』刊行会.
農林大臣官房総務課編（昭和32年12月）『農林行政史』第二巻,財団法人農林協会.
農林大臣官房総務課編（昭和33年2月）『農林行政史』第一巻,財団法人農林協会.
野田公夫（平成15年）「農業技術・農業生産・農家経済」,戦後日本の食料・農業・

農村編集委員会編『戦時体制期』（戦後日本の食料・農業・農村　第1巻），財団法人農林統計協会，pp. 17～40．

野本京子（平成15年）「戦時下の農村生活をめぐる動向」，戦後日本の食料・農業・農村編集委員会編『戦時体制期』（戦後日本の食料・農業・農村　第1巻），財団法人農林統計協会，pp.325～351．

野本京子（平成15年）「都市生活者の食生活・食糧問題」，戦後日本の食料・農業・農村編集委員会編『戦時体制期』（戦後日本の食料・農業・農村　第1巻），財団法人農林統計協会，pp.351～382．

畑作振興課特産会五十周年記念事業協賛会編（昭和62年11月）『特産行政の歩み』畑作振興課特産会五十周年記念事業協賛会，農特所蔵．

『原野農芸博物館図録　第11集　さつまいもと文化―伝播と人物誌―』原野農芸博物館，昭和53年11月，「さつまいも博物館」館長井上浩氏所蔵．

伴野泰弘（昭和64年）「東三河の老農・丸山方作について」，『三河地域史研究』第7号，三河地域史研究会．

「百歳翁遂に逝く　甘藷王明朗丸山方作翁の逝去」（昭和38年8月），『報徳』38年8月号，大日本報徳社．

布川清司（平成9年5月）『田中正造』（人と思想50），清水書院．

法政大学大原社会問題研究所編著（昭和39年）『日本労働年鑑　特集版　太平洋戦争下の労働者状態』第5編，東洋経済新報社．

堀内良（平成10年）『冀北学舎』大日本報徳社取扱．

堀内良（平成11年9月）「甘藷救国(1)」，『報徳』Vol.98 No.1117，大日本報徳社．

堀内良（平成11年10月）「甘藷救国(2)」，『報徳』Vol.98 No.1118，大日本報徳社．

堀内良（平成11年11月）「甘藷救国(3)」，『報徳』Vol.98 No.1119，大日本報徳社．

堀内良（平成11年12月）「甘藷救国(4)」，『報徳』Vol.98 No.1120，大日本報徳社．

堀内良（平成12年1月）「甘藷救国(5)」，『報徳』Vol.99 No.1121，大日本報徳社．

堀内良（平成12年2月）「甘藷救国(6)」，『報徳』Vol.99 No.1122，大日本報徳社．

堀内良（平成12年3月）「甘藷救国(7)」，『報徳』Vol.99 No.1123，大日本報徳社．

「本邦に於ける甘藷に関する文献」，『農業及園芸』20巻4号．

前田寿紀（平成7年11月）「昭和十五年から同二二年における内務省訓令による常会に関する考察」，『千葉県社会事業史研究』第23号，千葉県社会事業史研究会．

前田寿紀（平成15年3月）「戦中・戦後における『大日本報徳社』の甘藷増産活動に関する研究(1)―『丸山方作日記』『河井弥八日記』の分析を中心に―」，『淑徳大学社会学部研究紀要』第37号．

前田寿紀（平成16年3月）「戦中・戦後における『大日本報徳社』の甘藷増産活動に関する研究(2)―『丸山方作日記』『河井弥八日記』の分析を中心に―（その1）」，『淑徳大学社会学部研究紀要』第38号．

前田寿紀（平成18年3月）「戦中・戦後における『大日本報徳社』の甘藷増産活動

に関する研究(2)―『丸山方作日記』『河井弥八日記』の分析を中心に―（その2）」，『淑徳大学総合福祉学部研究紀要』第40号．
増田作太郎編輯（昭和18年7月）『甘藷の葉及葉柄の食用化＝戦時食糧対策の一環＝』社団法人農村工業協会，農研所蔵「日本農業研究所文庫」．
増田実（昭和45年3月）『教育と人物』開明堂．
松沢哲成（昭和61年6月。第1版第1刷は昭和55年7月）「内原訓練所」，国史大辞典編集委員会編『国史大辞典』第2巻，吉川弘文館．
松島禮而編輯（大正元年11月）『遠州学友会雑誌』第19号，学友会．
丸木長雄（昭和21年2月。初刷発行は昭和20年9月）『甘藷栽培精説』八雲書店，農研所蔵「和田文庫」．
丸木長雄（昭和23年2月再版。初刷発行は昭和22年2月）『甘藷栽培精説』八雲書店，農研所蔵．
丸山方作（昭和13年3月）『根本改良　甘藷栽培法』大日本報徳社，新城図書館・「大日本報徳社」所蔵．
丸山方作先生口述（昭和17年1月）『丸山式甘藷増収法』小田原市役所，新城図書館所蔵．
丸山方作（昭和17年2月改訂増補3版。初版は，昭和13年3月）『生理応用　甘藷栽培法』大日本報徳社，新城図書館・「大日本報徳社」所蔵．
丸山方作（昭和17年11月頃か）『甘藷良苗育成法大要』大日本報徳社．
丸山方作（昭和18年2月以前）『甘藷の貯蔵法』大日本報徳社．（『大日本報徳』41.9/ S 17.9/33～35，に転載したものを参考）．
丸山方作述（昭和18年9月）『甘藷栽培早わかり』大日本翼賛壮年団本部（東京都麹町区内幸町），新城図書館所蔵．
丸山方作先生口述（昭和18年10月）『丸山式甘藷増収法』神奈川県尊徳会．新城図書館・掛川市所蔵．
丸山方作（昭和21年7月）『生理応用　甘藷の多収穫栽培法』大日本雄弁会講談社，「大日本報徳社」所蔵．
丸山方作（昭和24年4月）『これからの甘藷栽培法　附＝上手な貯蔵と加工』大日本雄弁会講談社，新城図書館・「大日本報徳社」所蔵．
宮本常一（昭和37年）『日本民衆史　七　甘藷の歴史』未来社．
三輪宗弘（平成16年）『太平洋戦争と石油　戦略物資の軍事と経済』日本経済評論社．
森田真次（昭和23年11月）『小沢式の体験行脚　甘藷増産十五年』興英社，農研所蔵「日本農業研究所文庫」・「さつまいも博物館」館長井上浩氏所蔵．
森田美比（昭和46年2月）『白土松吉先生の業績』，「さつまいも博物館」館長井上浩氏所蔵．
八木繁樹（昭和62年8月）『報徳運動100年のあゆみ』緑蔭書房．
山崎延吉（昭和52年9月）『農村自治の研究』（明治大正農政経済名著集22），農山

漁村文化協会．
山下克典（昭和 20 年 9 月）『最も簡易で絶対腐らぬ　甘藷貯蔵法』目黒書店，農研
　　所蔵「日本農業研究所文庫」．
由井正臣（昭和 60 年 10 月．第 1 版第 1 刷は昭和 58 年 2 月）「加藤完治」，国史大辞
　　典編集委員会編『国史大辞典』第 3 巻，吉川弘文館．

あ と が き

　筆者が，戦中・戦後における甘藷増産の実態を明らかにする必要を感じ，研究を始めたのは平成14年1月からであった。以後，史・資料の収集・読み込み・分析・まとめに4年2か月を経て，この出版に至った。

　平成14年1月からの研究が進んだのは，昭和59年以降の18年間ずっとあたため続けてもっていた問題意識に応えてくれそうな第1次史・資料を発見・使用することができたことによる。

　その史・資料とは，本稿使用の史・資料中の主にⅠ—4・5，Ⅱ—1・2，Ⅲ—1等である。この中には，今回が，研究上初の使用となるものも多いのではないかと思われる。Ⅰ—4・5等の借用には，農林水産省農林水産政策研究所の植田知明氏・瀧田雪江氏，Ⅱ—1等の借用には，河井修氏，平野一郎氏，掛川市，Ⅲ—1等の借用には，丸山幸子氏，新城市教育委員会，新城図書館，を始め多数の機関・施設，個人に大変お世話になった。

　昭和59年以降あたため続けてもっていた問題意識は，筆者のライフワークでもある近代以降における二宮尊徳の報徳思想・仕法の内在論理の継承等の実態解明から生じたものである。

　この間の筆者の報徳研究においては，多くの研究者，報徳実践家，報徳実践家の家族・子孫の方々，史・資料を管理されている機関・施設の方々や個人にお世話になり，多くの示唆を与えていただいた。筆者の脳裏に走馬燈のようによぎる方々だけでも，200名を下らない。もう亡くなられてしまった方も多く，そのお顔が涙と共に目に浮かぶ。筆者の報徳研究においては，これら全ての方々が貴重な師であり，感謝に堪えない。研究者のみ挙げさせていただければ，筑波大学名誉教授辻功先生，八洲学園大学教授・筑波大学名誉教授山本恒夫先生，八洲学園大学教授浅井経子先生，筑波大学教授手打明敏先生，元淑徳大学教授山西明先生，他に，ご指導・ご鞭撻をいただいてきた。

あとがき

　江戸時代に生まれた尊徳の報徳思想・仕法は，「富国安民」という内在論理をもっていた。「富国安民」とは，国内の多くの人々が協力して，全ての人の安定的な「衣食住を成り立たせる道」を追求し続けることであった。そこには，多くの職業・仕事の基礎となる農業が必然的に重要なものとしてあった。尊徳においては，自家や自己の金銭的利潤を追求するだけの農業を示したのではなかった。また，「富国安民」は，1国だけの利益を追求するものではなかった。そうした意味を継承した近代日本における報徳社は，誰もが参加可能な「常会」という場を通じて，人々に無料で農業を教えてきた。この行為を地主の利益の為とする解釈もあるが，「誰もが参加可能」「無料」という深い意味を見落とすことはできない。筆者は，この行為は，「富国安民」思想・仕法の内在論理や，農業，食の本質的意味（終章で言及）を含んだ行為であると考える。

　戦中において「富国安民」思想・仕法の内在論理の継承がどのようになったかは，筆者にとって大きい問題意識であり続けたが，史・資料の制約，複雑なものを読み解く時間・労力の必要等により，筆者にとっての長年の報徳研究の一区切りの中でも最後に位置づいてしまった。

　報徳社は，戦中の戦火の中でも，戦後の食糧危機の時でも，「常会」等で農業を教えてきた。しかし，戦時という複雑な状況では，その行為に様々な意味が絡まった（そのことは，本文で示した）。

　戦争は，いかなる理屈をくっつけても，破壊と殺戮でしかない。尊徳が人間の行動として否定するところの「奪」であり，尊徳が大切にした行動の「譲」の正反対にあたるものである。戦争は，尊徳の言う「富国安民」の本当の意味での「富国」も，本当の意味での「安民」も壊してしまうのである。

　明治以来，農業の本質的意味を追求してきた「大日本報徳社」にとっては，戦争は，困惑するものであったと思われる。例えば，河井の表向きの表現とは違う，戦争への否定的意識（本文で示した）他，困惑の事例を挙げれば多数にのぼる。

　本研究を通してあらためて感じることは，いかなる大義名分や理由があろう

とも，戦争は絶対にしてはならないということである。そのことは，戦争を仕掛けた側にも，抗戦した側にも，勝った側にも，負けた側にも，どのような状況を経たにせよ，言えることである。「喉元過ぎれば熱さを忘れる」代表格のような甘藷を素材に，そのことが多少なりともお伝えできただろうか。

　上記の問題意識から始めて，戦中・戦後における甘藷増産の実態の一端を明らかにしようと行った研究であるが，筆者一人の労力では到底及ばぬところが多々あった。今後研究をしてくださる方々に，是非，筆者の及ばぬところを埋めていっていただければと切に思う。

　本書を構成する箇所の初出は，以下の通りである。多少の加筆・修正を行った箇所もある。紙幅の関係上，本書に掲載しきれなかった部分（特に，図表）が多くなり，読みづらくなった感がある。以下の初出にて補っていただければ幸いである。

第1章の1部
「戦中・戦後における『大日本報徳社』の甘藷増産活動に関する研究（1）―『丸山方作日記』『河井弥八日記』の分析を中心に―」，『淑徳大学社会学部研究紀要』第37号，平成15年3月。

第2章―第1節―1
「戦中・戦後における『大日本報徳社』の甘藷増産活動に関する研究（2）―『丸山方作日記』『河井弥八日記』の分析を中心に―（その1）」，『淑徳大学社会学部研究紀要』第38号，平成16年3月。

第2章―第2・3・4節
「戦中・戦後における『大日本報徳社』の甘藷増産活動に関する研究（2）―『丸山方作日記』『河井弥八日記』の分析を中心に―（その2）」，『淑徳大学総合福祉学部研究紀要』第40号，平成18年3月。

第3章
「戦中・戦後における『大日本報徳社』の甘藷増産活動に関する研究（1）―『丸山方作日記』『河井弥八日記』の分析を中心に―」，『淑徳大学社会学部研究

紀要』第37号，平成15年3月。

　なお，本書は，「本稿使用の史・資料」から史・資料を多用した為，その出所がすぐにわかるように出所を本文中に入れたことから，敢えて脚注をはずさせていただいた。

　最後に，「淑徳大学総合福祉学部研究叢書」としての本書出版の機会を与えてくださった，淑徳大学学長長谷川匡俊先生を委員長とする人事委員会の諸先生方に，深く感謝申しあげる次第である。また，前社会学科長の松田苑子先生には，原稿を査読していただき，出版に向けてのお力添えをいただいた。また，編集・出版については，学文社社長田中千津子氏にお世話になった。併せて，謝意を申しあげる。

　2006年仰梅

　　　　　　　　　　　　　　　　　　　　　　　　　　前田　寿紀

索　引

あ　行

青木昆陽　9, 184
芦田譲治　230
穴澤松五郎　199, 237
有栖川宮記念厚生資金　205, 221, 237,
アルコール専売法　43, 44, 72
アルコール専売事業　43
アルコールニ関スル協議会(第一回)　37
アルコールニ関スル協議会(第三回)　42
アルコールニ関スル協議会(第二回)　39
飯田栄太郎　137, 216, 219, 220, 251
育種　66, 67
石黒忠篤　59, 61, 62, 71, 83, 123, 139,
　145, 163, 242
一木喜徳郎　113, 118, 122, 220
伊藤武夫　4, 34
伊東秀夫　68, 111, 230, 246, 247
井戸正明　185
移入米　76
井上浩　17, 26, 208
今村駿一郎　192, 230
『いも建白書』　112, 178
藷パン　116
藷類緊急増産部　86
いも類懇話会　111
イモ類対策予算額　78
いも類の統制撤廃(法律第54号)　1, 111
藷類配給統制規則　6, 51, 72, 98, 256, 257
内原訓練所　71, 166, 241
液体燃料緊急対策要綱　48
液体燃料対策要綱　36

エネルギー政策・燃料政策　4, 28
遠州学友会　116, 195
大岡忠相(越前守)　9
大河戸挺秀　213
大山謙吉　2
岡田良一郎　113, 174
岡田良平　113, 122
沖縄100号　9, 66
小沢豊　10, 227, 232, 236, 250
小野塚喜平次　159
恩光拝戴食糧増産誓盟会　150

か　行

学徒動員　95
餓死対策国民大会　103
臥薪嘗胆　31, 47
加瀬和俊　5, 77, 258
ガソリン・アルコール混用政策　28, 29
加藤完治　61, 241, 250
河井修　17, 26
河井重友　114
河井重蔵　113, 139
河井弥八　2, 16, 21, 112, 113, 178, 220
河井弥八郎　114
河西凜衛　211, 238, 253
塊根　247
甘藷緊急増産意見書　150
「甘藷栽培研究同志者」　227, 232
甘藷増産体験懇談会　59, 140, 240
甘藷馬鈴薯臨時増産指導部顧問会議　146
含水アルコール(含水酒精)　28
企画院　46, 47, 48

貴族院議員　120, 139, 141, 195, 205
揮発油及アルコール混用法　30, 44
木原芳次郎・谷達雄　2, 97
冀北学舎　114
行政マンではない技術指導者　12, 111
共同炊事　70
金原明善　114
郡場寛　192, 230
原料甘藷配給統制規則　6, 46, 51, 72, 256
国民義勇隊　90, 101, 158, 173
御前会議　48
児玉敏夫　246, 247, 249, 250
国会議事堂　197
後藤文夫　83, 126, 160
近衛文麿　61, 127, 157
駒場明朗農場　238
「混食」　5, 74, 97, 100, 257

さ 行

酒井忠正　83, 123, 139, 184
坂田英一　6, 45, 60, 111, 139, 144, 178, 179, 240, 251, 256
佐々井信太郎　120
『雑穀豆類甘藷馬鈴薯耕種要綱』　69
ＧＨＱマッカーサー元帥　103
静岡県小笠郡南郷村　113, 181
清水洋二　4
衆議院議員　195, 205
「銃後を護る」　9, 70
重要農林水産物生産計画　53
重要農林水産物増産計画　53
重要農林水産物増産助成規則　45, 55, 72
酒精原料甘藷の増産並びに供出確保対策　45
商工審議会　32
松根油等拡充増産対策措置要綱　79
『食糧管理史　各論Ⅱ（昭和20年代　制度編）』　3
食糧管理法　6, 50, 51, 52, 97, 257
食糧危機　1, 10, 76, 77
食糧供出　102, 106
食糧増産技術中央本部　55, 81
食糧増産技術中央本部規程　55
食糧増産指導中央本部　55, 81
食糧増産隊　89
食糧配給公団　109
食糧メーデー（飯米獲得人民大会）　102, 258
白土松吉　199, 237, 250
新宿御苑　140, 190, 197, 238
人造石油　28, 29, 30, 33, 37, 43, 47, 49
人造石油製造事業法　30, 43
新体制運動　156
杉本良　26
鈴木梅太郎　116, 117
鈴木貫太郎　61, 119, 170
鈴木貞一企画院総裁　48
青果物配給統制規則　51, 73, 256
「ぜいたくは敵だ！」　74
関屋貞三郎　16, 22, 115, 118, 127, 160, 170
1,000貫　60, 233
戦艦「大和」　79
線香苗　246
全国酒精原料株式会社　45
全国治水砂防協会　136, 195
戦後日本の食料・農業・農村編集委員会　5
戦時食糧増産推進本部　81, 257
戦時食糧増産推進中央本部　82, 240
総合配給　74, 97
総力戦・食糧戦　9, 28, 70

た 行

第1次の食糧増産応急対策要綱　80, 87,

索　引　275

88
第1次物資動員計画　46
第3次食糧増産対策要綱　83, 87, 153
第2次食糧増産対策要綱　87, 92, 93
大政翼賛会　156, 160
代替食糧　4, 74, 76, 77, 257
「大日本報徳社」　1, 187, 243, 244
「大日本報徳社」講師　219
「大日本報徳社」支社　202, 245
「大日本報徳社」増産講師　141, 142, 160, 173, 180, 187, 200, 233, 236, 237, 239
「大日本報徳社」農事講師　142, 209
大日本翼賛壮年団　158, 160
第81回帝国議会　149
第83回帝国議会　149
「代用食」　5, 75, 97, 257
鷹司公爵　203
高松宮　205, 238
竹股知久　17, 26, 208, 236
田澤義鋪　128, 149, 217, 239
田中申一　4
田邊勝正　2
ダニエル・C・インボーデン　176
反当たりの収穫量（反当収量）　41, 58, 60, 233, 258
畜力　190, 236
千葉県農事試験場　68, 181, 248
地方食糧営団　5, 52
地方農事試験場　67
中央食糧営団　5, 52
中央農業会　164
帝国議事堂　191, 239
帝国燃料興業株式会社　43
帝国農会　55, 144, 164
「天地の化育を賛成する」　222, 260
天皇　118, 119, 143, 238
遠江国報徳社　1, 216

東條英機内閣　47, 157
戸苅義次　68, 69, 94, 108, 109, 111, 178
徳川家達　117, 122
徳川吉宗　9, 184

な　行

日中戦争　35, 43, 49, 52, 64
二宮尊徳　1, 172, 222
日本藷類統制株式会社　98, 110, 140, 168
日本甘藷馬鈴薯株式会社　52, 73, 140, 168
日本澱粉統制株式会社　72, 98, 110
燃料協議会　36
燃料酒精製造事業形態ニ関スル関係各省懇談会　43
燃料用酒精原料　9, 28, 58, 255, 256, 258
農業報国会　163
農業報国聯盟　55, 145, 157, 163, 241
農業労働力　63
農事試験場　66, 93
農事指導所（場）　93
農林1号，農林2号　9, 68, 184
『農林行政史』　3
農林省・農商省　14, 15
農林省農務局特殊農産課　45, 55
農林省農政局特産課　45
農林省農務局農産課　44
農林水産省農林水産政策研究所　21
『農林水産省百年史　下巻　昭和戦後編』　3
『農林水産省百年史　中巻　大正・昭和戦前編』　3
ノッキング（異常爆発）　32, 78

は　行

配給基準　103, 107, 109
配給辞退　109

武士道精神　172
部落会町内会等整備要綱　158
米作偏重主義　149, 212
報徳会　217
報徳経済学研究会　74, 119
報徳経綸協会　168
報徳農学塾　177, 178

　　　　ま　行

牧野伸顕　118
松浦清三郎　137, 181
丸山会　140, 187, 218, 228, 245
丸山「研究圃」　62, 218
「丸山式」甘藷栽培法　140, 141, 207, 232
丸山幸子　17, 26, 213, 253
丸山方作　2, 23, 213
満蒙開拓青少年義勇軍訓練所　61, 71
三井報恩会　131, 147, 154, 187, 200, 227
未利用資源の食糧化　100
無水アルコール（無水酒精）　28, 33
明朗会　140, 144, 187, 194, 202, 209, 228, 245
森口淳三　209, 238, 253

　　　　や　行

ヤミ　5, 7, 78, 98, 99, 158
輸入米　76, 257
翼壮植え　92, 158, 208
翼賛政治会　157, 160
吉田茂　135, 177
米山梅吉　131, 147, 187

　　　　ら　行

良苗　147
「良苗」　147, 149, 189, 207, 224, 232, 246, 254
緑風会　22, 179, 180
連合国軍最高司令官総司令部（GHQ）　8, 107, 109

　　　　わ　行

和田博雄　21, 178, 179
「和田文庫」　15, 21, 34
割当配給制　74

著者紹介

前田　寿紀（まえだ　ひさのり）

1960年	静岡県静岡市生まれ
1983年	筑波大学第二学群人間学類卒業
1987年	筑波大学大学院博士課程教育学研究科単位取得退学（教育学修士）
現　在	淑徳大学総合福祉学部教授
著　書	『生涯学習の支援』（共著），実務教育出版，平成7年
論　文	「二宮尊徳の報徳思想・報徳仕法の内在論理と近代日本における報徳社によるその継承」，『淑徳大学社会学部研究紀要』第36号，平成14年
	「明治期における『(中央)報徳会』の先行研究の再検討」『報徳学』創刊号，国際二宮尊徳思想学会，平成16年
	「『掛川農学社(舎)』の教育活動の実態」，筑波大学教育学会『筑波教育学研究』第2号，平成16年

戦中・戦後甘藷増産史研究　　淑徳大学総合福祉学部研究叢書　22

2006年3月31日　初版第一刷発行

　　　　　　　　　　　著　者　　前　田　寿　紀
　　　　　　　　　　　発行者　　田　中　千津子

印刷／新灯印刷（株）

発行所　〒153-0064　東京都目黒区下目黒3-6-1
　　　　☎03(3715)1501　FAX03(3715)2012　　株式会社　学文社
　　　　振替　00130-9-98842

検印省略　　　　　©2006 Maeda Hisanori Printed in Japan
ISBN 4-7620-1566-0